JN005512

電気回路の基礎

博士（工学） 宮本 俊幸 【著】

コ ロ ナ 社

ま　え　が　き

回路とはいくつかの回路素子を導体で接続してできるシステムである。回路の電気的振る舞いを定める基本原理は，回路素子の電気的特性と回路素子間の接続構造である。回路理論とは，回路を回路素子の電気的特性を表す関数と回路素子間の接続構造によって定まる数理モデルとして表現し，回路の電気的振る舞いを数理的に解明するための理論である。回路解析のおもな興味の対象は，回路内のある点における電圧や電流を，実験ではなく数理モデルを用いて，計算により求めることにある。

本書は，大学の電気系学科に所属する低学年の学生向けに書かれた電気回路の教科書である。電気系学科で学ぶべき回路関係分野は，電気回路（直流・交流回路の定常解析および過渡解析），電子回路（ダイオード，トランジスタなどの能動素子，アナログ電子回路，ディジタル電子回路），集積回路，フィルタ回路，分布定数回路，電気機器，電力工学など多岐にわたる。本書では，それらの入り口となる電気回路における定常解析および回路の基本定理について記述する。のちに学ぶであろう回路関係分野の基礎となる事項ばかりであるので，しっかりと理解してほしい。

本書は全9章から構成される。第1章では，回路素子の電気的特性と回路素子間の接続構造の数理モデルについて記述する。第2章以降は大きく分けて二つの部分から構成される。

前半の第2章から第4章までは，直流回路を用いて回路解析の基本について記述する。第2章では回路の基本法則であるキルヒホッフの法則について記述したあと，そこから導かれる電気回路の基本法則について記述する。第3章では，回路方程式による回路解析について記述する。第4章では，テブナンの定理など回路の基本定理について記述する。

後半の第5章から第9章までは交流回路の定常状態における回路解析について記述する。第5章で交流電圧・電流の複素数表現であるフェーザおよびイミタンスを導入したあと，第6章では，第2章から第4章で記述した事項の交流回路における取り扱いについて記述する。第7章では交流電力，第8章では共振回路，第9章では結合インダクタについてそれぞれ記述する。

本書では，要点が明らかになるよう本文の記述は必要最小限に留めている。例題を多く入れているので，例題を解きながら理解を深めてほしい。

回路解析のための手法は一つではない。したがって，ある回路を解析する場合に答えにたどりつくまでの道は一つではない。当然，どの道を選ぶかによって途中の困難さが異なる。なるべく簡単な道を選ぶべきであるが，最良の選択のためにはある程度の経験とひらめきが必要である。本書を用いて回路解析法を習得しようとする方の理解が深まるよう，できるだけ多くの例題・章末問題を挿入している。章末問題については，略解を巻末に掲載するとともに，詳解をコロナ社のWebページに示した[†1]。なお，各例題・章末問題において，本書で示す解法が最も簡単な道とは限らないことを了解してほしい。

一方で，本書で紹介する回路解析法のうち回路方程式を使う方法だと，経験やひらめきがなくても，与えられた回路から機械的に方程式を立てることができる。人手で連立方程式を解こうと思うのは3次ぐらいまでが限界であろうから，回路方程式を使う方法は簡単な道ではないかもしれない。しかし，線形連立方程式となるため，計算機での処理向きである。計算機を使って方程式を解くならば次数なんて関係ない。近年では計算機を使って簡単に（数行のコードを書くだけで）方程式を解くことができるようになっている。計算機を使った連立方程式の求解法の例としてPythonを使う方法を紹介するので，求解の補助や得た解の正しさの確認のために活用してほしい。

また，別の回路解析法として回路シミュレーションがある。本書では回路シミュレーションまでは詳述できなかったが，さまざまな書籍が発行されている。パソコンさえあれば導入できるので上手に活用してほしい。

本書は著者が大阪大学において学部2年生に対して行っている講義内容をまとめたものである。執筆にあたっては，コロナ社から出版されている『回路理論I』[1)][†2]を参考にさせていただいた。また，大阪大学において回路関係の講義を担当されている先生方にもさまざまなコメントをいただいた。関係する皆様に記して謝意を表する。最後に，本書の出版に際してお世話になったコロナ社の方々に感謝する。

2020年12月

宮本俊幸

[†1] 本書の書籍詳細ページ（https://www.coronasha.co.jp/np/isbn/9784339009408/）を参照（コロナ社のWebページから書名検索でもアクセス可能）。

[†2] 肩付き番号は巻末の引用・参考文献番号を示す。

目　　　　次

1.　電気回路の基本概念

2.　電気回路の基本法則

3. 回路方程式

4. 回路の基本定理

5. フェーザ法

6. フェーザによる交流回路解析

7. 交　流　電　力

8. 共　振　回　路

9. 結合インダクタ

コーヒーブレイク

1 電気回路の基本概念

電気回路（electric circuit）あるいは回路（circuit）とは，いくつかの回路素子（circuit element）を導体（conductor）で接続してできるシステムである。回路の電気的振る舞いを定める基本原理は，回路素子の電気的特性と回路素子間の接続構造である。

回路理論とは，回路を回路素子の電気的特性を表す関数と回路素子間の接続構造によって定まる数理モデルとして表現し，回路の電気的振る舞いを数理的に解明するための理論である。回路理論では回路素子の物理的本質には立ち入らないで，数理的に定義される電気的特性だけに注目する。

本章では，回路素子の電気的特性および接続構造の数理表現について記述する。

1.1 電流，電圧および電力

電流（current）とは，**電荷**（charge）を持った**荷電体**（carrier）が単位時間当りに移動する電荷量である。電荷の単位は**クーロン**（coulomb，記号は C），時間の単位は秒（記号は s），電流の単位は**アンペア**（ampere，記号は A）なので，$1\,\mathrm{A} = 1\,\mathrm{C/s}$ である。

電荷に力を及ぼす空間を**電界**（electric field）といい，電界中の無限遠点からある点 a まで単位電荷を運ぶのに要するエネルギーを（点 a における）**電位**（potential）という。電位の単位は**ボルト**（volt，記号は V）であり，無限遠点の電位を 0 とする。エネルギーの単位は**ジュール**（joule，記号は J）なので，$1\,\mathrm{J} = 1\,\mathrm{V{\cdot}C}$ である。

電圧（voltage）とは 2 点間の**電位差**（potential difference）であり，2 点 a，b の電位を u_{a}，u_{b} とすると，その 2 点間の電圧 v_{ab} は $v_{\mathrm{ab}} = u_{\mathrm{a}} - u_{\mathrm{b}}$ により与えられる。また，電圧の単位もボルトである。

単位時間に電流がするエネルギーを**電力**（electric power）という。電力の単位は**ワット**（watt，記号は W）である。電位差 v_{ab}〔V〕に従って，点 a から点 b へ q〔C〕の電荷が移動するとき，外部に対して行うエネルギーは $v_{\mathrm{ab}}{\cdot}q$〔J〕となる。単位時間当りのエネルギーが電力なので，$1\,\mathrm{W} = 1\,\mathrm{J/s} = 1\,\mathrm{V{\cdot}C/s} = 1\,\mathrm{V{\cdot}A}$，すなわち電圧と電流の積が電力となる。また，エネルギーは**電力量**（electric energy）とも呼ばれる。エネルギーの単位としてジュール，**ワット秒**（watt-second，記号は W·s），**ワット時**（watt-hour，記号は W·h）が使われ，$1\,\mathrm{J} = 1\,\mathrm{W{\cdot}s}$ であり，$1\,\mathrm{W{\cdot}h} = 3\,600\,\mathrm{W{\cdot}s} = 3\,600\,\mathrm{J}$ である。

例題 1.1　時刻 t に端子から流れ込む電荷が $q(t) = 10(1 - e^{-0.2t})$〔mC〕である。時刻

$t = 5\,\mathrm{s}$ における電流 $i(5)$ を求めよ。

【解答】 $i(t) = \mathrm{d}q/\mathrm{d}t = 2e^{-0.2t}$〔mA〕なので，$i(5) \approx 0.736\,\mathrm{mA}$ となる[†1]。 ◇[†2]

例題 1.2 1.5 V，0.3 A で動作する豆電球を 1 時間点灯させた。使用したエネルギー J および通過した電荷 Q を求めよ。

【解答】 $J = 1.5 \times 0.3 \times 3\,600 = 1.62\,\mathrm{kJ}$，　$Q = 0.3 \times 3\,600 = 1.08\,\mathrm{kC}$

例題 1.3 点 a，b における電位が 0，10 V である。点 a から b に電荷を 10 秒間で移動させるために外部から与えたエネルギーは 100 J であった。平均電流 I を求めよ。

【解答】 $I = \dfrac{100}{10 \times 10} = 1\,\mathrm{A}$

1.2 集中定数回路と分布定数回路

回路の振る舞いを決める抵抗値などの定数は回路を構成するすべての要素が持つ。しかし，素子が持つ抵抗に比べて線路が持つ抵抗は十分小さいので，通常は素子以外が持つ定数は無視することができる。逆に，送電線のように線路長が長い場合や，高周波回路のように周波数が高い場合，集積回路のように線間が微小な場合などでは素子以外が持つ定数を無視することができない。定数を素子だけが持つ回路を**集中定数回路**（lumped parameter circuit）といい，素子以外にも定数が存在する回路を**分布定数回路**（distributed parameter circuit）という。本書では，集中定数回路を対象とする。

1.3 回　路　素　子

回路素子の外部との接続のための構成部分を**端子**（terminal）といい，n 個の端子を持つ回路素子を n 端子素子という。2 端子素子としては，抵抗器，キャパシタ，インダクタ，電池などがあり，3 端子素子としてはトランジスタ，真空管など，4 端子素子としては変圧器などがある。2 個の端子の組を**端子対**（terminal pair）あるいは**ポート**（port）という。

電流と電圧は向きと大きさを持つ。電流は流れる方向を正に，電圧は高いほうを正にとるのが自然である。しかし，この「電流が流れる方向」や「電圧が高いほう」といった向きは直流回

[†1] 本書の問題で与えられる数値は誤差を含まない。すなわち，無限桁の精度を持つものとする。有限桁の数で近似するときは $\approx$ を使う。

[†2] ◇ 印は解答の終わりを示す。

路ならば一定であるが，交流回路ならば定期的に反転する。そのため，向きをどのようにとるかをこちらで定める必要がある。この定められた向きを電流および電圧の**基準向き**（reference direction）という。本書では**図 1.1**†のように，電圧については記号＋と－により，電流については矢印により基準向きを表す。時刻 t における電流の**瞬時値**（instantaneous value）を $i(t)$ とする。$i(t)$ は矢印の向きに流れるとき正の値をとり，逆向きに流れるとき負の値をとる。端子 a，b の電位の瞬時値を $u_{\mathrm{a}}(t)$，$u_{\mathrm{b}}(t)$ とし，図 1.1 のように基準向きを定めると，素子電圧の瞬時値 $v(t)$ は式 (1.1) により与えられる。

$$v(t) = u_{\mathrm{a}}(t) - u_{\mathrm{b}}(t) \tag{1.1}$$

（a） 電流が＋側端子から流れ込む場合

（b） 電流が－側端子から流れ込む場合

図 1.1　2 端子素子の基準向き

基準向きと電力の符号について**受動符号規約**（passive sign convention）がある。受動符号規約に従うと，図 1.1(a) のように電流が＋側の端子から素子に流れ込むように基準向きを定めた場合，素子の**瞬時電力**（instantaneous power）は

$$p(t) = v(t) \cdot i(t) \tag{1.2}$$

で与えられ，図 (b) のように電流が－側の端子から素子に流れ込むように基準向きを定めた場合，素子の瞬時電力は

$$p(t) = -v(t) \cdot i(t) \tag{1.3}$$

で与えられる。時刻 t において，$p(t) > 0$ ならば素子は電力を消費しており，$p(t) < 0$ ならば素子は外部に電力を供給している。

例題 1.4　**図 1.2**(a)～(d) の回路において，素子で消費される電力をそれぞれ求めよ。

（a）　（b）　（c）　（d）

図 1.2

【解答】 (a)　10 W，(b)　−12 mW，(c)　−2 W，(d)　8 μW　◇

時刻 t_0 から時刻 t までにその素子に供給されるエネルギー $W(t_0, t)$〔J〕は

$$W(t_0, t) = \int_{t_0}^{t} p(\tau)\mathrm{d}\tau \tag{1.4}$$

---

† 回路はしばしば図 1.1 のように，図記号を用いて表される。本書で用いる図記号を付録 A.2 にまとめているので，適宜参照されたい。

で与えられる。$\overline{W} = W(t_0, t)/(t - t_0)$〔W〕を期間 $[t_0, t]$ での**平均電力**（avcragc power）という。

例題 1.5　図 1.1(a) に示す素子で，$v(t) = 5\sin(2\pi t/3)$〔V〕，$i(t) = 3(1 - e^{-3t})$〔A〕である。時刻 $t = 2\,\mathrm{s}$ における瞬時電力 $p(2)$，時刻 $t = 0$ から $1\,\mathrm{s}$ までに素子で消費される平均電力 $\overline{W}$ を求めよ。

【解答】　$p(t) = 5\sin(2\pi t/3) \cdot 3(1 - e^{-3t})$ なので

$$p(2) \approx 5 \times (-0.866) \times 2.99 \approx -13.0\,\mathrm{W}$$

となる。また

$$\overline{W} = \int_0^1 p(t)\mathrm{d}t \approx 8.5\,\mathrm{W}$$

となる。◇

1.4 抵　抗　器

任意の時刻 t において，素子電流 $i(t)$ と素子電圧 $v(t)$ との間に**オームの法則**（Ohm's law）

$$v(t) = Ri(t) \tag{1.5}$$

が成り立つ素子を**抵抗器**（resistor）という（**図 1.3**）。抵抗器が持つ正定数 R を**抵抗**（レジスタンス，resistance）といい，その逆数 $G = 1/R$ を**コンダクタンス**（conductance）という。抵抗の単位は**オーム**（ohm，記号は Ω），コンダクタンスの単位は**ジーメンス**（siemens，記号は S）である。

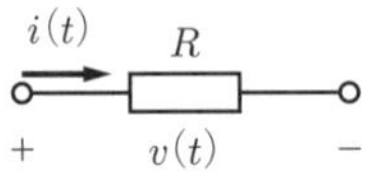

図 1.3　抵抗器の図記号

抵抗器で消費される瞬時電力は

$$p(t) = Ri(t)^2 = Gv(t)^2 \tag{1.6}$$

であり，時刻 t_0 から t までに消費されるエネルギーは

$$W(t_0, t) = R\int_{t_0}^{t} i(\tau)^2\mathrm{d}\tau = G\int_{t_0}^{t} v(\tau)^2\mathrm{d}\tau \tag{1.7}$$

となる。

例題 1.6　抵抗 $5\,\mathrm{k\Omega}$ の抵抗器に正弦波電圧 $v(t) = 10\sin(200\pi t)$〔V〕を印加した。枝電流 $i(t)$，瞬時電力 $p(t)$，および期間 $[0, t]$ に消費されるエネルギー $W(0, t)$ を求めよ。

【解答】

$$i(t) = \frac{v(t)}{5} = 2\sin(200\pi t)\,〔\mathrm{mA}〕$$
$$p(t) = v(t)\cdot i(t) = 20\sin^2(200\pi t)\,〔\mathrm{mW}〕$$
$$W(0,t) = \int_0^t 20\times\frac{1-\cos(400\pi\tau)}{2}\mathrm{d}\tau = 10t - \frac{1}{40\pi}\sin(400\pi t)\,〔\mathrm{mJ}〕$$

◇

1.5 キャパシタ

平行電極板のように，エネルギーを電界の形で蓄えることができる素子を**キャパシタ**（capacitor）という†。キャパシタの図記号は**図 1.4** である。

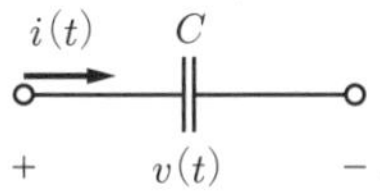

$i(t)$ C + $v(t)$ −

図 1.4 キャパシタの図記号

キャパシタでは素子電圧 $v(t)$ に対して蓄える電荷 $q(t)$ が式 (1.8) で与えられる。

$$q(t) = Cv(t) \tag{1.8}$$

定数 C は**キャパシタンス**（静電容量，capacitance）といわれ，キャパシタンスの単位は**ファラド**（farad，記号は F）である。厳密にはキャパシタンスは定数ではないが，その変動量は微少であるため本書では定数とする。

$q(t) = Cv(t)$，$i(t) = \mathrm{d}q(t)/\mathrm{d}t$ なので，キャパシタにかかる電圧 $v(t)$ と流れる電流 $i(t)$ の間には式 (1.9) が成り立つ。

$$i(t) = C\frac{\mathrm{d}v(t)}{\mathrm{d}t} \tag{1.9}$$

電流 $i(t)$ を時刻 t_0 から時刻 t まで積分すると

$$\int_{t_0}^t i(\tau)\mathrm{d}\tau = \int_{t_0}^t C\frac{\mathrm{d}v(\tau)}{\mathrm{d}\tau}\mathrm{d}\tau = C(v(t) - v(t_0))$$

なので式 (1.10) を得る。

$$v(t) = v(t_0) + \frac{1}{C}\int_{t_0}^t i(\tau)\mathrm{d}\tau \tag{1.10}$$

キャパシタの瞬時電力は

$$p(t) = v(t)\cdot C\frac{\mathrm{d}v(t)}{\mathrm{d}t} = \frac{C}{2}\frac{dv(t)^2}{dt} = \frac{1}{2C}\frac{dq(t)^2}{dt} \tag{1.11}$$

† キャパシタはコンデンサともいわれるが，英語の condenser は濃縮器，液化装置を意味する。

であり，時刻 t_0 から t までに供給されるエネルギーは

$$W(t_0, t) = \frac{C}{2}(v(t)^2 - v(t_0)^2) = \frac{1}{2C}(q(t)^2 - q(t_0)^2) \tag{1.12}$$

となる。時刻 t_* で $v(t_*) = 0$ とすれば，時刻 t（$t \geqq t_*$）において

$$W(t_*, t) = \frac{C}{2}v(t)^2 \tag{1.13}$$

となる。また，時刻 t'_*（$t'_* \geqq t$）において $v(t'_*) = 0$ とすれば

$$W(t, t'_*) = -\frac{C}{2}v(t)^2 \tag{1.14}$$

となる。すなわち，キャパシタは時刻 t_* から時刻 t までに供給されたエネルギーと同量のエネルギーを時刻 t から時刻 t'_* の間に放出している。すなわち，キャパシタはエネルギーを消費せずに蓄えるだけの機能を持ち，キャパシタにかかる電圧が $v(t)$ のときに蓄えられているエネルギー J は

$$J = \frac{C}{2}v(t)^2 \tag{1.15}$$

となる。

例題 1.7　キャパシタンスが C〔F〕のキャパシタに $v(t) = 1 - e^{-t}$〔V〕の電圧を印加したときのキャパシタの電流 $i(t)$，瞬時電力 $p(t)$，および時刻 $t = 0$ から 3 s までに供給されるエネルギー $W(0, 3)$ を求めよ。

【解答】　$i(t) = Ce^{-t}$〔A〕，$p(t) = Ce^{-t}(1 - e^{-t})$〔W〕，$W(0, 3) = \dfrac{C(1 - 2e^{-3} + e^{-6})}{2}$〔J〕

◇

1.6 インダクタ

コイルのように，エネルギーを磁界の形で蓄えることができる素子を**インダクタ**（inductor）という。インダクタの図記号は**図 1.5** である。

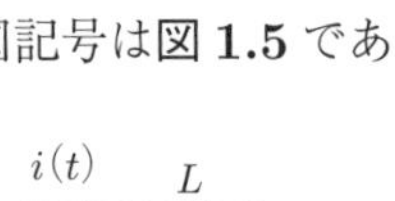

図 1.5　インダクタの図記号

電線に電流 $i(t)$ を流すと磁界が発生する。電線を巻いて作ったコイルでは，コイルと交差するように**磁束**（magnetic flux）$\Phi(t)$（単位は**ウェーバ**（weber，記号は Wb））が発生する。コイルの巻き数を N とすると**全磁束**（**鎖交磁束**，linked flux）$\Psi(t)$（単位はウェーバ）は磁束と巻き数の積で与えられる。

$$\Psi(t) = N\Phi(t) \tag{1.16}$$

鎖交磁束と電流の比

$$L = \frac{\Psi(t)}{i(t)} \tag{1.17}$$

は**インダクタンス**（inductance）といわれ，インダクタンスの単位は**ヘンリー**（henry，記号はH）である。インダクタは**ヒステリシス**（hysteresis）特性（本章の章末問題【23】参照）を持つなど厳密にはインダクタンスは定数ではない。しかし，その変動量は微少であるため，本書では定数とする。

磁束が時間的に変化すると誘導起電力が発生する。**ファラデーの法則**（Faraday's law）より，インダクタでの電圧 $v(t)$ は式 (1.18) で与えられる†。

$$v(t) = N\frac{\mathrm{d}\Phi(t)}{\mathrm{d}t} = \frac{\mathrm{d}\Psi(t)}{\mathrm{d}t} \tag{1.18}$$

$\Psi(t) = Li(t)$ なので，インダクタにかかる電圧 $v(t)$ と流れる電流 $i(t)$ の間には式 (1.19) が成り立つ。

$$v(t) = L\frac{\mathrm{d}i(t)}{\mathrm{d}t} \tag{1.19}$$

電圧 $v(t)$ を時刻 t_0 から時刻 t まで積分すると

$$\int_{t_0}^{t} v(\tau)\mathrm{d}\tau = \int_{t_0}^{t} L\frac{\mathrm{d}i(\tau)}{\mathrm{d}\tau}\mathrm{d}\tau = L(i(t) - i(t_0))$$

なので式 (1.20) を得る。

$$i(t) = i(t_0) + \frac{1}{L}\int_{t_0}^{t} v(\tau)\mathrm{d}\tau \tag{1.20}$$

インダクタの瞬時電力は

$$p(t) = i(t)\cdot L\frac{\mathrm{d}i(t)}{\mathrm{d}t} = \frac{L}{2}\frac{\mathrm{d}i(t)^2}{\mathrm{d}t} = \frac{1}{2L}\frac{\mathrm{d}\Psi(t)^2}{\mathrm{d}t} \tag{1.21}$$

であり，時刻 t_0 から t までに供給されるエネルギーは

$$W(t_0, t) = \frac{L}{2}(i(t)^2 - i(t_0)^2) = \frac{1}{2L}(\Psi(t)^2 - \Psi(t_0)^2) \tag{1.22}$$

となる。時刻 t_* で $i(t_*) = 0$ とすれば，時刻 t（$t \geqq t_*$）において

$$W(t_*, t) = \frac{L}{2}i(t)^2 \tag{1.23}$$

† 電磁気学の教科書では $v(t) = -\mathrm{d}\Phi(t)/\mathrm{d}t$ と書かれていることもある。右辺のマイナスは磁束の変化を打ち消す方向に起電力が発生することを意味している。図 1.5 のように電圧および電流の向きをとるとマイナスは不要となる。また，$\mathrm{d}\Phi(t)/\mathrm{d}t$ は 1 巻き当りの起電力の大きさなので N 巻きのコイルでは N 倍される。

となる。キャパシタと同様の議論により，インダクタはエネルギーを消費せずに蓄えるだけの機能を持つ。そして，インダクタを流れる電流が $i(t)$ のときに蓄えられているエネルギー J は

$$J = \frac{L}{2} i(t)^2 \tag{1.24}$$

となる。

例題 1.8　インダクタンスが 5 mH のインダクタに，電圧 $v(t) = 5e^{-10t}$〔V〕の電圧を印加する。インダクタの瞬時電力 $p(t)$ の最大値を求めよ。ただし，$i(0) = 0$ とする。

【解答】 $i(t) = 0 + \frac{1}{5}\int_0^t 5e^{-10\tau}\mathrm{d}\tau = \frac{1}{-10}\left[e^{-10\tau}\right]_0^t = \frac{1}{10}(1 - e^{-10t})$〔kA〕なので，$p(t) = (e^{-10t} - e^{-20t})/2$〔kW〕である。$p(t)$ が最大となるのは $\mathrm{d}p(t)/\mathrm{d}t = 0$ を満たす t で，これを解くと $t = \ln(2)/10$〔s〕が求まる。よって，瞬時電力の最大値は 125 W となる。 ◇

1.7 電　圧　源

電圧源（voltage source）とは，端子間に既定の電圧を供給する電源素子である。任意の時刻 t において，素子電流 $i(t)$ のいかんにかかわらず，素子電圧 $v(t)$ がある定まった電圧 $e(t)$ に等しい，すなわち

$$v(t) = e(t) \tag{1.25}$$

となる素子は**理想電圧源**（ideal voltage source）あるいは**定電圧源**（constant voltage source）といわれ，その図記号は**図 1.6**(a)，(b) である。理想電圧源の図記号は丸に棒であるが，図 (b) のように電圧源を横に接続したときは棒の向きも横になる。

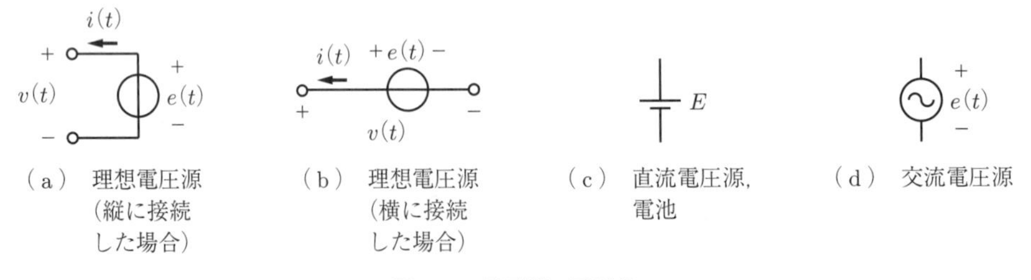

図 1.6　電圧源の図記号

電圧源の電圧 $e(t)$ がどの時刻 t においても一定，すなわち $e(t) = E$（E は正の定数）であるとき，この電圧源を**直流電圧源**（direct current voltage source）といい，その図記号を図 (c) に示す。直流電圧源は長いほうの線が正極を表しており，電圧の基準向きは図記号から明らかなので省略される。また，**交流電圧源**（alternating current voltage source）の図記号は，図 (d) となる。

図 (a) において，電圧の基準向きを図のように定めると，電流は図の方向に流れる。すなわち，− 端子から流れ込むように電流の基準向きを定めることになる。したがって，電圧源で消

費される瞬時電力は $p(t) = -v(t) \cdot i(t)$ で与えられる。すなわち，$v(t) > 0$，$i(t) > 0$ のとき，電圧源は外部に電力を供給している。

理想電圧源は素子電流に素子電圧が依存しないとしたが，現実の電圧源は流れる電流によって電圧が変化する。例えば，電池は**図 1.7**(a) のように直流電圧源 E と抵抗 r の直列接続で表される。ここで，E は内部起電力，r は内部抵抗といわれる。

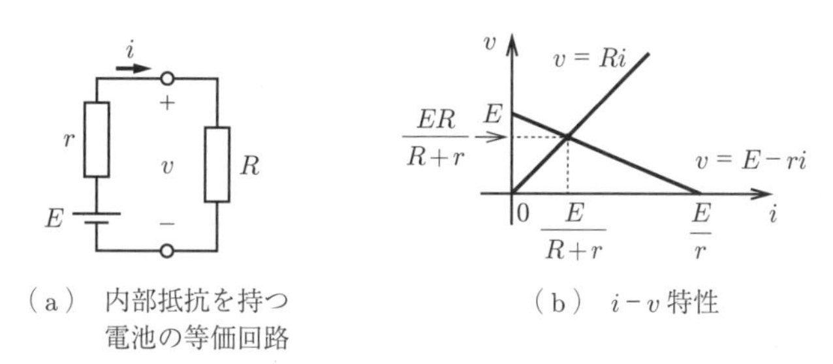

（a） 内部抵抗を持つ電池の等価回路　（b） $i-v$ 特性

図 1.7　電池の動作点

例 1.1　図 1.7(a) の回路において，電圧 v および電流 i を求めてみる。

電池の両端の電圧 v は $v = E - ri$ となり，図 (b) のように i の増加にともない電圧は低下する。抵抗 R にかかる電圧は $v = Ri$ なので，これらが等しくなるように電流は流れる。すなわち，図 (b) における 2 直線の交点 $i = E/(R+r)$，$v = ER/(R+r)$ が求める電流および電圧である。

1.8　電　　流　　源

電流源（current source）とは，端子間に既定の電流を供給する電源素子である。任意の時刻 t において，素子電圧 $v(t)$ のいかんにかかわらず，素子電流 $i(t)$ がある定まった電流 $j(t)$ に等しい，すなわち

$$i(t) = j(t) \tag{1.26}$$

となる素子は**理想電流源**（ideal current source）あるいは**定電流源**（constant current source）

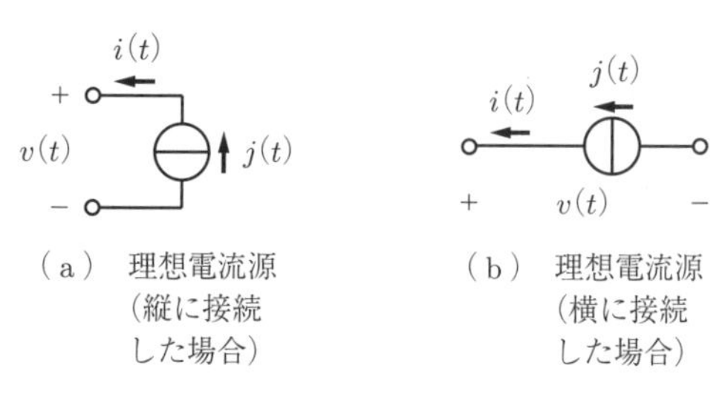

（a） 理想電流源（縦に接続した場合）　（b） 理想電流源（横に接続した場合）

図 1.8　電流源の図記号

といわれ，その図記号は図 **1.8** である。

1.9　従　属　電　源

1.7 節や 1.8 節で述べた電源は回路内の電圧や電流に依存しないので，**独立電源**（independent source）といわれる。これに対し，回路内の電圧や電流の値に応じてその値が決まる電源は**従属電源**（dependent source）といわれ，つぎの 4 種類がある（図 **1.9**）。

〔**1**〕 **電圧制御型電圧源**　　**電圧制御型電圧源**（voltage controlled voltage source; VCVS）では電圧 v_2 が回路内のある電圧 v_1 に依存して

$$v_2 = \mu v_1 \tag{1.27}$$

で与えられる。ここで，μ は**電圧増幅率**（voltage amplification factor）といわれる。

〔**2**〕 **電圧制御型電流源**　　**電圧制御型電流源**（voltage controlled current source; VCCS）では電流 i_2 が回路内のある電圧 v_1 に依存して

$$i_2 = g_{\mathrm{m}} v_1 \tag{1.28}$$

で与えられる。ここで，g_{m} は**相互コンダクタンス**（mutual conductance）といわれ，単位はジーメンスである。

〔**3**〕 **電流制御型電圧源**　　**電流制御型電圧源**（current controlled voltage source; CCVS）では電圧 v_2 が回路内のある電流 i_1 に依存して

$$v_2 = r_{\mathrm{m}} i_1 \tag{1.29}$$

で与えられる。ここで，r_{m} は**相互レジスタンス**（mutual resistance）といわれ，単位はオームである。

〔**4**〕 **電流制御型電流源**　　**電流制御型電流源**（current controlled current source; CCCS）

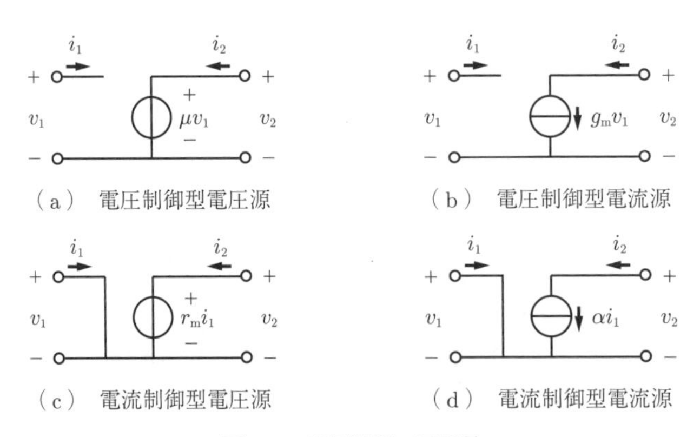

図 1.9　従属電源の図記号

では電流 i_2 が回路内のある電流 i_1 に依存して

$$i_2 = \alpha i_1 \tag{1.30}$$

で与えられる。ここで，α は**電流増幅率**（current amplification factor）といわれる。

例題 1.9　**図 1.10** の回路において電圧 $V_a = 6.15\,\mathrm{V}$ となる。電圧 v および電流 i を求めよ。

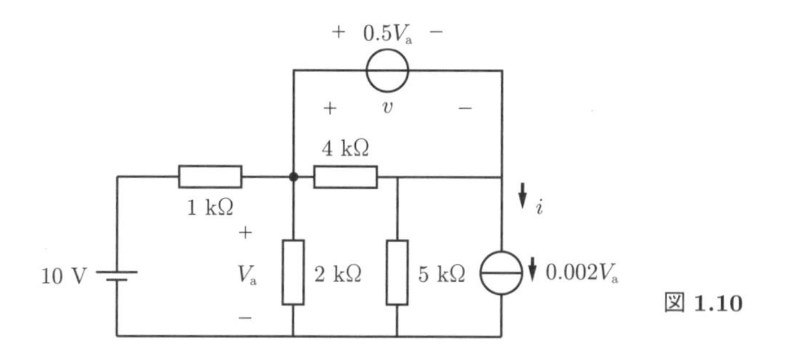

図 1.10

【解答】　$v = 0.5 \times 6.15 = 3.075\,\mathrm{V}$,　$i = 0.002 \times 6.15 = 12.3\,\mathrm{mA}$　◇

1.10　回路の接続構造

回路は素子を相互結合して構成される。回路において複数の素子を接続する点を**節点**（node）という。ある節点から別の節点へつながる素子の列を**道**（path）という。ただし，道は同じ節点を二度以上通らない。ただ一つの素子を含む道を**枝**（branch）という。また，初めの節点と最後の節点が同じ道を**閉路**（loop）という。

図 1.11 の回路は 8 本の枝（1，2，3，4，5，6，7，8），5 個の節点（a，b，c，d，e）を持つ。d-f 間には素子がないため f は節点ではない（d と f は同一節点である）。道の例としては 1-4-5，閉路の例としては 1-4-2 がある。節点 d のように 4 本（もしくはそれ以上）の枝を接続する節点については，2 本の枝が交差しているだけの場合と区別するために黒丸をつける。図 1.11 において枝 5 と枝 8 が交差している点には黒丸がない。この場合，2 本の枝は交差しているだけであり，電気的に接続されていない。

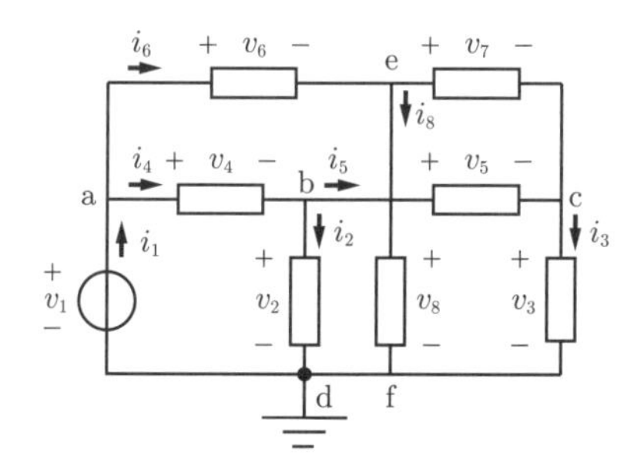

図 1.11　8 個の素子，5 個の節点からなる回路

枝を流れる電流を**枝電流**（branch current），枝にかかる電圧を**枝電圧**（branch voltage）といい，その向きは枝にある素子の基準向きに従う。ある接地された節点を基準節点とし，基準節点との電位差を各節点の**節点電位**（node voltage）という。図 1.11 の回路で図に示すように枝電圧 $v_1, \cdots, v_8$ を定め，5 個の節点の電位を $u_\mathrm{a}, \cdots, u_\mathrm{e}$ とする。節点 d を接地しているので，式 (1.31) が成り立つ。

$$
\begin{aligned}
&u_\mathrm{a} = v_1, \quad u_\mathrm{b} = v_2, \quad u_\mathrm{c} = v_3, \quad u_\mathrm{d} = 0, \quad u_\mathrm{e} = v_8, \\
&u_\mathrm{a} - u_\mathrm{b} = v_4, \quad u_\mathrm{b} - u_\mathrm{c} = v_5, \quad u_\mathrm{a} - u_\mathrm{e} = v_6, \quad u_\mathrm{e} - u_\mathrm{c} = v_7
\end{aligned}
\tag{1.31}
$$

例題 1.10　**図 1.12** に示す回路において，節点 a，b の電位 u_a，u_b と電圧 v を求めよ。

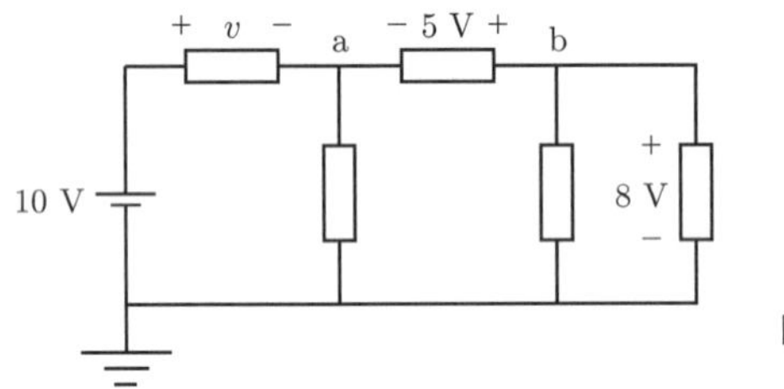

図 1.12

【解答】　$u_\mathrm{b} = 8\,\mathrm{V}$，$u_\mathrm{a} = u_\mathrm{b} - 5 = 3\,\mathrm{V}$，$v = 10 - u_\mathrm{a} = 7\,\mathrm{V}$ 

閉路に沿って流れる電流を**閉路電流**（loop current）という。**図 1.13** の回路で 3 個の閉路 o，p，q を考えて，図に示す向きに閉路電流 l_o，l_p，l_q を定める。例えば，閉路電流 l_o は枝 1，4，2 からなる閉路 o に沿って時計回り方向に流れる電流である。

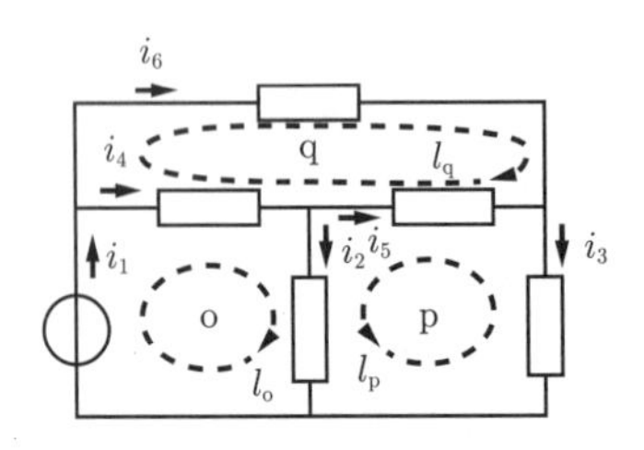

図 1.13　枝電流と閉路電流

枝電流はその枝を流れる閉路電流の**代数和**（algebraic sum）[†]で与えられる。閉路電流と枝電流の向きが同じ場合は + 符号を，逆の場合は − 符号を付与して和をとる。

図 1.13 の回路において，枝 2 には閉路電流 l_o と l_p が枝電流と同じ向きに流れているため $i_2 = l_\mathrm{o} + l_\mathrm{p}$ となる。また，枝 3 には閉路電流 l_p が枝電流と逆向きに流れているため $i_3 = -l_\mathrm{p}$ となる。よって，式 (1.32) が成り立つ。

† 代数和とは符号を持った数または式の和である。

$$i_1 = l_\mathrm{o}, \qquad i_2 = l_\mathrm{o} + l_\mathrm{p}, \qquad i_3 = -l_\mathrm{p},$$
$$i_4 = l_\mathrm{o} - l_\mathrm{q}, \qquad i_5 = -l_\mathrm{p} - l_\mathrm{q}, \qquad i_6 = l_\mathrm{q} \tag{1.32}$$

例題 1.11 **図 1.14** の回路において図のように閉路 o，p をとったとき，枝電流 i_1，i_2，i_3 を閉路電流 l_o，l_p を用いて表せ。

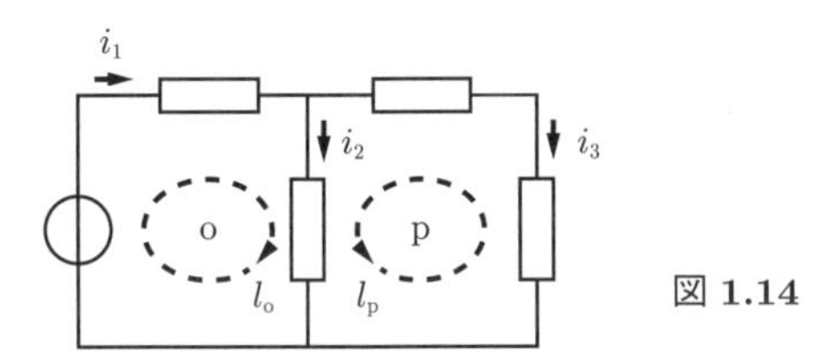

図 1.14

【解答】 $i_1 = l_\mathrm{o}$，$i_2 = l_\mathrm{o} + l_\mathrm{p}$，$i_3 = -l_\mathrm{p}$ ◇

例題 1.12 **図 1.15** の回路において，枝電流 i_1，i_2，i_3，i_4 が閉路電流になるように閉路を定めよ。

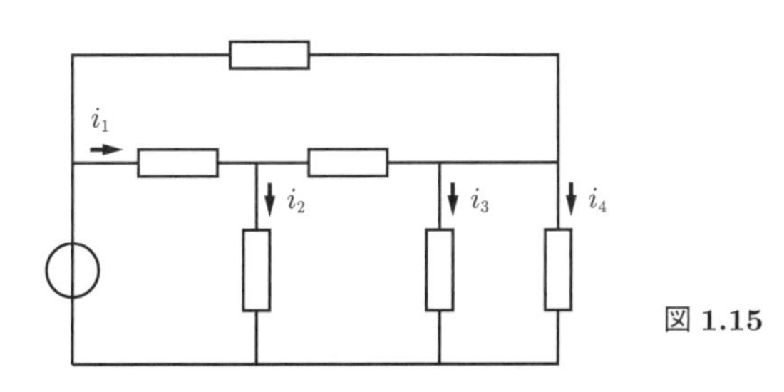

図 1.15

【解答】 **図 1.16** の回路において，太線は枝電流として選ばれなかった枝である。このような枝の集合 $\{5, 6, 7\}$ は**補木**（co-tree）と呼ばれる。指定された枝電流が閉路電流になるようにするには，指定された枝それぞれについて，その枝と補木に属する枝からなる閉路を見つければよい。

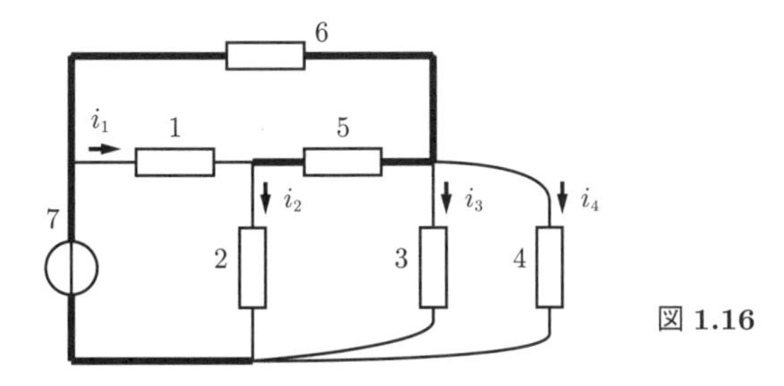

図 1.16

よって，枝電流 i_1 が閉路電流となる閉路は枝 1，5，6 からなり，枝電流 i_2 が閉路電流となる閉路は枝 2，5，6，7 からなり，枝電流 i_3 が閉路電流となる閉路は枝 3，6，7 からなり，枝電流 i_4 が閉路電流となる閉路は枝 4，6，7 からなる。また，閉路電流の向きは枝電流と同じ向きにとる。

よって，枝電流 i_1，i_2，i_3，i_4 が閉路電流になるように閉路を定めると**図 1.17** のようになる。

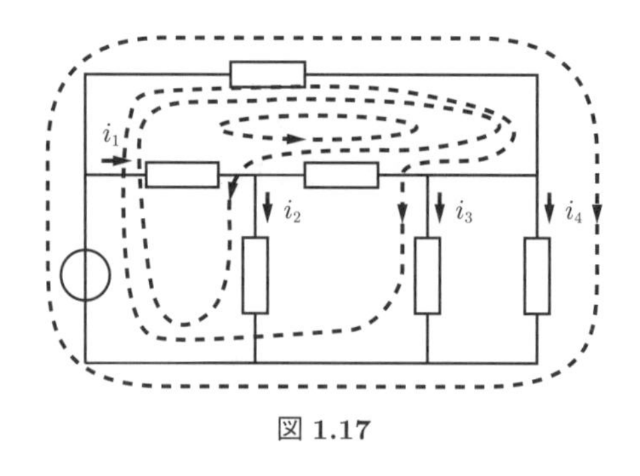

図 1.17

1.11　定常解析と過渡解析

回路解析（circuit analysis）とは回路の各素子の電圧および電流の値を求めることである。

図 1.18 の RLC からなる回路において，電圧源は直流電圧源であり，$t < 0$ では $e(t) = 0$，$t \geqq 0$ では $e(t) = 1\,\mathrm{V}$ とする。また，時刻 $t = 0^-$ におけるキャパシタ，インダクタの電圧・電流はともに 0 とする。ここで，0^- は 0 に限りなく近い負の数である。

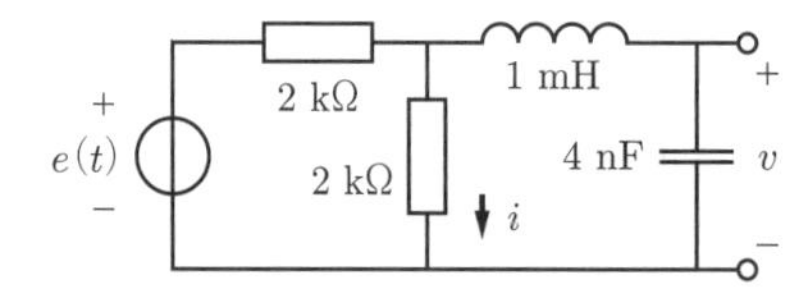

図 1.18　RLC からなる回路

図 1.18 の回路における $t > 0$ での電圧 $v(t)$ および電流 $i(t)$ を**図 1.19** に示す。電圧 $v(t)$ は 0 からしだいに上昇していき，電流 $i(t)$ は $0.25\,\mathrm{mA}$ から一度減少してから増加に転じている。電圧，電流ともに $t = 15\,\mu\mathrm{s}$ あたりから v は $0.5\,\mathrm{V}$，i は $0.25\,\mathrm{mA}$ でほぼ一定となる。

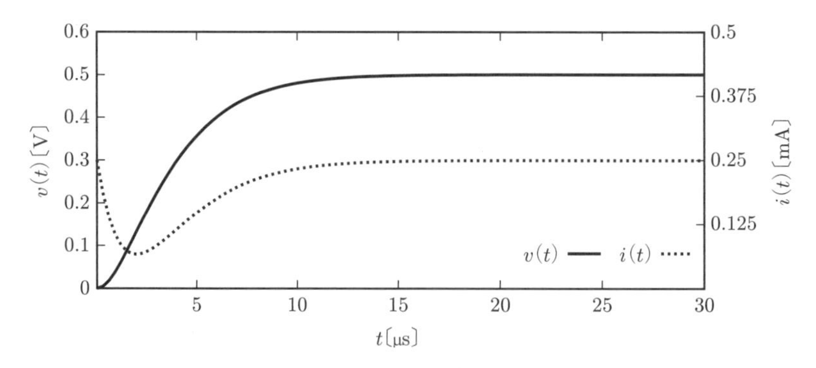

図 1.19　$v(t)$，$i(t)$ の変化（直流電圧源の場合）

このように，直流回路では十分時間が経つと回路内の電圧および電流は変化しなくなる。この状態を**（直流）定常状態**（direct current steady state）という。また，定常状態に落ち着くまでの状態を**過渡状態**（transient state）という。定常状態における回路解析を**定常解析**（steady-state analysis）といい，過渡状態における回路解析を**過渡解析**（transient state analysis）という。

式(1.9)より，直流定常状態ではキャパシタに流れる電流は0となる。同様に，式(1.19)より，直流定常状態ではインダクタにかかる電圧は0となる。したがって，直流回路の定常解析ではキャパシタは**開放**（open circuit）し，インダクタは**短絡**（short circuit）して考えればよい。図1.18の回路は直流定常状態では**図1.20**の回路と等価である。この回路においても$v = 0.5\,\mathrm{V}$，$i = 0.25\,\mathrm{mA}$となる。

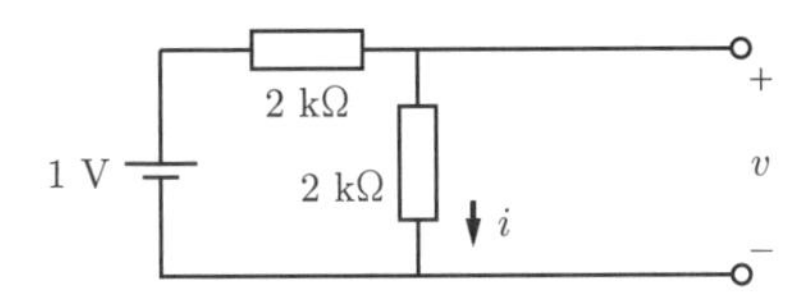

図1.20　図1.18の回路の直流定常状態における等価回路

つぎに，図1.18の回路において，電圧源を$t < 0$では$e(t) = 0$であり，$t \geqq 0$では$e(t) = \sin(\omega t)$〔V〕，$\omega = 200\pi$〔krad/s〕である正弦波交流電圧源とする。ただし，時刻$t = 0^-$におけるキャパシタ，インダクタの電圧・電流はともに0とする。

このとき，$t > 0$において電圧$v(t)$および電流$i(t)$は**図1.21**のように変化する。直流の場合と同様に$t = 15\,\mathrm{\mu s}$あたりから$v(t)$，$i(t)$の振幅および位相角はほぼ一定となる。このよう

線　形　回　路

変数xとyがあり，$y = f(x)$であるとする。kを定数とし，$y_1 = f(x_1)$，$y_2 = f(x_2)$のとき

$$y_1 + y_2 = f(x_1 + x_2), \qquad ky = f(kx)$$

が成り立つならば，xとyは線形関係にあるという。

かかる電圧と流れる電流の間に線形関係が成り立つ素子を**線形素子**（linear element）という。例えば，キャパシタにかかる電圧と電流の間には

$$i(t) = C\frac{\mathrm{d}v(t)}{\mathrm{d}t}$$

が成り立つ。これより

$$i_1(t) + i_2(t) = C\frac{\mathrm{d}v_1(t)}{\mathrm{d}t} + C\frac{\mathrm{d}v_2(t)}{\mathrm{d}t} = C\frac{\mathrm{d}(v_1(t) + v_2(t))}{\mathrm{d}t}$$

$$ki(t) = kC\frac{\mathrm{d}v(t)}{\mathrm{d}t} = C\frac{\mathrm{d}kv(t)}{\mathrm{d}t}$$

が成り立つため，キャパシタは線形素子である。同様に抵抗器，インダクタ，また第9章で説明する結合インダクタもすべて線形素子である。

そして，線形素子から構成される回路を**線形回路**（linear circuit）という。

これに対し，**非線形抵抗**（non-linear resistance，i–v特性がオームの法則に従わない抵抗），ヒステリシス特性を有するインダクタ，ダイオード，トランジスタなどでは電圧と電流の間に線形関係が成り立たない。これらの素子を**非線形素子**（non-linear element）という。また，非線形素子を含む回路を**非線形回路**（non-linear circuit）という。

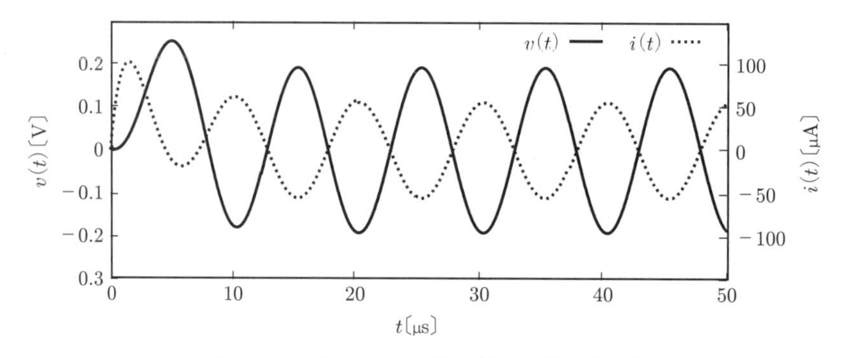

図 **1.21**　$v(t)$，$i(t)$ の変化（交流電圧源の場合）

に，交流回路では十分時間が経つと，回路内の電圧および電流の振幅，位相角は変化しなくなる。この状態を**（正弦波）定常状態**（sinusoidal steady state）という。

本書の前半（第 4 章まで）では直流定常解析について記述し，後半（第 5 章以降）では正弦波定常解析について記述する。過渡解析については付録 A.3 およびほかの教科書（例えば巻末の文献2)）を参照されたい。

章　末　問　題

【1】 素子を流れる電流が $i(t) = 2(1 - e^{-0.5t})$〔mA〕であるとき，期間 $0 \leqq t \leqq 2$ s に素子を流れる総電荷 Q を求めよ。

【2】 8.5×10^{18} 個の電子を 100 V の電位差がある二つの地点間を移動させるのに必要なエネルギーの絶対値 $|J|$ を求めよ。

【3】 消費電力が 60 W の電球に 100 V の電圧を印加し，30 分間点灯させた。流れた電子の個数を求めよ。

【4】 消費電力 1.1 kW の電気ポットが 1 L の水を沸かすのに 4 分かかる。1 日 1 回 1 L の水を沸かすとし，電気料金が 30 円/(kW·h) であるとき，1 ヶ月（30 日）での電気料金を求めよ。

【5】 消費電力が 60 W の白熱電球を 12 W の LED 電球に取り替えた。1 日に 3 時間点灯させるとして，1 ヶ月（30 日）当りの節約電気料金を求めよ。ただし，電気料金は 30 円/(kW·h) とする。

【6】 電池容量が 3 060 mA·h のスマートフォンを 3 V，10 W で動作させる。電池に蓄えられているエネルギーをすべて使えるとして，スマートフォンの動作時間を求めよ。

【7】 図 **1.22**(a), (b) はある素子を流れる電流 $i(t)$ とかかる電圧 $v(t)$ を示している。期間 $0 \leqq t \leqq 10$ s に素子で消費されるエネルギー J を求めよ。

【8】 i–v 特性が図 **1.23**(a) となる非線形抵抗に，図 (b) の周期的な波形を持つ電流を流したとき，この抵抗で消費される 1 周期当りの平均電力 $\overline{W}$ を求めよ。

【9】 図 **1.24** の回路において，電流 i_1，i_2，i_3 を求めよ。

【10】 1 Ω の抵抗器と 1 kΩ の抵抗器がある。10 V の電圧源をつないだとき消費電力が大きいのはどちらか。

【11】 $E = 5$ V の直流電源を用いて電球を点灯したところ，1 時間で 300 J の熱エネルギーが発生した。この電球の抵抗 R を求めよ。ただし，電気エネルギーの 80 % が熱エネルギーになるものとする。

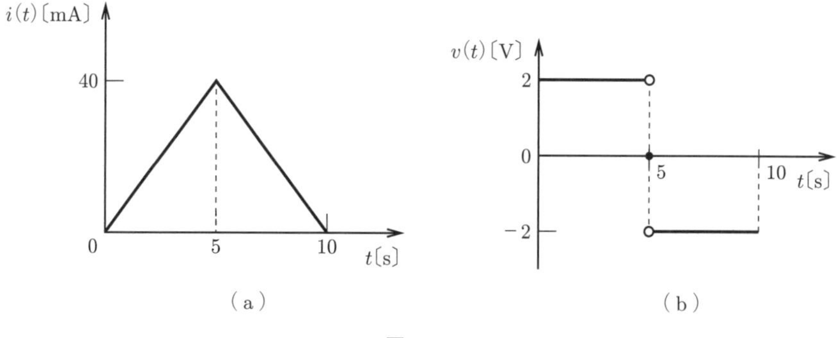

図 1.22

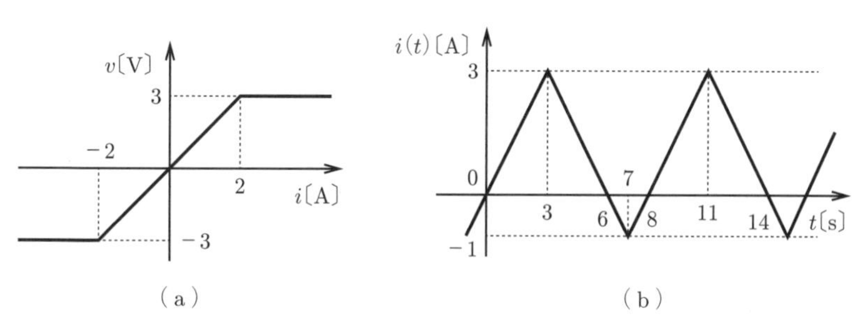

図 1.23

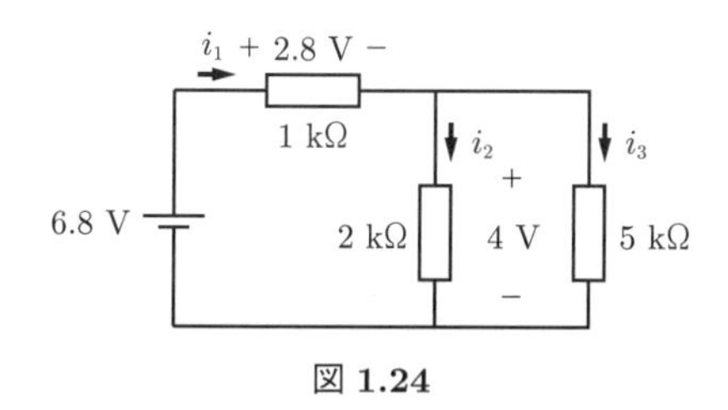

図 1.24

【12】 抵抗 $2\,\mathrm{k\Omega}$ の抵抗器に正弦波電圧 $v(t) = 100\sqrt{2}\sin(2\pi t)$〔V〕を印加した。1 周期当りの平均電力 $\overline{W}$ を求めよ。

【13】 抵抗 $5\,\Omega$ の抵抗器に電流 $i(t) = 5t$〔kA〕を期間 $0 \leqq t \leqq 2\,\mathrm{ms}$ にわたって流した。瞬時電力 $p(t)$ および平均電力 $\overline{W}$ を求めよ。

【14】 キャパシタンスが C〔F〕のキャパシタに電圧 $v(t) = E_0 + E_1\sin(\omega t + \theta)$〔V〕を印加したときの電流 $i(t)$，瞬時電力 $p(t)$，および時刻 $t = -\pi/\omega$〔s〕から $t = \pi/\omega$〔s〕までに供給されるエネルギー $W(-\pi/\omega, \pi/\omega)$ を求めよ。

【15】 雷雲から地上への放電を三角波でモデル化する。電流は放電開始後 $1\,\mu\mathrm{s}$ で $50\,\mathrm{kA}$ に達し，その後 $49\,\mu\mathrm{s}$ で 0 になる。以下の問に答えよ。

(1) 放電の電荷 Q を求めよ。

(2) 放電直前の雷雲–地上間の電圧が $1\,000\,\mathrm{MV}$ のとき，放電における総エネルギー J および平均電力 $\overline{W}$ を求めよ。

(3) 雷雲–地上間のキャパシタンス C を求めよ。

【16】 キャパシタンスが $30\,\mu\mathrm{F}$ であるキャパシタを流れる電流 $i(t)$ が式 (1.33) で与えられる。

$$i(t) = \begin{cases} t\,〔\mathrm{mA}〕, & 0 \leqq t < 2\,\mathrm{s} \\ 2\,\mathrm{mA}, & 2\,\mathrm{s} \leqq t < 4\,\mathrm{s} \\ -t + 6\,〔\mathrm{mA}〕, & 4\,\mathrm{s} \leqq t < 6\,\mathrm{s} \\ 0, & \text{otherwise} \end{cases} \tag{1.33}$$

キャパシタにかかる電圧 $v(t)$ を求め，図示せよ。ただし，$v(0) = 0$ とする。

【17】 キャパシタンスが 5 μF のキャパシタに 10 V の電圧を印加したとき，キャパシタに蓄えられている電荷 Q を求めよ。

【18】 キャパシタンスが 2 μF のキャパシタに電圧を印加し，その値を 0.5 秒間に 50 V から 60 V に変化させた。キャパシタに流れる電流 I を求めよ。

【19】 インダクタンスが L のインダクタに $i(t) = A\sin(\omega t)$ の電流を流した。インダクタに供給される一周期当りの平均エネルギー $\overline{W}$ を求めよ。

【20】 インダクタに 10 A の電流を流したとき，インダクタには 5 Wb の鎖交磁束が蓄えられた。インダクタンス L を求めよ。

【21】 インダクタに電流を流し，0.01 秒間に 0.2 A から 0.3 A に変化させたとき，インダクタの両端には 5 mV の電圧が発生した。インダクタンス L を求めよ。

【22】 インダクタンスが 0.4 mH であるインダクタにかかる電圧 $v(t)$ が式 (1.34) で与えられる。

$$v(t) = \begin{cases} 4t\,〔\mathrm{mV}〕, & 0 \leqq t < 1\,\mathrm{s} \\ 5 - t\,〔\mathrm{mV}〕, & 1\,\mathrm{s} \leqq t < 5\,\mathrm{s} \\ 0, & \text{otherwise} \end{cases} \tag{1.34}$$

インダクタを流れる電流 $i(t)$ を求め，図示せよ。ただし，$i(0) = 0$ とする。さらに，インダクタの瞬時電力 $p(t)$ を求め，図示せよ。

【23】 i–Ψ 特性が**図 1.25** のようにヒステリシス†を持つインダクタにおいて，時刻 $t = 0$ で動作点が図中の点 A にあるものとし，電流の変化とともに鎖交磁束 Ψ が矢印の向きに変化するものとする。このインダクタに電流 $i(t) = 4\sin(t)$〔A〕を流したときの枝電圧 $v(t)$，および時刻 $t = 0$ から 2π〔s〕までに供給されるエネルギー $W(0, 2\pi)$ を求めよ。

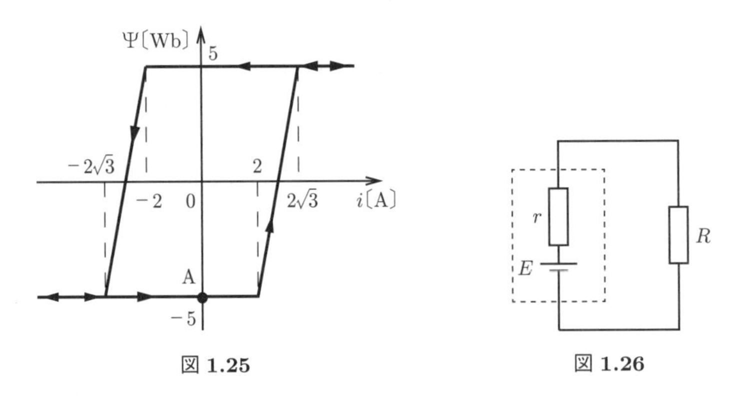

図 1.25　　図 1.26

【24】 **図 1.26** に示す回路において，電池の内部起電力を E，内部抵抗を r とする。抵抗器を流れる

† ヒステリシスとは，ある系の状態が過去の状態や入力に依存することをいう。図 1.25 において $i = 0$ となるときの鎖交磁束 Ψ は，過去の電流が正か負かによって 5 Wb となるか，−5 Wb となるかが決まる。

電流 i を求めよ。さらに，抵抗器で消費される電力 p が最大となる抵抗 R を求めよ。ただし，E および r は正定数である。

【25】 図 **1.27** に示す回路において，電流 $I_a = 2.42\,\text{mA}$ となる。電圧 v および電流 i を求めよ。

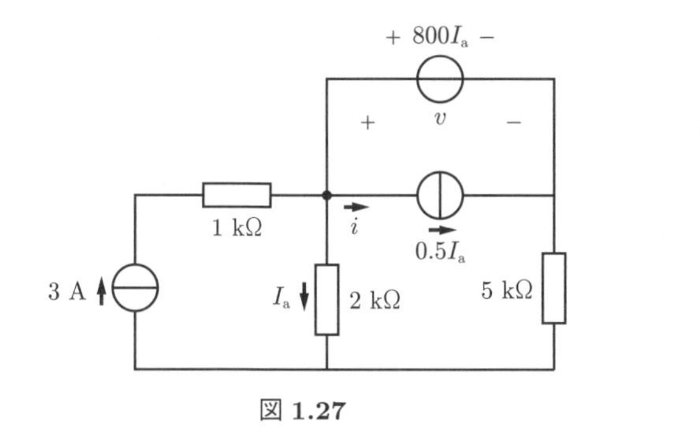

図 1.27

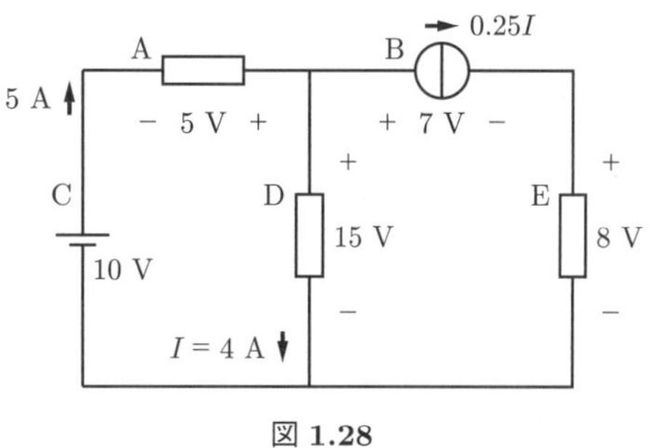

図 1.28

【26】 図 **1.28** に示す回路において素子 A〜E で消費される電力 p_A〜p_E を求めよ。また，その和を求めよ。

【27】 図 **1.29** に示す回路は定常状態にあり，節点 a，c における電位はそれぞれ $u_a = 7\,\text{V}$，$u_c = 3\,\text{V}$ である。枝電圧 v_1，v_2，v_3 を求めよ。

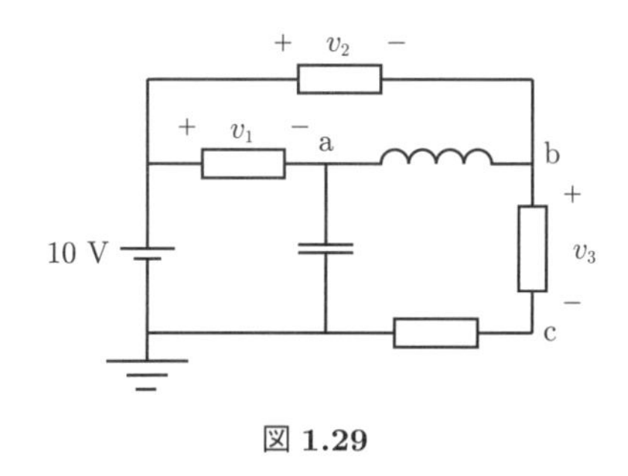

図 1.29

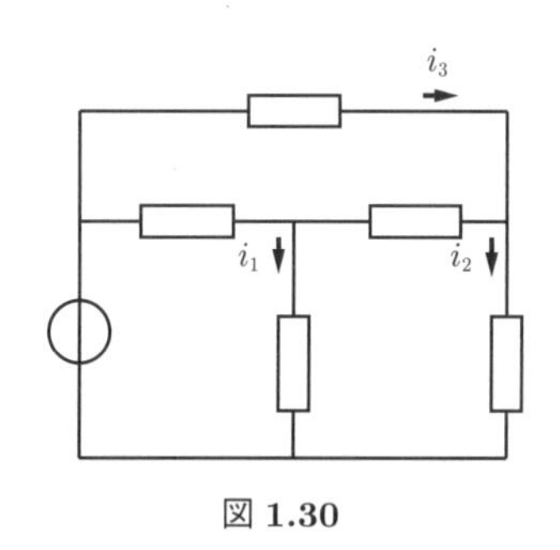

図 1.30

【28】 図 **1.30** に示す回路において，枝電流 i_1，i_2，i_3 が閉路電流となるように閉路を定めよ。

【29】 図 **1.31** に示す回路の直流定常状態における等価回路を図示せよ。

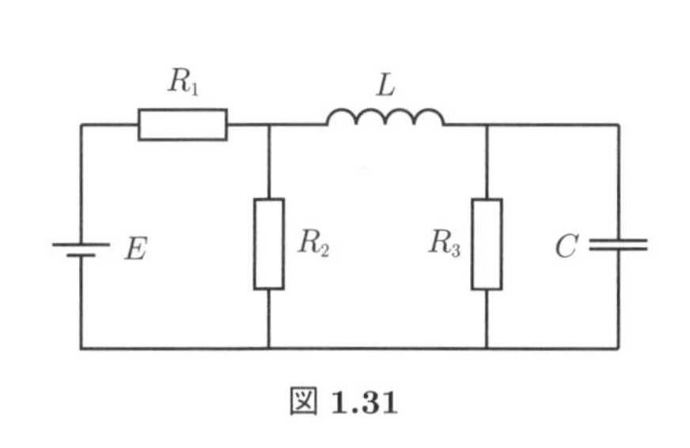

図 1.31

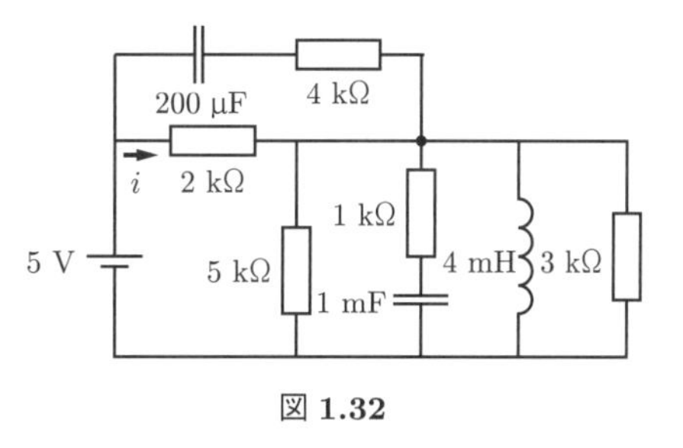

図 1.32

【30】 図 **1.32** の回路は直流定常状態にある。電流 i を求めよ。

2　電気回路の基本法則

回路の電気的振る舞いは，回路素子の電気的特性と回路素子間の接続構造によって定められる。キルヒホッフの電流則とキルヒホッフの電圧則は，回路中の素子電流および素子電圧が，接続構造によってどのような制約を受けるかを規定する基本法則である。

本章では，キルヒホッフの法則およびそれから導かれる電気回路の基本法則について記述する。

2.1　キルヒホッフの法則

2.1.1　キルヒホッフの電流則

回路中の節点は電荷をためることができないため，流れ込む電流と同量の電流が流れ出す必要がある。そのため，キルヒホッフの電流則が成り立つ。

キルヒホッフの電流則（Kirchhoff's current law; KCL）

どの節点においても，それに接続する素子電流の代数和は任意の時刻で 0 である。

例 2.1　**図 2.1** に示す回路に対する KCL 方程式を求める。

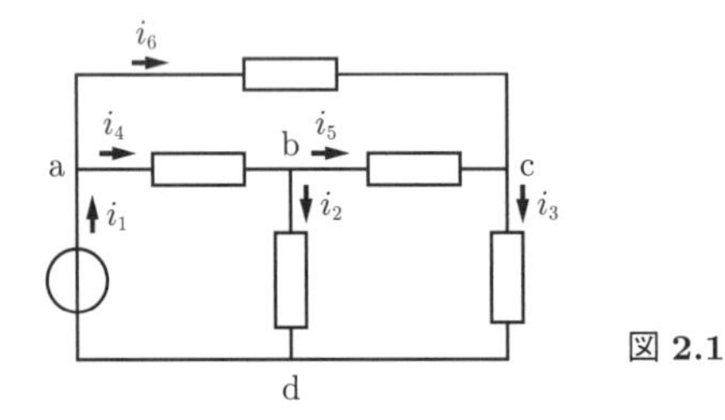

図 2.1

節点から出る向きの素子電流に符号 +，入る向きの素子電流に符号 − を付与すると，式 (2.1)～(2.4) が成り立つ。

$$\text{節点 a：}\quad -i_1 + i_4 + i_6 = 0 \tag{2.1}$$

$$\text{節点 b：}\quad i_2 - i_4 + i_5 = 0 \tag{2.2}$$

$$\text{節点 c：}\quad i_3 - i_5 - i_6 = 0 \tag{2.3}$$

$$\text{節点 d：}\quad i_1 - i_2 - i_3 = 0 \tag{2.4}$$

例 2.1 の式 (2.1)〜(2.4) を足し合わせると両辺とも 0 となる。つまり，この連立方程式は 1 次従属である。回路に n 個の節点がある場合，1 次独立な（すなわち回路解析に必要かつ十分な）KCL 方程式の数は $(n-1)$ 本であることが知られている[1)]。

2.1.2　キルヒホッフの電圧則

キルヒホッフの電流則は節点における電流の保存則であるが，各閉路において電圧に関する保存則が成り立つ。

キルヒホッフの電圧則（Kirchhoff's voltage law; KVL）

どの閉路においても，閉路に沿った素子電圧の代数和は任意の時刻で 0 である。

例 2.2　**図 2.2** に示す回路に対する KVL 方程式を求める。

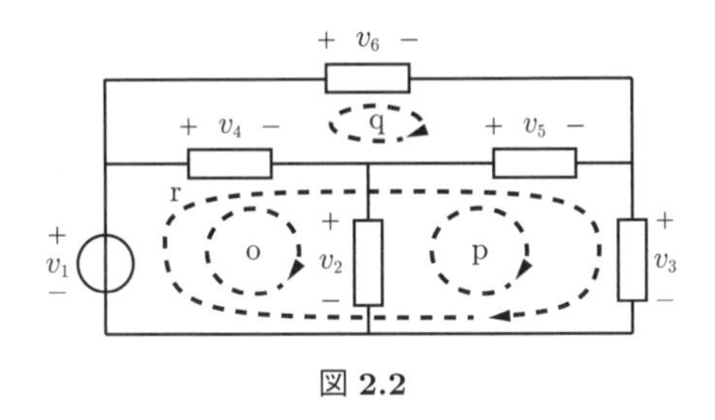

図 2.2

閉路に沿って電圧が下がる素子の電圧に符号 +，電圧が上がる素子の電圧に符号 − を付与すると，式 (2.5)〜(2.8) が成り立つ。

$$\text{閉路 o：}\quad -v_1 \quad +v_2 \quad\quad +v_4 \quad\quad = 0 \tag{2.5}$$

$$\text{閉路 p：}\quad -v_2 \quad +v_3 \quad\quad +v_5 \quad = 0 \tag{2.6}$$

$$\text{閉路 q：}\quad -v_4 \quad -v_5 \quad +v_6 = 0 \tag{2.7}$$

$$\text{閉路 r：}\quad -v_1 \quad +v_3 \quad +v_4 \quad +v_5 \quad = 0 \tag{2.8}$$

例 2.2 の式 (2.5) と式 (2.6) の両辺を足し合わせると式 (2.8) となる。つまり，この連立方程式は 1 次従属である。回路に n 個の節点，m 個の素子がある場合，1 次独立な（すなわち回路解析に必要かつ十分な）KVL 方程式の数は $(m-n+1)$ 本であることが知られている[1)]。この必要かつ十分な閉路は基本閉路といわれる。

例題 2.1　**図 2.3** の回路において枝電圧および枝電流を図のようにとる。独立な KCL 方程式および KVL 方程式を立てよ。

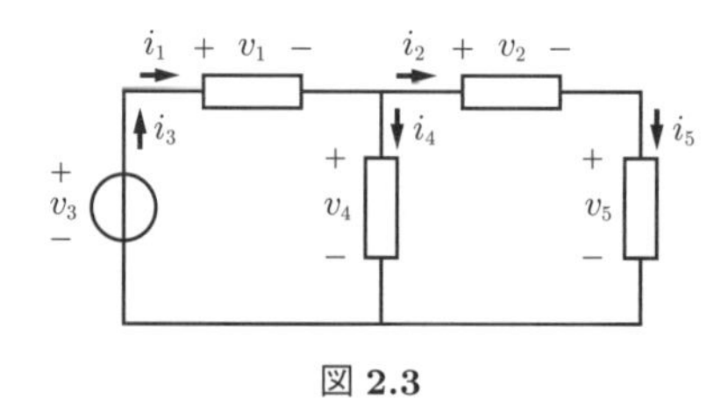

図 **2.3**

【解答】　回路には 4 個の節点があるので，独立な KCL 方程式の数は 3 本である。例えば

$$i_1 - i_3 = 0, \qquad -i_1 + i_2 + i_4 = 0, \qquad -i_2 + i_5 = 0$$

となる。また，回路には 5 個の素子があるので，独立な KVL 方程式の数は 2 本である。例えば

$$v_1 - v_3 + v_4 = 0, \qquad v_2 - v_4 + v_5 = 0$$

となる。◇

例題 2.2　**図 2.4** の回路において枝電圧および枝電流を図のようにとる。独立な KCL 方程式および KVL 方程式を立てよ。

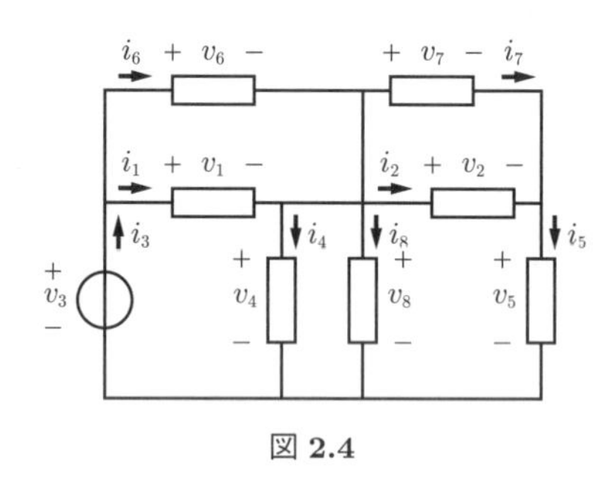

図 **2.4**

【解答】　図 2.4 において枝 2 と枝 8 の交差点にはドットがないので，枝 2 と枝 8 は交差しているだけで接続していない。5 個の節点があるので，独立な KCL 方程式の数は 4 本である。例えば

$$i_1 - i_3 + i_6 = 0, \qquad -i_1 + i_2 + i_4 = 0, \qquad -i_2 + i_5 - i_7 = 0, \qquad -i_6 + i_7 + i_8 = 0$$

となる。また，回路には 8 個の素子があるので，独立な KVL 方程式の数は 4 本である。例えば

$$v_1 - v_3 + v_4 = 0, \qquad v_2 - v_4 + v_5 = 0, \qquad -v_3 + v_6 + v_8 = 0, \qquad v_5 + v_7 - v_8 = 0$$

となる。◇

例題 2.3　**図 2.5** の回路において，$i_3 = 1\,\mathrm{mA}$ である。電圧 v および電流 i_1，i_2 を求めよ。

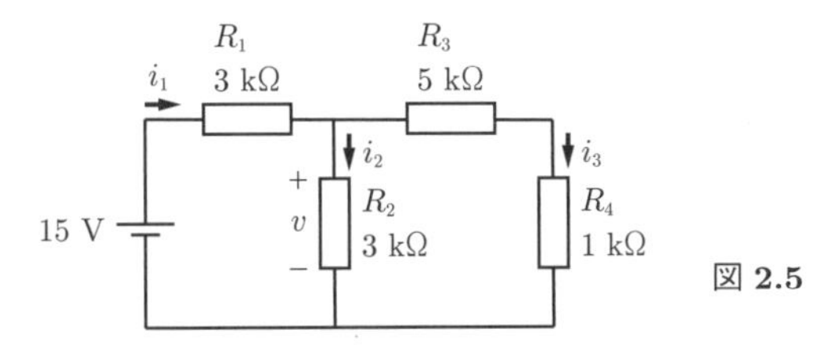

図 **2.5**

【解答】 KCL より R_3 と R_4 に流れる電流は等しくなるので，R_3 にかかる電圧は 5 V，R_4 にかかる電圧は 1 V である。

KVL より，R_2 にかかる電圧は，R_3 にかかる電圧と R_4 にかかる電圧の和に等しい。よって $v = 6\,\mathrm{V}$ である。

オームの法則より $i_2 = 2\,\mathrm{mA}$ であり，KCL より $i_1 = i_2 + i_3 = 3\,\mathrm{mA}$ である。 ◇

例題 2.4 図 **2.6** の回路において，$v_1 = 2.5\,\mathrm{V}$ である。電圧 v_2 を求めよ。

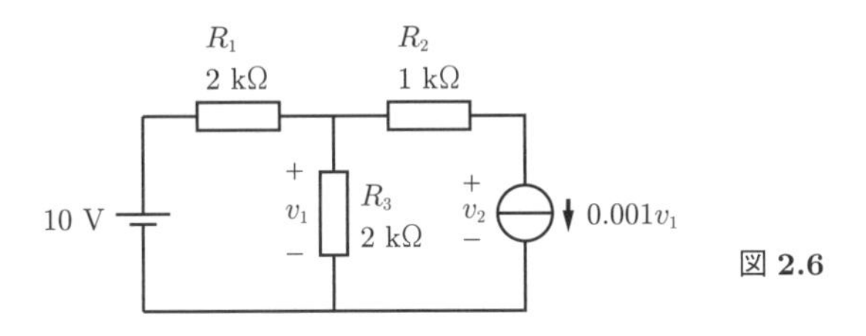

図 **2.6**

【解答】 $v_1 = 2.5\,\mathrm{V}$ より電圧制御型電流源の電流値は 2.5 mA である。KCL より R_2 を流れる電流も 2.5 mA なので，R_2 にかかる電圧は 2.5 V である。

KVL より v_1 は R_2 にかかる電圧と v_2 の和に等しいので，$v_2 = 0$ である。 ◇

2.2 キルヒホッフの法則による回路解析

回路の各素子の電圧および電流の値を求めるとき，回路が m 個の素子から構成されるとすると変数の数は $2m$ となる。回路に n 個の節点があるなら，独立な KCL 方程式の数は $(n-1)$，独立な KVL 方程式の数は $(m-n+1)$ となる。これに素子特性を表す m 本の方程式を合わせると，方程式の数が $2m$ となり，一意解を求められる。

例 2.3 図 **2.7** の回路の各部の電圧電流を求める。

節点は 4 個，素子は 6 個あるので，独立な KCL 方程式は 3 本，KVL 方程式は 3 本となる。素子特性を合わせて，以下に示す連立方程式を得る。

KCL： $-i_1 + i_4 + i_6 = 0, \quad i_2 - i_4 + i_5 = 0, \quad i_3 - i_5 - i_6 = 0$

KVL： $-v_1 + v_2 + v_4 = 0, \quad -v_2 + v_3 + v_5 = 0, \quad -v_4 - v_5 + v_6 = 0$

素子特性： $v_1 = 6, \quad v_2 = i_2, \quad v_3 = 2i_3, \quad v_4 = 2i_4, \quad v_5 = 5i_5, \quad v_6 = 4i_6$

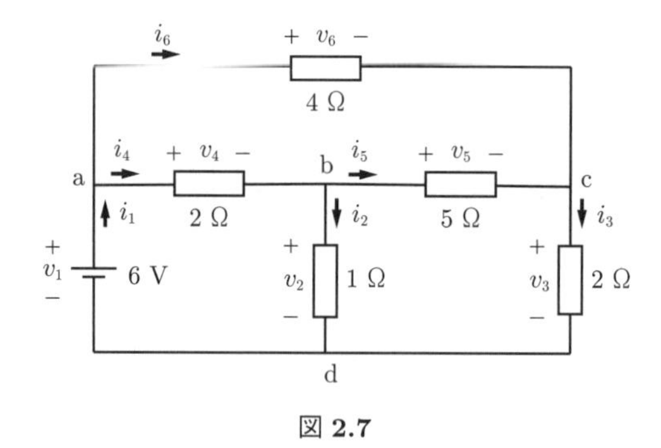

図 **2.7**

これを解くと, $i_1 = 3\,\mathrm{A}$, $i_2 = i_4 = 2\,\mathrm{A}$, $i_3 = i_6 = 1\,\mathrm{A}$, $i_5 = 0$, $v_1 = 6\,\mathrm{V}$, $v_2 = v_3 = 2\,\mathrm{V}$, $v_4 = v_6 = 4\,\mathrm{V}$, $v_5 = 0$ となる。

例 2.3 のように $2m$ 本からなる連立方程式を解けば各部の電圧および電流を求めることができるが，これは手間がかかる作業となる。回路解析のさまざまな手法はこの手間を軽減するためのものと見ることができる。

例題 2.5　図 **2.8** の回路において，電流 i_1，i_2，i_3 を求めよ。

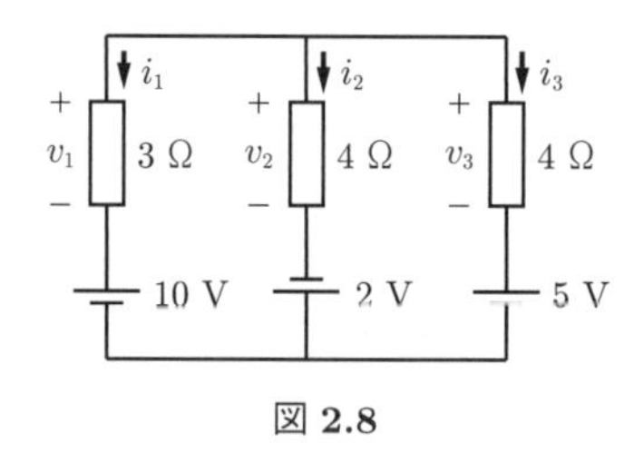

図 **2.8**

【解答】 節点が 5 個あるので独立な KCL 方程式の数は 4 本であるが，KCL より電圧源に流れる電流を i_1，i_2，i_3 とおけるので，3 本の KCL 方程式は消すことができる。よって，KCL 方程式は式 (2.9) となる。

$$i_1 + i_2 + i_3 = 0 \tag{2.9}$$

素子が 6 個あるので，独立な KVL 方程式の数は 2 本である。素子特性より，$v_1 = 3i_1$，$v_2 = 4i_2$，$v_3 = 4i_3$ となるので，KVL 方程式は式 (2.10) となる。

$$-3i_1 + 4i_2 - 2 - 10 = 0, \qquad -4i_2 + 4i_3 + 5 + 2 = 0 \tag{2.10}$$

式 (2.9)，(2.10) を解くと，$i_1 = -1.7\,\mathrm{A}$，$i_2 = 1.725\,\mathrm{A}$，$i_3 = -0.025\,\mathrm{A}$ となる。　◇

例題 2.6　図 **2.9** の回路において，電流 i を求めよ。

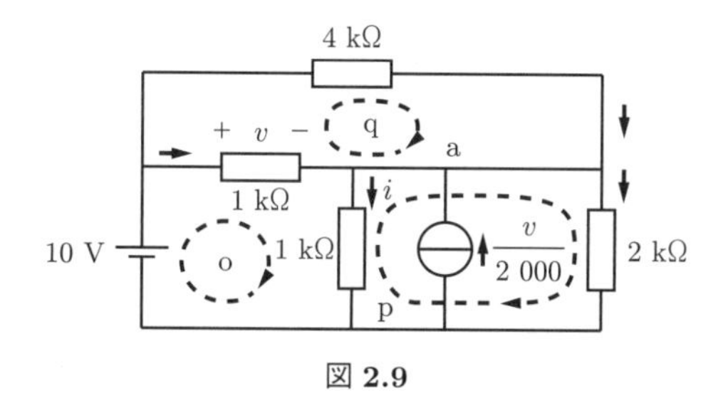

図 2.9

【解答】　電流の単位を mA とする。このとき，従属電流源の値は $v/2\,000\,\mathrm{A} = v/2\,\mathrm{mA}$ である。

閉路 o における KVL 方程式より $v = 10 - i$ となる。閉路 p における KVL 方程式より $2\,\mathrm{k}\Omega$ の抵抗器に流れる電流は $i/2$ である。閉路 q における KVL 方程式より $4\,\mathrm{k}\Omega$ の抵抗器に流れる電流は $v/4 = (10 - i)/4$ である。これらの抵抗器を流れる電流の向きを図中に矢印で示す。

節点 a における KCL 方程式は

$$-\frac{10-i}{1} - \frac{10-i}{4} - \frac{10-i}{2} + i + \frac{i}{2} = 0$$

となる。これを解くと，$i = 70/13 \approx 5.38\,\mathrm{mA}$ となる。　◇

2.3　直列接続と並列接続

2.3.1　直　列　接　続

図 2.10(a) の回路において，KVL より $v = v_1 + v_2$ となる。また，KCL より R_1，R_2 の 2 個の抵抗器を流れる電流はともに i である。よって $v_1 = R_1 i$，$v_2 = R_2 i$ となり，$v = v_1 + v_2 = R_1 i + R_2 i = (R_1 + R_2) i$ を得る。すなわち，抵抗 R_1 と R_2 の 2 個の抵抗器の**直列接続**（series connection）は，図 (b) に示す抵抗

$$R = R_1 + R_2 \tag{2.11}$$

の 1 個の抵抗器で置換できる。

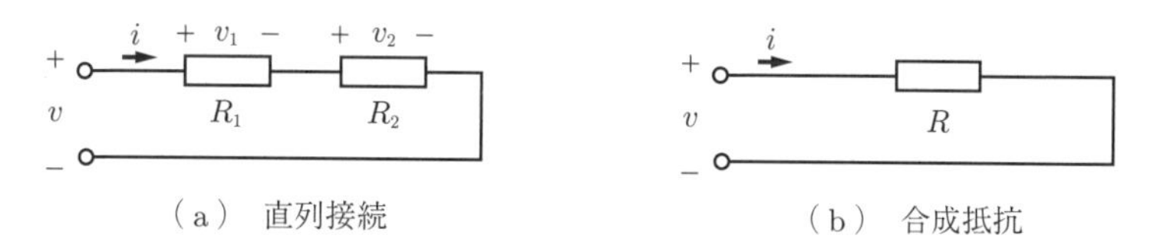

図 2.10　抵抗器の直列接続の合成

これをコンダクタンスを用いて考える。$G_1 = 1/R_1$，$G_2 = 1/R_2$，$G = 1/R$ とすると

$$G = \frac{1}{R} = \frac{1}{R_1 + R_2} = \frac{1}{\dfrac{1}{G_1} + \dfrac{1}{G_2}} = \frac{G_1 G_2}{G_1 + G_2} \tag{2.12}$$

となる。ここで，2 項演算子 $\|$ を

$$x \parallel y = \frac{1}{\dfrac{1}{x} + \dfrac{1}{y}} = \frac{xy}{x+y} \tag{2.13}$$

と定義すると

$$G = G_1 \parallel G_2 \tag{2.14}$$

となる。

2.3.2 並列接続

図 2.11(a) の回路において，KCL より $i = i_1 + i_2$ となる。また，KVL より抵抗 R_1，R_2 の 2 個の抵抗器にかかる電圧はともに v である。よって $i_1 = v/R_1$，$i_2 = v/R_2$ となり，$i = i_1 + i_2 = v/R_1 + v/R_2 = \{(R_1 + R_2)/R_1R_2\}v$ を得る。すなわち，抵抗 R_1 と R_2 の 2 個の抵抗器の**並列接続**（parallel connection）は，図 (b) に示す抵抗

$$R = R_1 \parallel R_2 \tag{2.15}$$

の 1 個の抵抗器で置換できる。

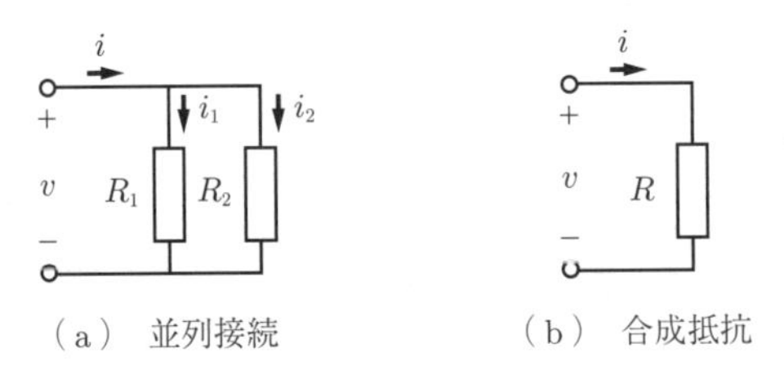

（a）並列接続　　（b）合成抵抗

図 2.11　抵抗器の並列接続の合成

また，上記をコンダクタンスを用いて考えると

$$G = G_1 + G_2 \tag{2.16}$$

となる。

例題 2.7　$R = R_1 \parallel R_2 \parallel R_3$ を求めよ。

【解答】 $R = R_1 \parallel R_2 \parallel R_3 = \dfrac{1}{\dfrac{1}{R_1} + \dfrac{1}{R_2 \parallel R_3}} = \dfrac{1}{\dfrac{1}{R_1} + \dfrac{1}{R_2} + \dfrac{1}{R_3}} = \dfrac{R_1R_2R_3}{R_2R_3 + R_3R_1 + R_1R_2}$

◇

例題 2.8　**図 2.12** の回路において，ポート 1-1′ の右側の回路の合成抵抗 R を求めよ。さらに，電流 i を求めよ。

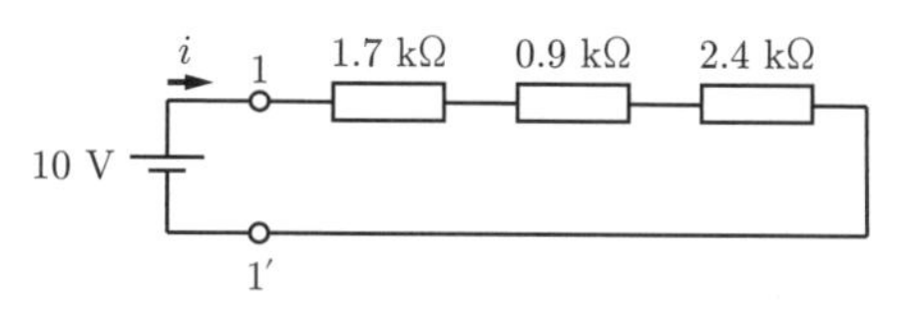

図 **2.12**

【解答】 $R = 1.7 + 0.9 + 2.4 = 5\,\mathrm{k\Omega}, \qquad i = \dfrac{10}{5} = 2\,\mathrm{mA}$

例題 2.9　図 **2.13** の回路において，ポート 1-1′ の右側の回路の合成コンダクタンス G を求めよ。さらに，電流 i を求めよ。

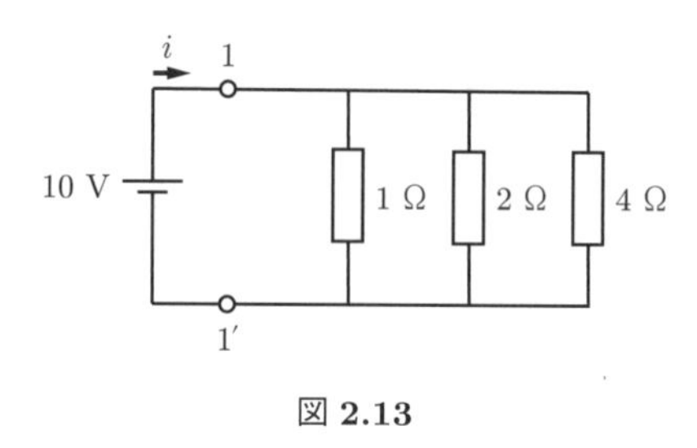

図 **2.13**

【解答】 $G = \dfrac{1}{1} + \dfrac{1}{2} + \dfrac{1}{4} = \dfrac{7}{4}\,\mathrm{S}, \qquad i = 10 \times \dfrac{7}{4} = 17.5\,\mathrm{A}$

例題 2.10　図 **2.14** の回路において，ポート 1-1′ から見た合成抵抗 R を求めよ。

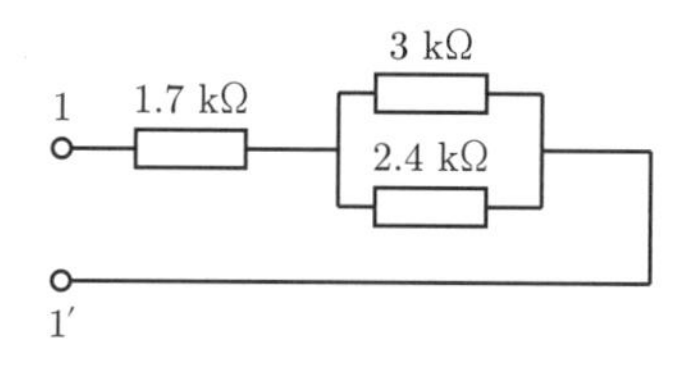

図 **2.14**

【解答】 $R = 1.7 + (3 \parallel 2.4) = 1.7 + \dfrac{3 \times 2.4}{3 + 2.4} = \dfrac{91}{30} \approx 3.0\,\mathrm{k\Omega}$

例題 2.11　図 **2.15** の回路において，ポート 1-1′ から見た合成抵抗 R を求めよ。

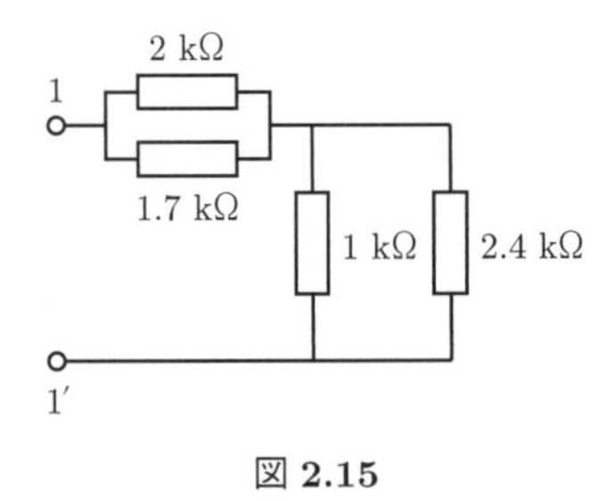

図 2.15

【解答】 $R = (1.7 \parallel 2) + (1 \parallel 2.4) = \dfrac{1.7 \times 2}{1.7 + 2} + \dfrac{1 \times 2.4}{1 + 2.4} = \dfrac{1\,022}{629} \approx 1.6\,\text{k}\Omega$

◇

2.4 分圧と分流

2.4.1 分　　　　圧

図 2.10(a) の回路において，$i = v/(R_1 + R_2)$ となるので

$$v_1 = \frac{R_1}{R_1 + R_2}v = \frac{G_2}{G_1 + G_2}v, \qquad v_2 = \frac{R_2}{R_1 + R_2}v = \frac{G_1}{G_1 + G_2}v \tag{2.17}$$

となる。このように，抵抗器の直列接続において各部の電圧が全体の電圧および抵抗の比から求められることを**分圧の法則**（voltage divider rule）という。

また，分圧は n 個の抵抗器の直列接続に拡張可能で，**図 2.16** における v_1 は

$$v_1 = \frac{R_1}{R_1 + R_2 + \cdots + R_n}v \tag{2.18}$$

となる。

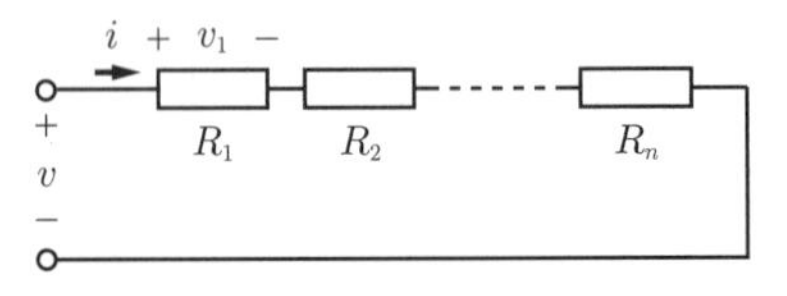

図 2.16　n 個の抵抗器の直列接続

2.4.2 分　　　　流

図 2.11(a) の回路において，$v = \{R_1R_2/(R_1 + R_2)\}i$ となるので

$$i_1 = \frac{R_2}{R_1 + R_2}i = \frac{G_1}{G_1 + G_2}i, \qquad i_2 = \frac{R_1}{R_1 + R_2}i = \frac{G_2}{G_1 + G_2}i \tag{2.19}$$

となる。このように，抵抗器の並列接続において各部の電流が全体の電流およびコンダクタンスの比から求められることを**分流の法則**（current divider rule）という。

また，分流は n 個の抵抗器の並列接続に拡張可能で，**図 2.17** における i_1 はコンダクタンス

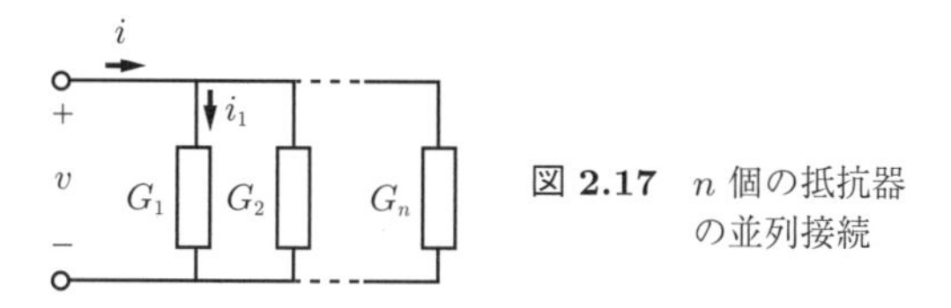

図 2.17 n 個の抵抗器の並列接続

を用いて

$$i_1 = \frac{G_1}{G_1 + G_2 + \cdots + G_n} i \tag{2.20}$$

となる。

例題 2.12 **図 2.18** の回路において，電圧 v_1，v_2 を求めよ。

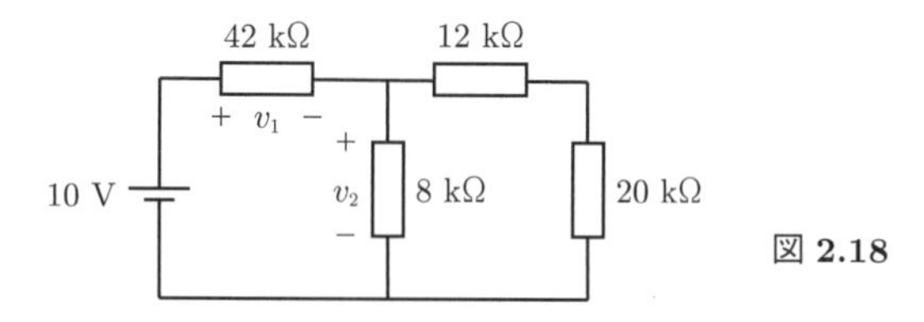

図 2.18

【解答】 8 kΩ，12 kΩ，20 kΩ の 3 個の抵抗の合成抵抗 R は

$$R = 8 \parallel (12 + 20) = \frac{8 \times 32}{8 + 32} = 6.4\,\mathrm{k\Omega}$$

なので，図 2.18 の回路は**図 2.19** の等価回路に置き換えることができる。よって，v_1，v_2 は

$$v_1 = \frac{42}{42 + 6.4} \times 10 = \frac{1\,050}{121} \approx 8.68\,\mathrm{V}, \qquad v_2 = 10 - v_1 \approx 1.32\,\mathrm{V}$$

となる。

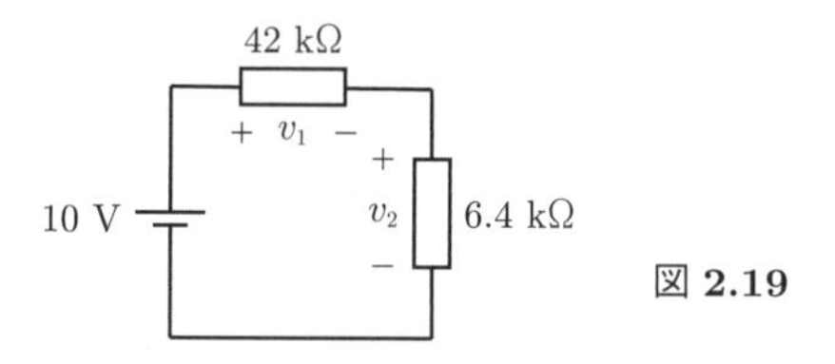

図 2.19

◇

例題 2.13 **図 2.20** の回路において，電圧 v，および節点電位 u_a を求めよ。

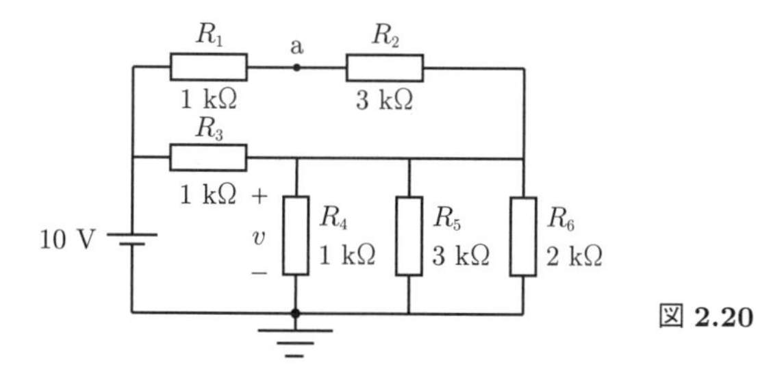

図 2.20

【解答】 この回路は R_1 と R_2 の直列接続と R_3 の並列接続からなる部分と R_4，R_5，R_6 の並列接続からなる部分の直列接続になっている。合成抵抗を求めると

$$1 \parallel (1+3) = \frac{1 \times (3+1)}{1+3+1} = \frac{4}{5}\,\mathrm{k\Omega}$$
$$1 \parallel 3 \parallel 2 = \frac{1 \times 2 \times 3}{2 \times 3 + 1 \times 2 + 1 \times 3} = \frac{6}{11}\,\mathrm{k\Omega}$$

なので，**図 2.21** の等価回路を得る。よって

$$v = \frac{\dfrac{6}{11}}{\dfrac{4}{5} + \dfrac{6}{11}} \times 10 = \frac{150}{37} \approx 4.05\,\mathrm{V}$$

となり，u_a は，10 V と v を 1 kΩ と 3 kΩ の抵抗で分圧すればよいので

$$u_\mathrm{a} = v + \frac{3}{1+3}(10 - v) = \frac{315}{37} \approx 8.51\,\mathrm{V}$$

となる。

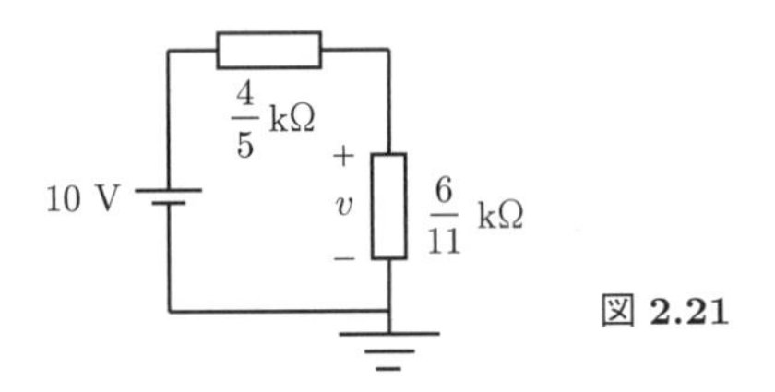

図 2.21

◇

例題 2.14 **図 2.22** の回路は定常状態にある。電圧 v を求めよ。

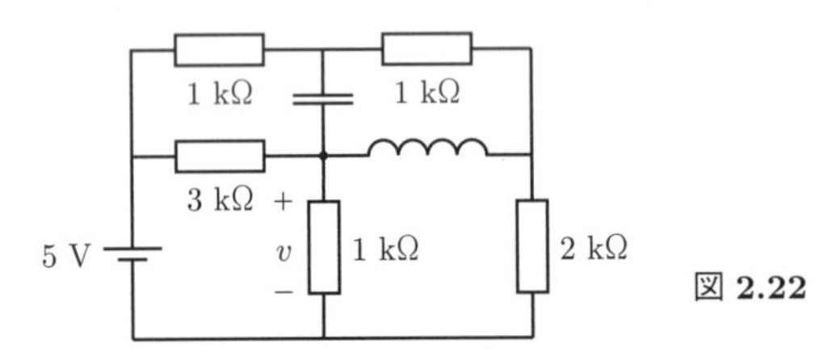

図 2.22

【解答】 直流回路の定常状態では，キャパシタは開放，インダクタは短絡されるので，**図 2.23** の回路で考えればよい。よって

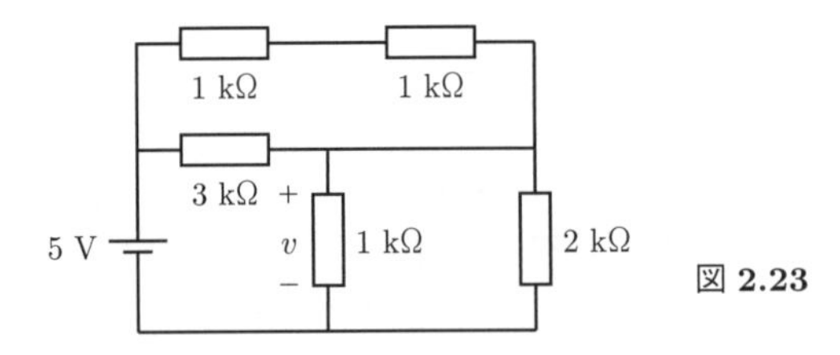

図 2.23

$$v = \frac{1 \parallel 2}{(1 \parallel 2) + \{3 \parallel (1+1)\}} \times 5 = \frac{\frac{2}{3}}{\frac{2}{3} + \frac{6}{5}} \times 5 = \frac{25}{14} \approx 1.79\,\mathrm{V}$$

となる。 ◇

2.5 ブリッジ回路

図 2.24 の回路は**ホイートストンブリッジ**（Wheatstone bridge）といわれ，未知抵抗の測定に用いられる。

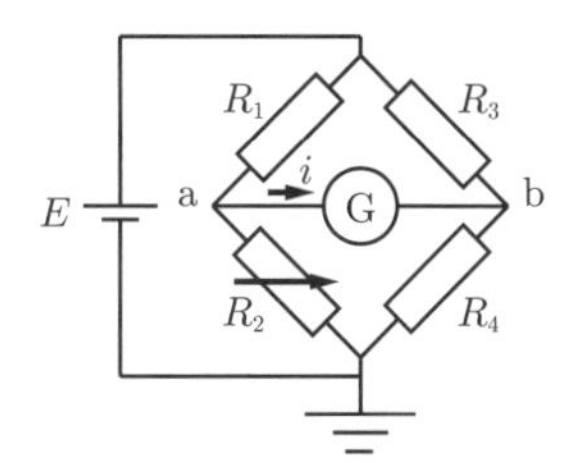

図 2.24 ホイートストンブリッジ

節点 a，b の電位が等しければ検流計 G を流れる電流 $i = 0$ となる。このとき，電圧 E を分圧することにより節点 a，b の電位を求めると $u_\mathrm{a} = R_2E/(R_1 + R_2)$，$u_\mathrm{b} = R_4E/(R_3 + R_4)$ となる。これらが等しいことより

$$R_1R_4 = R_2R_3 \tag{2.21}$$

となる。これが $i = 0$ となるための条件（ブリッジ回路の**平衡条件**（balanced condition）といわれる）であり，R_4 が未知抵抗ならば，可変抵抗 R_2 を変化させて $i = 0$ となれば，R_4 は

$$R_4 = \frac{R_2R_3}{R_1} \tag{2.22}$$

により求まる。

例題 2.15 **図 2.25** の回路において，電流 $i = 0$ となる抵抗 R を求めよ。

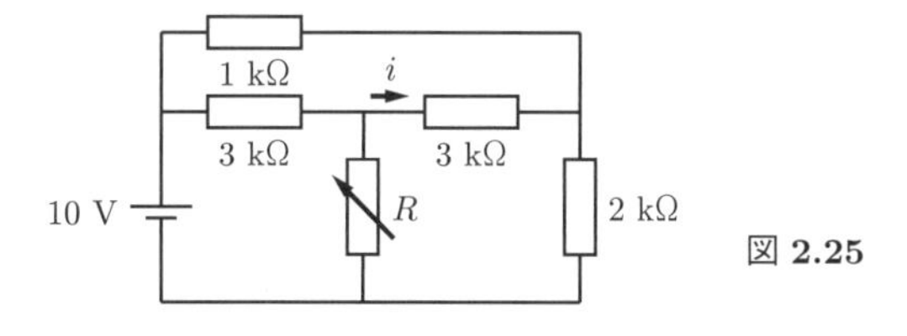

図 2.25

【解答】 平衡条件より，$R = 3 \times 2/1 = 6\,\mathrm{k\Omega}$ となる。 ◇

例題 2.16 **図 2.26** の回路において，電圧 v を求めよ。

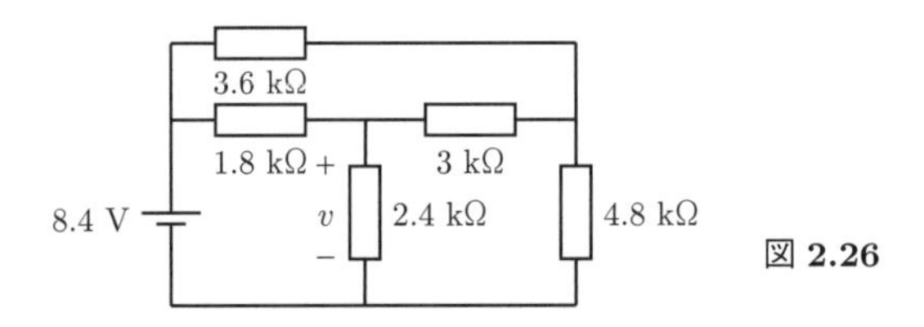

図 **2.26**

【解答】 平衡条件が成り立つので，3 kΩ の抵抗器には電流が流れない。この素子を開放して考えてよいので，$v = \{2.4/(1.8+2.4)\} \times 8.4 = 4.8\,\mathrm{V}$ となる。 ◇

2.6 Y–Δ 変換

図 2.27 の回路は **Y 接続**（wye connection）といわれ，**図 2.28** の回路は **Δ 接続**（delta connection）といわれる。

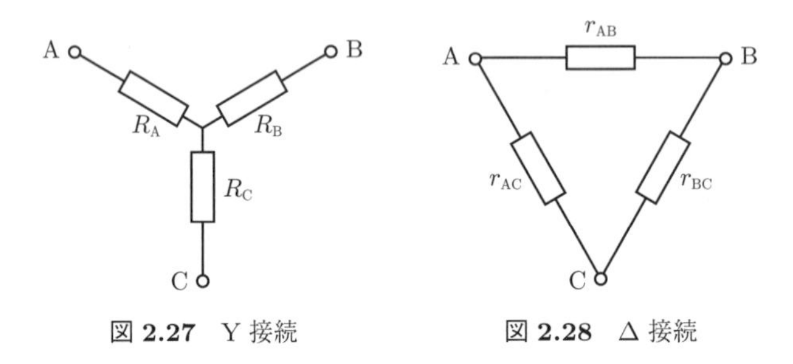

図 **2.27**　Y 接続　　図 **2.28**　Δ 接続

Y 接続と Δ 接続が等価になる条件を求める。端子 C を開放してポート A-B の合成抵抗 R_{AB} を求めると Y 接続では $R_{AB} = R_A + R_B$, Δ 接続では $R_{AB} = r_{AB} \parallel (r_{AC}+r_{BC})$ となる。2 個の回路が等価ならばポート A-B の抵抗は同じになるので，$R_{AB} = R_A + R_B = r_{AB} \parallel (r_{AC}+r_{BC})$ となる。同様に $R_{BC} = R_B + R_C = r_{BC} \parallel (r_{AB}+r_{AC})$, $R_{CA} = R_C + R_A = r_{AC} \parallel (r_{AB}+r_{BC})$ となる。$R_{AB} + R_{CA} - R_{BC}$ を両辺について計算し，整理すると

$$R_A = \frac{r_{AB} r_{AC}}{r_{AB} + r_{AC} + r_{BC}} \tag{2.23}$$

となる。同様に式 (2.24) を得る。

$$R_B = \frac{r_{AB} r_{BC}}{r_{AB} + r_{AC} + r_{BC}}, \qquad R_C = \frac{r_{AC} r_{BC}}{r_{AB} + r_{AC} + r_{BC}} \tag{2.24}$$

また，式 (2.23), (2.24) より

$$R_A R_B + R_B R_C + R_C R_A = \frac{r_{AB} r_{BC} r_{AC}}{r_{AB} + r_{AC} + r_{BC}} \tag{2.25}$$

となる。これを R_C で除すると

$$\frac{R_A R_B + R_B R_C + R_C R_A}{R_C} = \frac{\dfrac{r_{AB} r_{BC} r_{AC}}{r_{AB} + r_{AC} + r_{BC}}}{\dfrac{r_{AC} r_{BC}}{r_{AB} + r_{AC} + r_{BC}}} = r_{AB} \tag{2.26}$$

となる。同様に式 (2.27) を得る。

$$r_{BC} = \frac{R_A R_B + R_B R_C + R_C R_A}{R_A}, \qquad r_{AC} = \frac{R_A R_B + R_B R_C + R_C R_A}{R_B} \tag{2.27}$$

このように Y 接続と Δ 接続は相互に変換可能であり，Y 接続を Δ 接続に変換することを **Y–Δ 変換**（wye-delta transformation）といい，Δ 接続を Y 接続に変換することを **Δ–Y 変換**（delta-wye transformation）という。

例題 2.17　図 **2.29** の回路において，ポート 1-1′ から見た合成抵抗 R を求めよ。

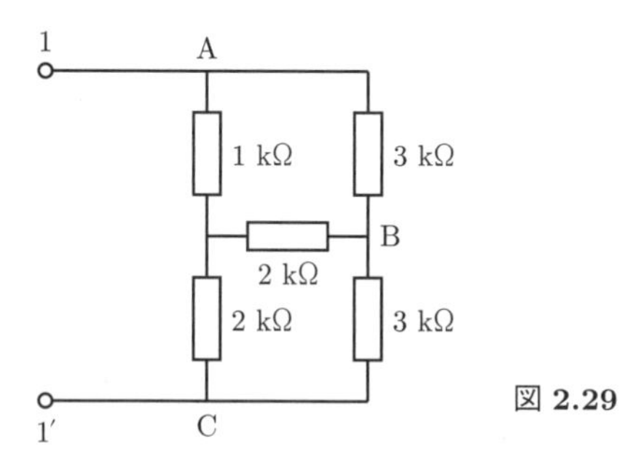

図 **2.29**

【解答】　このままでは 2.3 節の手法を使えないので Y–Δ 変換する。変換後の回路を図 **2.30** に示す。式 (2.26)，(2.27) より，$r_{AB} = (1\times2+2\times2+1\times2)/2 = 8/2 = 4\,\mathrm{k\Omega}$，$r_{BC} = 8/1 = 8\,\mathrm{k\Omega}$，$r_{AC} = 8/2 = 4\,\mathrm{k\Omega}$ となる。よって，求める合成抵抗は次式のようになる。

$$R = 4 \parallel \{(4 \parallel 3) + (8 \parallel 3)\} = \frac{75}{38} \approx 1.97\,\mathrm{k\Omega}$$

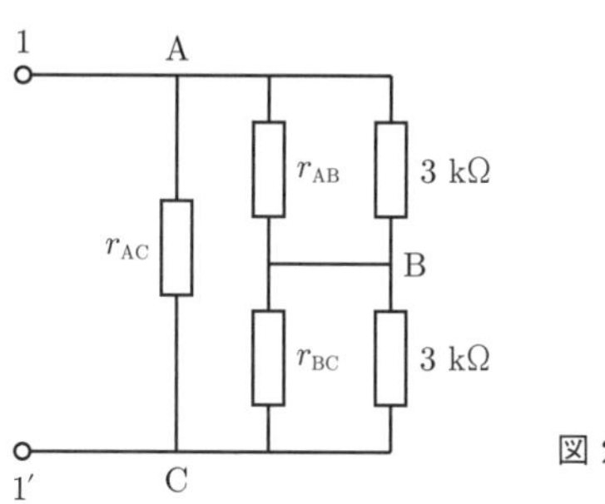

図 **2.30**

◇

2.7　電源の削減と変換

2.7.1　電 源 の 削 減

図 **2.31**(a) の回路において，KVL より $v = v_1 + \cdots + v_n$ である。この回路は図 (b) の回路のように電圧値が v である 1 個の電圧源に置き換えることができる。

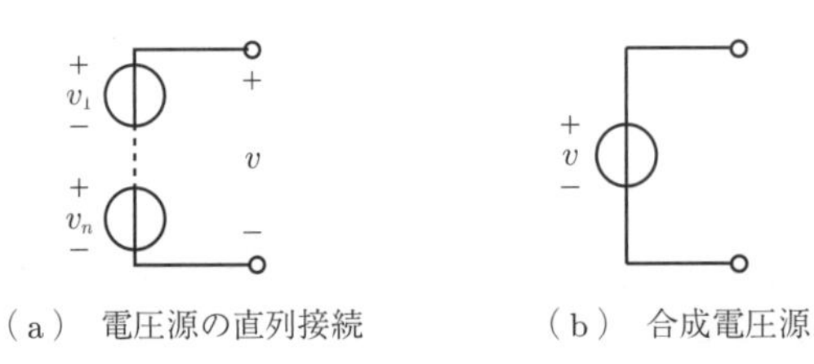

（a）　電圧源の直列接続　　　（b）　合成電圧源

図 2.31　電圧源の直列接続の合成

同様に，**図 2.32**(a) の回路において，KCL より $i = i_1 + \cdots + i_n$ である。この回路は図 (b) の回路のように電流値が i である 1 個の電流源に置き換えることができる。

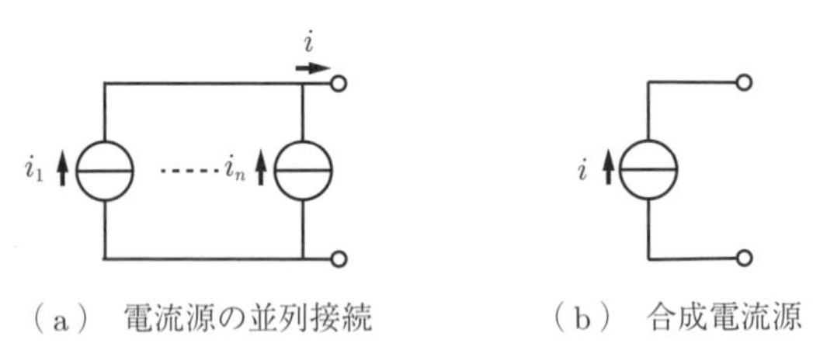

（a）　電流源の並列接続　　　（b）　合成電流源

図 2.32　電流源の並列接続の合成

例題 2.18　**図 2.33**(a) の回路にある 3 個の電圧源を図 (b) の回路のように 1 個の電圧源で置き換える。電圧 v を求めよ。

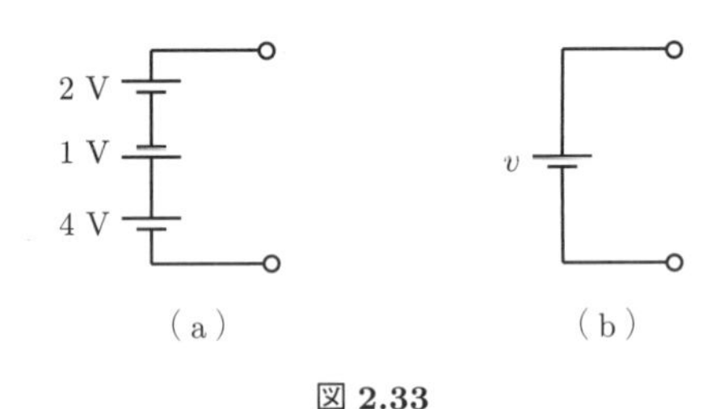

（a）　　　（b）

図 2.33

【解答】　$v = 2 - 1 + 4 = 5\,\mathrm{V}$ 

例題 2.19　**図 2.34**(a) の回路にある 3 個の電流源を図 (b) の回路のように 1 個の電流源で置き換える。電流 i を求めよ。

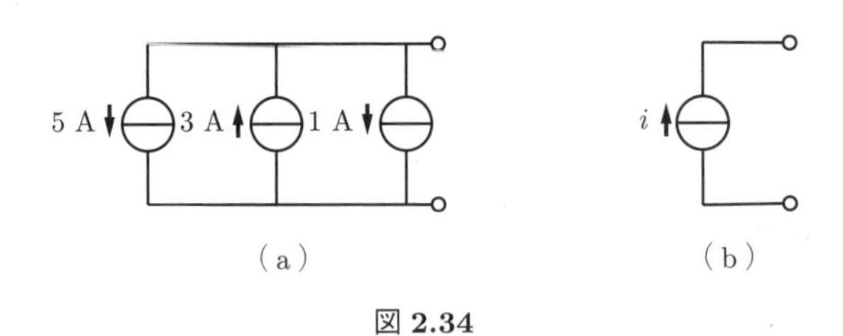

（a）　　　（b）

図 2.34

【解答】　$i = -5 + 3 - 1 = -3\,\mathrm{A}$　◇

例題 2.20　**図 2.35** の回路において，抵抗器の接続をそのままにして電流源 1 個の回路に等価変換せよ。

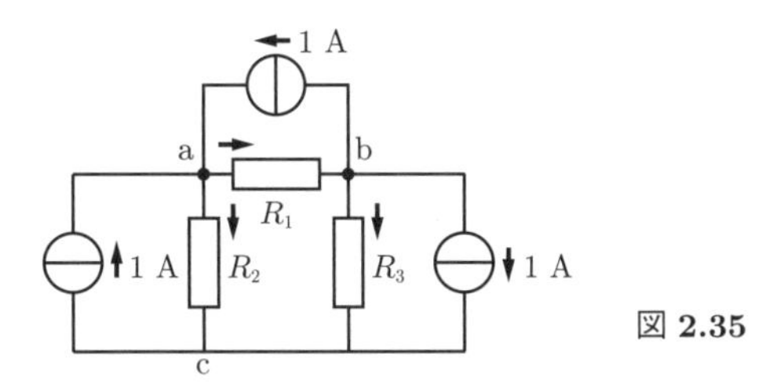

図 2.35

【解答】　抵抗器を流れる電流をそれぞれ i_{R_1}，i_{R_2}，i_{R_3} とし，節点 a，b，c での KCL 方程式を立てると式 (2.28)〜(2.30) となる。

$$節点\,a：\quad -1 - 1 + i_{R_1} + i_{R_2} = 0 \tag{2.28}$$

$$節点\,b：\quad 1 + 1 - i_{R_1} + i_{R_3} = 0 \tag{2.29}$$

$$節点\,c：\quad 1 - 1 - i_{R_2} - i_{R_3} = 0 \tag{2.30}$$

抵抗器の接続をそのままにした等価変換なので，代入などで KCL 方程式の形を変えてはいけない。i_{R_1}，i_{R_2}，i_{R_3} は抵抗器を流れる枝電流なので，KCL 方程式の定数項が電流源の電流を表す。

式 (2.28) の定数項は -2 なので，節点 a に 2 A の電流が電流源から流れ込む。

式 (2.29) の定数項は 2 なので，節点 b から 2 A の電流が電流源へ流れる。

式 (2.30) の定数項は 0 なので，節点 c に電流源は接続されない。

よって，求める回路は**図 2.36** となる。

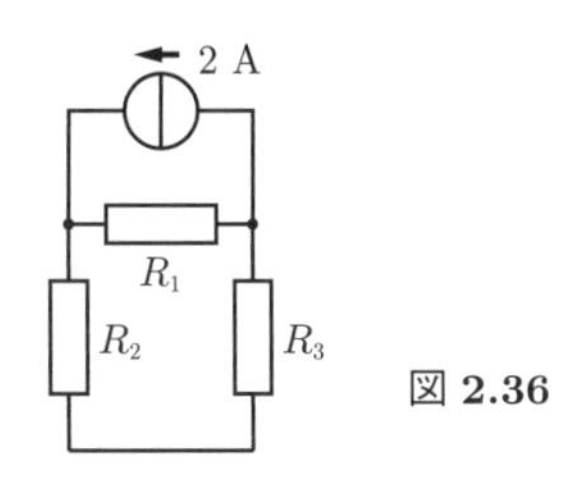

図 2.36

◇

2.7.2　電圧源と電流源の等価変換

図 2.37 に示す抵抗器と電圧源の直列接続と**図 2.38** に示す抵抗器と電流源の並列接続が等価となる条件，すなわち任意の R_L に対して電圧 v と電流 i が図 2.37 と図 2.38 の回路とで等しくなる条件を考える。

図 2.37 に示す回路において，KVL より

$$E = R_1 i + R_\mathrm{L} i \tag{2.31}$$

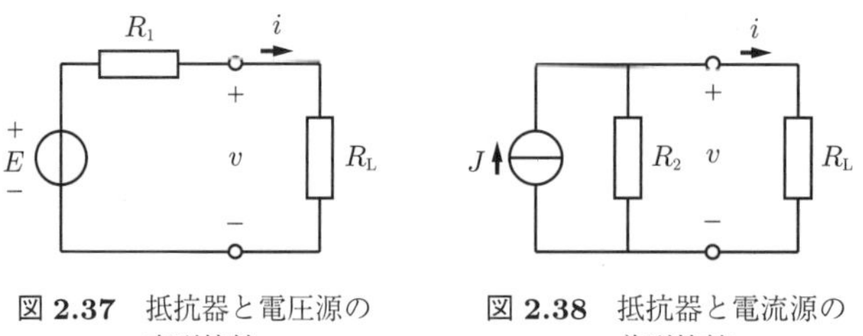

図 2.37　抵抗器と電圧源の直列接続

図 2.38　抵抗器と電流源の並列接続

となる。図 2.38 に示す回路において，$v = R_\mathrm{L} i$ であり，KCL より $J = i + v/R_2$ なので

$$JR_2 = R_2 i + R_\mathrm{L} i \tag{2.32}$$

となる。任意の R_L に対して電流 i が等しくなるので

$$E = JR_2, \qquad R_1 = R_2 \tag{2.33}$$

が求める条件となる。

すなわち，抵抗器と電圧源の直列接続および抵抗器と電流源の並列接続は相互に変換可能で，直列接続を並列接続に変換するときは $J = E/R_1$ とすればよく，並列接続を直列接続に変換するときは $E = R_2 J$ とすればよい。

例題 2.21　**図 2.39**(a) の回路において，電圧 v を求めよ。

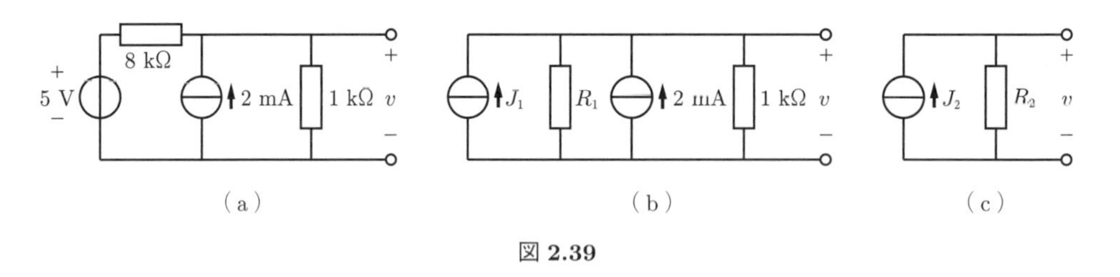

図 2.39

【解答】　抵抗器と電圧源の直列接続を抵抗器と電流源の並列接続に変換すると図 2.39(b) となる。ここで，$J_1 = (5/8)\,\mathrm{mA}$，$R_1 = 8\,\mathrm{k\Omega}$ である。

さらに，電流源の並列接続と抵抗器の並列接続をそれぞれ合成すると図 (c) となる。ここで，$J_2 = J_1 + 2 = (21/8)\,\mathrm{mA}$，$R_2 = 8 \parallel 1 = (8/9)\,\mathrm{k\Omega}$ である。

したがって，$v = J_2 R_2 = 21/9 \approx 2.33\,\mathrm{V}$ である。　◇

章 末 問 題

【1】　**図 2.40** の回路において，枝電圧および枝電流を図のようにとる。独立な KCL 方程式および KVL 方程式を立てよ。

【2】　**図 2.41** の回路において，$i_4 = 4\,\mathrm{mA}$ である。電流 i_1，i_2，i_3，i_5 を求めよ。

【3】　**図 2.42** の回路において，$i_1 = 1.5\,\mathrm{mA}$，$i_2 = 1\,\mathrm{mA}$ である。電圧 v_1，v_2 を求めよ。

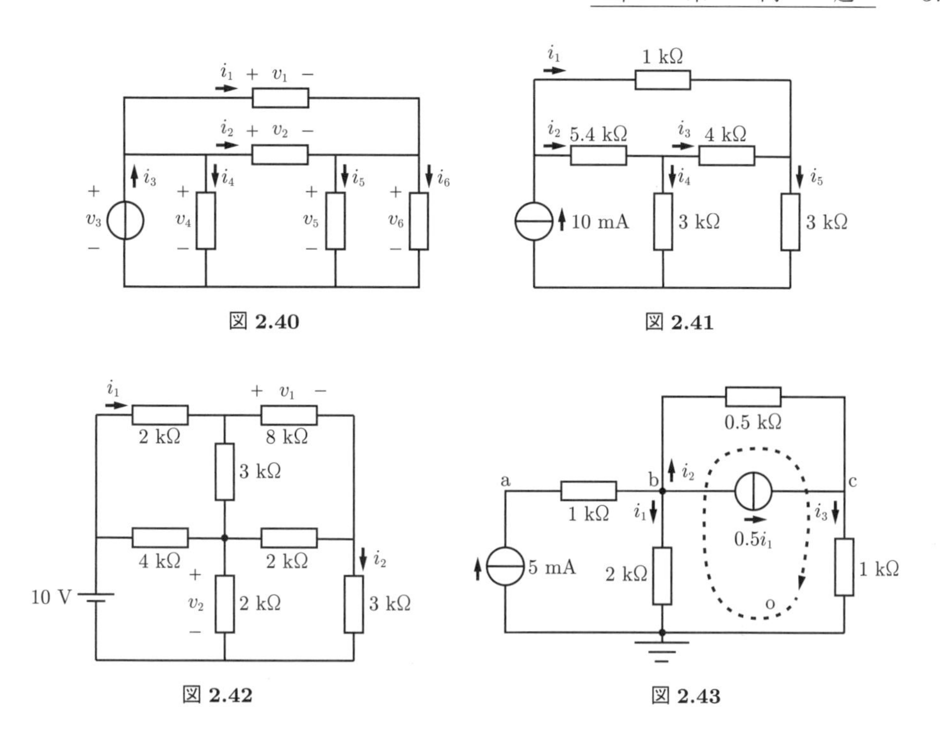

図 **2.40**　　図 **2.41**

図 **2.42**　　図 **2.43**

【4】 図 **2.43** の回路において，以下の問に答えよ。

(1) 節点 b，c について KCL 方程式を立てよ。

(2) 閉路 o について KVL 方程式を立てよ。

(3) 電流 i_1，i_2，i_3 を求めよ。

(4) 節点 a の電位 u_{a} を求めよ。

【5】 図 **2.44** の回路において，以下の問に答えよ。

(1) 節点 a での KCL 方程式を電圧 v を使って立てよ。

(2) 電圧 v を求めよ。

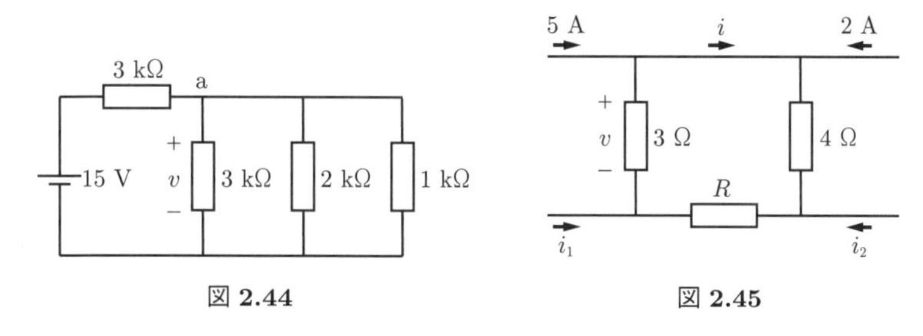

図 **2.44**　　図 **2.45**

【6】 図 **2.45** の回路において，$R = 0$ であり，電流 i_1，i_2 の値は不明である。電流 i および電圧 v を求めよ。

【7】 図 **2.46**(a)～(d) の回路において，ポート 1-1′ から見た合成抵抗 R を求めよ。

【8】 図 **2.47**(a)，(b) の回路において，ポート 1-1′ から見た合成コンダクタンス G を求めよ。

【9】 図 **2.48** の回路において，電圧 v を求めよ。

【10】 図 **2.49** の回路において，以下の問に答えよ。

(1) 電圧源から見た回路の合成抵抗 R を求めよ。

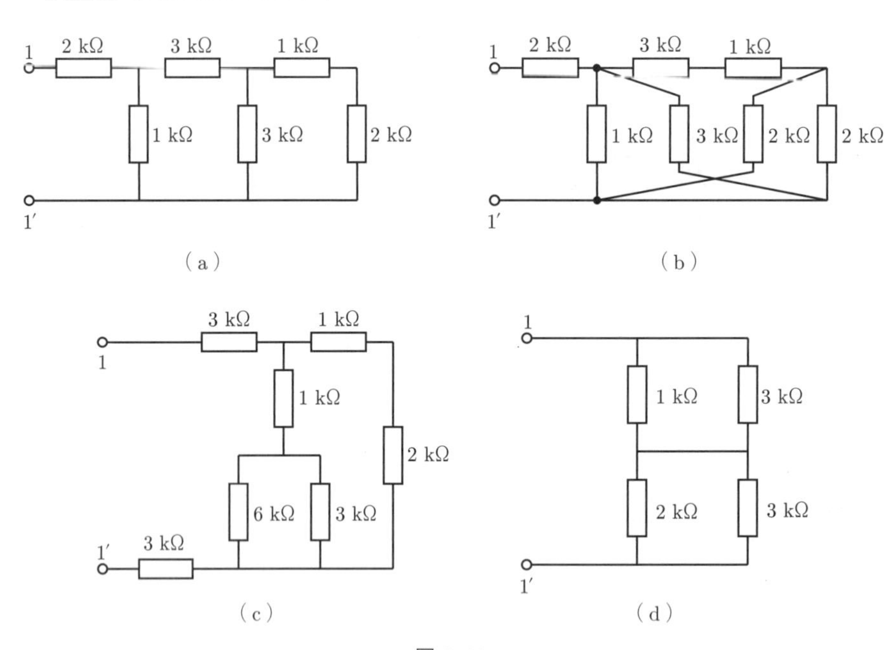

図 **2.46**

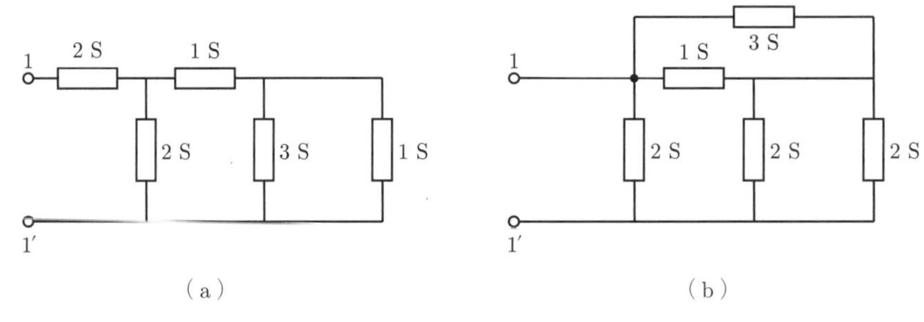

図 **2.47**

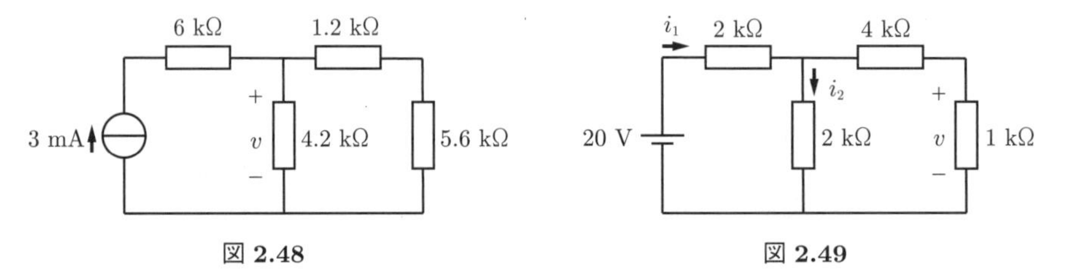

図 **2.48**　　図 **2.49**

(2)　電流 i_1 を求めよ。

(3)　電流 i_1 を分流して電流 i_2 を求めよ。

(4)　電圧 v を求めよ。

【11】　図 **2.50** の回路において，電流 i を求めよ。

【12】　図 **2.51** の回路において，電流 i_1，i_2，i_3 を求めよ。

【13】　図 **2.52** の回路において，電流 i を求めよ。

【14】　図 **2.53** の回路において電流計 A は理想的でその内部抵抗は 0 である。電圧計は理想的な電流計と内部抵抗 R_0 の直列接続で表現される。図の回路の電圧計の定格電圧 V_0 は 10 V で，内部抵

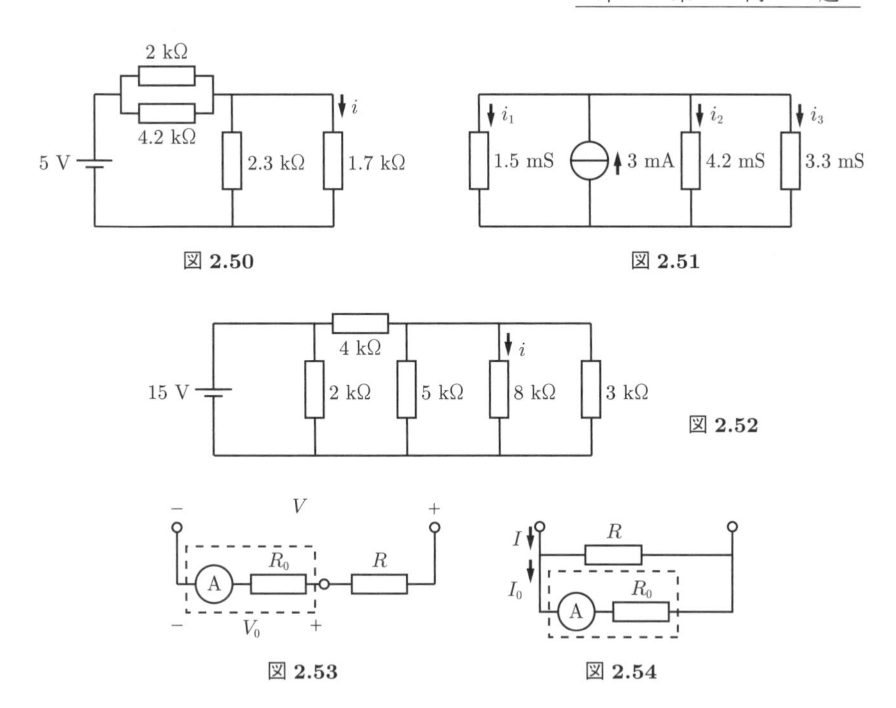

図 2.50　図 2.51

図 2.52

図 2.53　図 2.54

抗 R_0 は 50 kΩ とする。この電圧計に抵抗 R を直列接続して 100 V までの電圧 V を測定できるようにしたい。抵抗 R の最小値を求めよ（この抵抗 R は**倍率器**（multiplier）と呼ばれる）。

【15】 図 **2.54** の回路において定格電流 I_0 が 1 A で，内部抵抗 R_0 が 3 mΩ の電流計に，抵抗 R を並列接続して 10 A までの電流 I を測定できるようにしたい。抵抗 R の最大値を求めよ（この抵抗 R は**分流器**（shunt）と呼ばれる）。

【16】 図 **2.55** の回路において，電圧 v を求めよ。

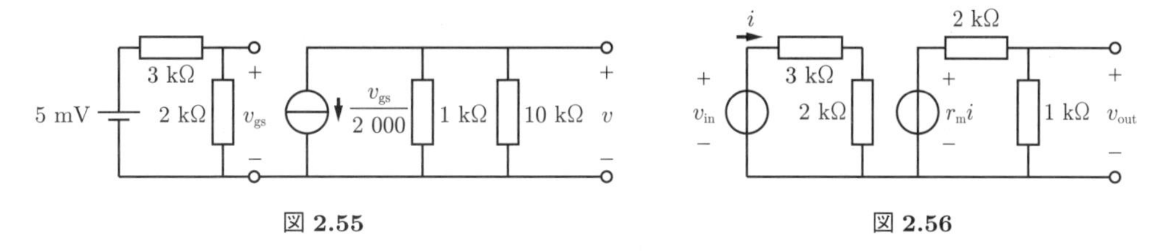

図 2.55　図 2.56

【17】 図 **2.56** の回路において，$|v_{\mathrm{out}}/v_{\mathrm{in}}| = 10$ となる，相互レジスタンス r_{m} を求めよ。

【18】 図 **2.57** のホイートストンブリッジにおいて，可変抵抗 R_2 の最大値は 1 kΩ である。250 kΩ までの未知抵抗 R_4 を測定できるようにしたい。R_1 と R_3 の満たすべき条件を求めよ。

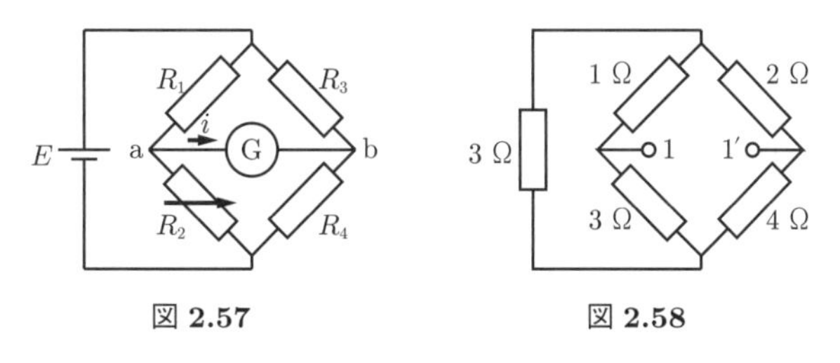

図 2.57　図 2.58

【19】 図 **2.58** の回路において，ポート 1-1′ から見た合成抵抗 R を求めよ。

【20】 図 **2.59**(a)～(c) の回路において，ポート 1-1′ から見た合成抵抗 R を Y–Δ 変換または Δ–Y 変換を用いて求めよ。ただし，抵抗値はすべて 1 Ω である。

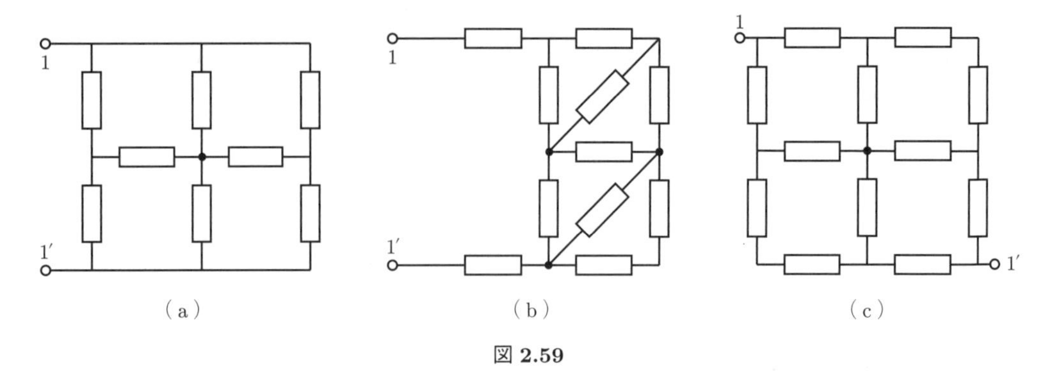

図 **2.59**

【21】 図 **2.60** の回路において，以下の問に答えよ。

(1) ポート 1-1′ の左側の回路を，1 個の電流源と 1 個の抵抗器からなる等価回路に変換せよ。

(2) 負荷（ポート 1-1′ の右側）で消費される電力が最大となる抵抗 R とそのときの電力 W を求めよ。

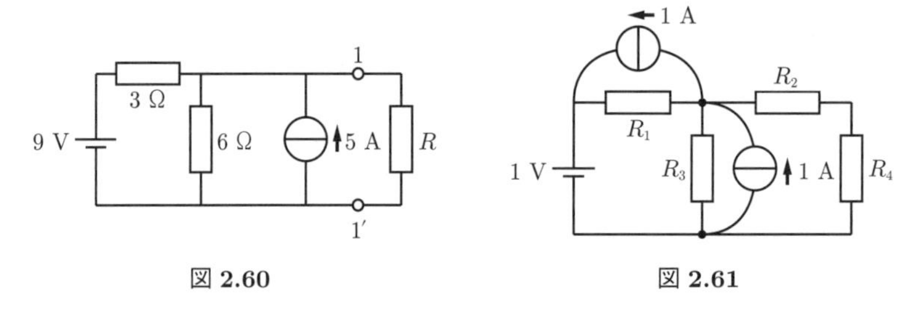

図 **2.60**　　図 **2.61**

【22】 図 **2.61** の回路において，抵抗器の接続をそのままにして電源の個数が最小の等価回路に変換せよ。

【23】 図 **2.62** の回路において，抵抗器の接続をそのままにして電圧源 1 個の等価回路に変換せよ。

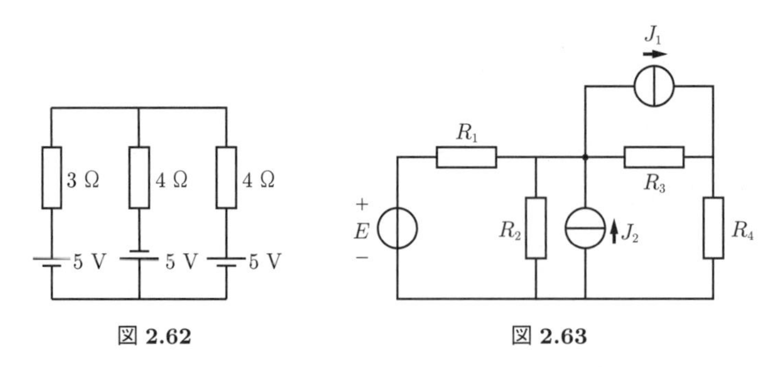

図 **2.62**　　図 **2.63**

【24】 図 **2.63** の回路において電源，抵抗の値はすべて正とする。抵抗器の接続をそのままにして，1 個の電源を持つ等価回路に変換できるための条件を求めよ。また，その回路を図示せよ。

3 回路方程式

第 2 章では，n 個の節点，m 個の素子からなる回路では，$(n-1)$ 本の KCL 方程式，$(m-n+1)$ 本の KVL 方程式，m 本の素子特性式の合わせて $2m$ 本からなる連立方程式を解けば，一意解を求められると述べた。いくつかの例題にあったように，与えられた回路の構造的特徴を使えば，回路の単純化や一部の方程式だけを使った求解により回路解析できることもある。しかし，そのためには回路の構造をよく理解する必要がある。本章で紹介する節点方程式および閉路方程式は機械的に求めることができ，これらを用いれば方程式の数をそれぞれ $(n-1)$ 本および $(m-n+1)$ 本に減らすことができる。

3.1 節点解析

3.1.1 節点方程式

節点解析（nodal analysis）とは，KCL 方程式を節点電位を用いて書くことにより回路解析する手法である。独立な KCL 方程式は $(n-1)$ 本あり，節点電位を基準節点との電位差とすれば変数の数も $n-1$ となるので，方程式を解くことができる。節点電位が求まれば，枝電流および枝電圧は節点電位から求めればよい。

節点電位を使って書かれた KCL 方程式を**節点方程式**（node equations）という。節点方程式は機械的に求められる。そこで，KCL 方程式から節点方程式への変換については 3.1.2 項で記述することとし，節点方程式の求め方についてまず記述する。

まずは，回路内の電源はすべて独立電流源と仮定する。電圧源や従属電源がある場合については 3.1.3 項に記述する。

n 個ある節点のうち 1 個を基準節点とし，それ以外の $(n-1)$ 個の節点を並べたとき，ある節点 a の添数を $\imath(a) \in \{1, \cdots, n-1\}$ で表す[†]。

コンダクタンス行列 $\boldsymbol{Y}$ を $(n-1)$ 次正方行列，節点電位ベクトル $\boldsymbol{V}$ および電流源ベクトル $\boldsymbol{J}$ を $(n-1)$ 次元ベクトルとする。

節点方程式は $\boldsymbol{Y}$ と $\boldsymbol{V}$ および $\boldsymbol{J}$ を用いて

$$\boldsymbol{YV} = \boldsymbol{J} \tag{3.1}$$

となり，行列およびベクトルはつぎの手順で求められる。

† 本書では，電流の i と区別するために，$\imath$ を用いている。

節点方程式の求め方

1) 節点電位ベクトル $\boldsymbol{V}$ の第 $\imath(a)$ 成分は節点 a の電位とする。
2) コンダクタンス行列 $\boldsymbol{Y}$ の成分は以下のようになる。
　a) 対角項 $y_{\imath(a),\imath(a)}$：節点 a に接続するコンダクタンスの和とする。
　b) 非対角項 $y_{\imath(a),\imath(b)}$：節点 a，b 間のコンダクタンスの和に負の符号をつけたものとする。
3) 電流源ベクトル $\boldsymbol{J}$ の第 $\imath(a)$ 成分は節点 a に接続する電流源の電流の代数和とする。ただし，節点に入る向きを正とする。

例 3.1　**図 3.1** に示す回路において，節点方程式を立てて回路解析してみる。

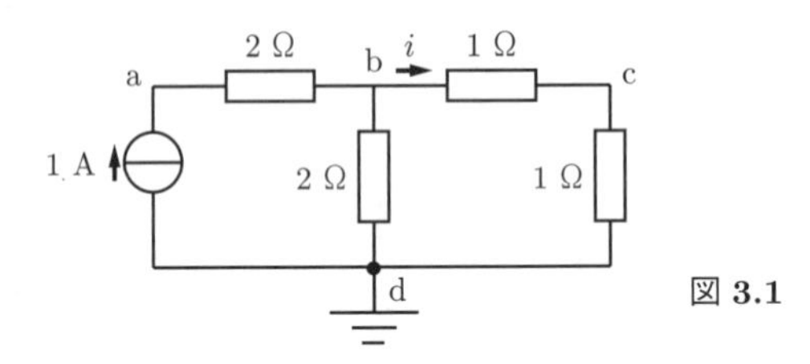

図 **3.1**

この回路において節点 d は接地されているので節点 d の節点電位は 0 である。よって節点 d を基準節点とし，節点 a，b，c の電位を u_{a}，u_{b}，u_{c} とし，節点電位ベクトルを $\boldsymbol{V}=[u_{\mathrm{a}},u_{\mathrm{b}},u_{\mathrm{c}}]^{\mathsf{T}}$ とする。

例えば，コンダクタンス行列 $\boldsymbol{Y}$ の (1,1) 成分は節点 a に接続する抵抗が $2\,\Omega$ なので $1/2$ となり，(1,2) 成分は節点 a，b 間の抵抗が $2\,\Omega$ なので $-1/2$ となる。節点 a，c 間には枝がないので (1,3) 成分は 0 となる。また，節点 b には 3 個の抵抗器が接続されているので，(2,2) 成分はそれらのコンダクタンスの和（$1/1+1/2+1/2$）となる。また，行列の作り方から明らかであるが，行列 $\boldsymbol{Y}$ は対称行列となる。よって，行列 $\boldsymbol{Y}$ は式 (3.2) のようになる。

$$\boldsymbol{Y}=\begin{bmatrix}\frac{1}{2} & -\frac{1}{2} & 0\\ -\frac{1}{2} & \frac{1}{1}+\frac{1}{2}+\frac{1}{2} & -\frac{1}{1}\\ 0 & -\frac{1}{1} & \frac{1}{1}+\frac{1}{1}\end{bmatrix} \tag{3.2}$$

電流源ベクトル $\boldsymbol{J}$ の第 1 成分は節点 a に接続する電流源から 1 A の電流が流れ込むので 1 となり，そのほかの節点には電流源が接続されていないので第 2 成分，第 3 成分は 0 となる。

よって，節点方程式は式 (3.3) となる。

$$\begin{bmatrix} \frac{1}{2} & -\frac{1}{2} & 0 \\ -\frac{1}{2} & \frac{1}{1}+\frac{1}{2}+\frac{1}{2} & -\frac{1}{1} \\ 0 & -\frac{1}{1} & \frac{1}{1}+\frac{1}{1} \end{bmatrix} \begin{bmatrix} u_\mathrm{a} \\ u_\mathrm{b} \\ u_\mathrm{c} \end{bmatrix} = \begin{bmatrix} 1 \\ 0 \\ 0 \end{bmatrix} \tag{3.3}$$

ここで，式 (3.3) が KCL 方程式になっているか確認してみる。式 (3.3) の 1 行目は

$$\frac{1}{2}u_\mathrm{a} - \frac{1}{2}u_\mathrm{b} = 1 \tag{3.4}$$

である。左辺は $(u_\mathrm{a} - u_\mathrm{b})/2$ なので，節点 a から節点 b に向かって流れる電流を表す。すなわち，式 (3.4) は節点 a における KCL 方程式である。

式 (3.3) を解くにはクラメルの公式[†1]を使えばよい。クラメルの公式と 3 次の行列式の公式[†2]を使うと u_a，u_b，u_c は式 (3.5)，(3.6) と求まる。

$$u_\mathrm{a} = \frac{\begin{vmatrix} 1 & -\frac{1}{2} & 0 \\ 0 & 2 & -1 \\ 0 & -1 & 2 \end{vmatrix}}{\begin{vmatrix} \frac{1}{2} & -\frac{1}{2} & 0 \\ -\frac{1}{2} & 2 & -1 \\ 0 & -1 & 2 \end{vmatrix}} = \frac{4-1}{2-\frac{1}{2}-\frac{1}{2}} = 3\,\mathrm{V} \tag{3.5}$$

$$u_\mathrm{b} = \frac{\begin{vmatrix} \frac{1}{2} & 1 & 0 \\ -\frac{1}{2} & 0 & -1 \\ 0 & 0 & 2 \end{vmatrix}}{|\boldsymbol{Y}|} = 1\,\mathrm{V}, \qquad u_\mathrm{c} = \frac{\begin{vmatrix} \frac{1}{2} & -\frac{1}{2} & 1 \\ -\frac{1}{2} & 2 & 0 \\ 0 & -1 & 0 \end{vmatrix}}{|\boldsymbol{Y}|} = \frac{1}{2}\,\mathrm{V} \tag{3.6}$$

図中の電流 i は

$$i = \frac{u_\mathrm{b} - u_\mathrm{c}}{1} = \frac{1}{2}\,\mathrm{A} \tag{3.7}$$

と求められる。

---

†1　連立方程式 $\boldsymbol{Ax} = \boldsymbol{b}$ が与えられたとする。行列 $\boldsymbol{A}_k$ を行列 $\boldsymbol{A}$ の第 k 列をベクトル $\boldsymbol{b}$ で置き換えて得られる行列とすると，$\boldsymbol{x}$ の第 k 成分 x_k は次式で与えられる。

$$x_k = \frac{|\boldsymbol{A}_k|}{|\boldsymbol{A}|}$$

†2　$$\begin{vmatrix} a & b & c \\ d & e & f \\ g & h & i \end{vmatrix} = aei + bfg + cdh - afh - bdi - ceg$$

例題 3.1　**図 3.2** の回路において，節点電位 u_{a}，u_{b} に関する節点方程式を立てよ。

Python を使った回路解析（連立方程式①）

回路解析では連立方程式を解くことをしばしば求められる。求解の補助や，得た解の正しさの確認のために計算機を使うことは有用である。特に，節点方程式や閉路方程式は回路から機械的に求まるため，計算機を使って連立方程式を解くことができれば，簡単に電圧や電流を求めることができる。

連立方程式を計算機を使って解くためのソフトウェアには有償・無償さまざまなものが存在する。一般に，有償ソフトウェアのほうが機能面や使いやすさの面で優れているが，無償のソフトウェアでも十分な機能を持つものもある。自身に合ったものを探して，学習の効率化のために積極的に活用してほしい。

本書では，Python[11),12)] を使う方法を紹介する。Python は汎用のプログラミング言語であり，プログラムをわかりやすく少ないコード行数で書けると言われている。また，科学技術計算用のライブラリが多く整備されている。ライブラリを使えば，連立方程式の求解も数行のプログラミングで行える。Python やライブラリのインストールについてはインターネット上の記事や書籍を参考にしてほしい。

まず，NumPy[13)] を使った連立方程式の求解について説明する。NumPy は Python において数値計算を行うためのライブラリである。

NumPy を使って式 (3.3) を解くには以下のようにすればよい。

```
>>> import numpy as np
>>> A = np.array([[1/2,-1/2,0],[-1/2,1+1/2+1/2,-1/1],[0,-1/1,1/1+1/1]])
>>> A
array([[ 0.5, -0.5,  0. ],
       [-0.5,  2. , -1. ],
       [ 0. , -1. ,  2. ]])
>>> b = np.array([1,0,0])
>>> b
array([1, 0, 0])
>>> np.linalg.solve(A,b)
array([3. , 1. , 0.5])
```

Python のコマンドプロンプトは`>>>`である。コマンドプロンプトに続けて命令を打ち込む。1 行目は NumPy を読み込むための命令である。2 行目は NumPy の配列を使って行列 $\boldsymbol{A}$ を定義するための命令である。3 行目は行列 $\boldsymbol{A}$ を表示するための命令であり，下に定義された行列が表示されている。4 行目はベクトル $\boldsymbol{b}$ を定義するための命令であり，5 行目はベクトル $\boldsymbol{b}$ を表示するための命令である。6 行目は NumPy のメソッド `linalg.solve` を使って連立方程式 $\boldsymbol{Ax}=\boldsymbol{b}$ を解くための命令である。解 $(3, 1, 0.5)$ が下の行に表示されている。

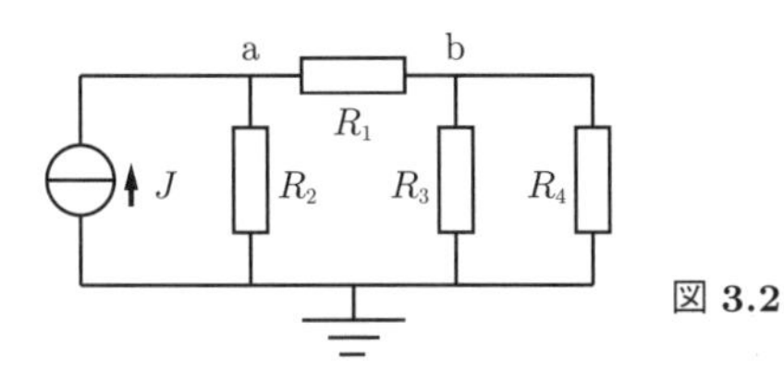

図 3.2

【解答】

$$\begin{bmatrix} \dfrac{1}{R_1}+\dfrac{1}{R_2} & -\dfrac{1}{R_1} \\ -\dfrac{1}{R_1} & \dfrac{1}{R_1}+\dfrac{1}{R_3}+\dfrac{1}{R_4} \end{bmatrix} \begin{bmatrix} u_\mathrm{a} \\ u_\mathrm{b} \end{bmatrix} = \begin{bmatrix} J \\ 0 \end{bmatrix}$$

◇

例題 3.2 **図 3.3** の回路において，節点解析により節点電位 u_a，u_b，u_c を求めよ。

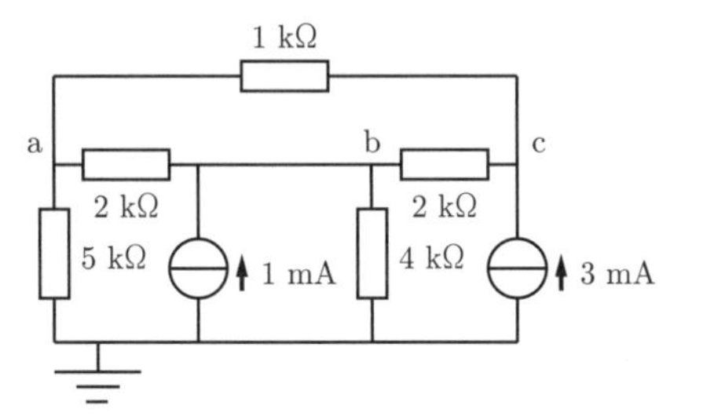

図 3.3

【解答】 この回路では電圧の単位を V，電流の単位を mA，抵抗の単位を kΩ とすると 10^3 や 10^{-3} は無視してよい。

節点方程式は

$$\begin{bmatrix} \dfrac{1}{1}+\dfrac{1}{2}+\dfrac{1}{5} & -\dfrac{1}{2} & -\dfrac{1}{1} \\ -\dfrac{1}{2} & \dfrac{1}{2}+\dfrac{1}{4}+\dfrac{1}{2} & -\dfrac{1}{2} \\ -\dfrac{1}{1} & -\dfrac{1}{2} & \dfrac{1}{1}+\dfrac{1}{2} \end{bmatrix} \begin{bmatrix} u_\mathrm{a} \\ u_\mathrm{b} \\ u_\mathrm{c} \end{bmatrix} = \begin{bmatrix} 0 \\ 1 \\ 3 \end{bmatrix}$$

となる。これを解くと解が求まる。

$$u_\mathrm{a} = \frac{\begin{vmatrix} 0 & -\dfrac{1}{2} & -1 \\ 1 & \dfrac{5}{4} & -\dfrac{1}{2} \\ 3 & -\dfrac{1}{2} & \dfrac{3}{2} \end{vmatrix}}{\begin{vmatrix} \dfrac{17}{10} & -\dfrac{1}{2} & -1 \\ -\dfrac{1}{2} & \dfrac{5}{4} & -\dfrac{1}{2} \\ -1 & -\dfrac{1}{2} & \dfrac{3}{2} \end{vmatrix}} = \frac{\begin{vmatrix} 0 & -10 & -20 \\ 20 & 25 & -10 \\ 60 & -10 & 30 \end{vmatrix}}{\begin{vmatrix} 34 & -10 & -20 \\ -10 & 25 & -10 \\ -20 & -10 & 30 \end{vmatrix}} = \frac{46\,000}{5\,100} \approx 9.0\,\mathrm{V}$$

$$u_\mathrm{b} = \frac{\begin{vmatrix} 34 & 0 & -20 \\ -10 & 20 & -10 \\ -20 & 60 & 30 \end{vmatrix}}{5\,100} = \frac{44\,800}{5\,100} \approx 8.8\,\mathrm{V}, \qquad u_\mathrm{c} = \frac{\begin{vmatrix} 34 & -10 & 0 \\ -10 & 25 & 20 \\ -20 & -10 & 60 \end{vmatrix}}{5\,100} = \frac{55\,800}{5\,100} \approx 10.9\,\mathrm{V}$$

◇

3.1.2 KCL 方程式から節点方程式への変換

節点方程式はKCL 方程式を節点電位を使って書き換えたものである。節点方程式は3.1.1 項で述べた手順で機械的に求められるが，手順が正しいことを理解するために，KCL 方程式から節点方程式への変換過程を例 3.2 を使って説明する。厳密な証明はほかの教科書（例えば文献1)）を

Python を使った回路解析（連立方程式②）

計算機を使って計算を行う手法には数値計算と代数計算（記号計算）がある。数値計算とは数値的な処理により結果を求める手法であり，先に紹介したNumPy は数値計算用のライブラリである。代数計算とは数式を式のまま処理することにより結果を求める手法である。

ここでは，Python のライブラリ SymPy [14] を使って代数計算により連立方程式を解く方法を紹介する。SymPy を使って式 (3.3) を解くには以下のようにすればよい。

```
>>> import sympy as sym
>>> A = sym.Matrix([[sym.Rational(1,2),-sym.Rational(1,2),0,1],\
... [-sym.Rational(1,2),1+sym.Rational(1,2)+sym.Rational(1,2),-1,0],\
... [0,-1,1+1,0]])
>>> A
Matrix([
[ 1/2, -1/2,  0, 1],
[-1/2,    2, -1, 0],
[   0,   -1,  2, 0]])
>>> ua, ub, uc = sym.symbols('ua, ub, uc')
>>> x = sym.linsolve(A,[ua,ub,uc])
>>> (ua,ub,uc)=next(iter(x))
>>> ua, ub, uc
(3, 1, 1/2)
```

1 行目は SymPy を読み込むための命令である。2 行目で拡大行列（左辺の行列 $\boldsymbol{A}$ の右に右辺のベクトル $\boldsymbol{b}$ を並べた行列）を定義している。2 行目の `sym.Rational(1,2)` は 1/2 のことである。3 行目で拡大行列を表示しているが，分数 1/2 を 0.5 という数値ではなく，1/2 という式として扱っていることがわかる。代数計算システムでは記号変数を宣言する必要がある。4 行目は記号変数の宣言である。5 行目で SymPy での連立方程式を解くためのメソッド `linsolve` により解を求めている。SymPy では解の集合が返されるため，6 行目では一番目の解を取り出している。ただし，この例では解は 1 個しかない。7 行目で u_a，u_b，u_c を表示させている。このように SymPy を使うと u_c が 0.5 ではなく，1/2 と求まる。

参照されたい。

例 3.2　**図 3.4** に示す回路において, 図のように電流の基準向きを定める。ただし, $G_2, \cdots,$ G_6 はコンダクタンスである。節点 a, b, c の KCL 方程式は式 (3.8) となる。

$$\begin{bmatrix} -1 & 0 & 0 & 1 & 0 & 1 \\ 0 & 1 & 0 & -1 & 1 & 0 \\ 0 & 0 & 1 & 0 & -1 & -1 \end{bmatrix} \begin{bmatrix} i_1 \\ i_2 \\ i_3 \\ i_4 \\ i_5 \\ i_6 \end{bmatrix} = \mathbf{0} \tag{3.8}$$

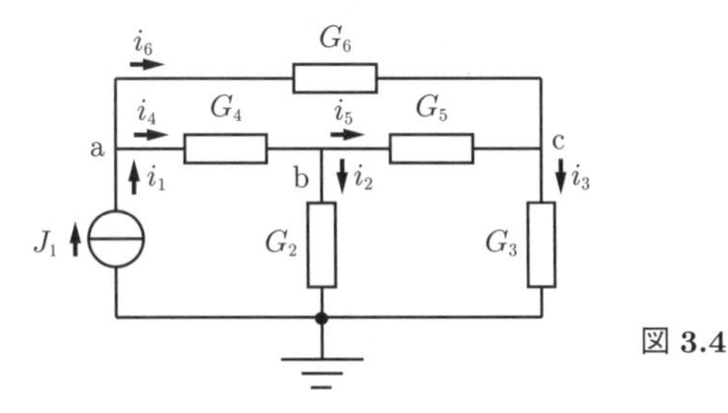

図 3.4

$i_1 = J_1$ を代入して, J_1 を右辺に移項すると式 (3.9) を得る。

$$\begin{bmatrix} 0 & 0 & 1 & 0 & 1 \\ 1 & 0 & -1 & 1 & 0 \\ 0 & 1 & 0 & -1 & -1 \end{bmatrix} \begin{bmatrix} i_2 \\ i_3 \\ i_4 \\ i_5 \\ i_6 \end{bmatrix} = \begin{bmatrix} J_1 \\ 0 \\ 0 \end{bmatrix} \tag{3.9}$$

ここで, 電流 $i_2, \cdots, i_6$ を節点電位およびコンダクタンスを用いて表すと式 (3.10) を得る。

$$\begin{bmatrix} i_2 \\ i_3 \\ i_4 \\ i_5 \\ i_6 \end{bmatrix} = \begin{bmatrix} G_2 u_\mathrm{b} \\ G_3 u_\mathrm{c} \\ G_4(u_\mathrm{a} - u_\mathrm{b}) \\ G_5(u_\mathrm{b} - u_\mathrm{c}) \\ G_6(u_\mathrm{a} - u_\mathrm{c}) \end{bmatrix} = \begin{bmatrix} 0 & G_2 & 0 \\ 0 & 0 & G_3 \\ G_4 & -G_4 & 0 \\ 0 & G_5 & -G_5 \\ G_6 & 0 & -G_6 \end{bmatrix} \begin{bmatrix} u_\mathrm{a} \\ u_\mathrm{b} \\ u_\mathrm{c} \end{bmatrix} \tag{3.10}$$

式 (3.10) を式 (3.9) に代入して整理する。

$$\begin{bmatrix} 0 & 0 & 1 & 0 & 1 \\ 1 & 0 & -1 & 1 & 0 \\ 0 & 1 & 0 & -1 & -1 \end{bmatrix} \begin{bmatrix} 0 & G_2 & 0 \\ 0 & 0 & G_3 \\ G_4 & -G_4 & 0 \\ 0 & G_5 & -G_5 \\ G_6 & 0 & -G_6 \end{bmatrix} \begin{bmatrix} u_\mathrm{a} \\ u_\mathrm{b} \\ u_\mathrm{c} \end{bmatrix} = \begin{bmatrix} J_1 \\ 0 \\ 0 \end{bmatrix} \tag{3.11}$$

$$\begin{bmatrix} G_4+G_6 & -G_4 & -G_6 \\ -G_4 & G_2+G_4+G_5 & -G_5 \\ -G_6 & -G_5 & G_3+G_5+G_6 \end{bmatrix} \begin{bmatrix} u_\mathrm{a} \\ u_\mathrm{b} \\ u_\mathrm{c} \end{bmatrix} = \begin{bmatrix} J_1 \\ 0 \\ 0 \end{bmatrix} \tag{3.12}$$

式 (3.12) は図 3.4 の回路から 3.1.1 項で述べた方法で求めたものと同じである。

3.1.3 電圧源や従属電源がある場合の節点解析

これまでは，回路内の電源はすべて独立電流源であると仮定していた。本項では，電圧源がある場合や，従属電源がある場合の節点解析について例を用いて説明する。

電圧源がある場合の一つ目の方法は，2.7.2 項で述べた電圧源と電流源の等価変換を使う方法である。より一般的にいえば，電圧源を含む部分回路を 4.3 節で述べるノートンの等価回路に変換すればよい。

例題 3.3　**図 3.5** の回路において，節点解析により回路方程式を立てよ。

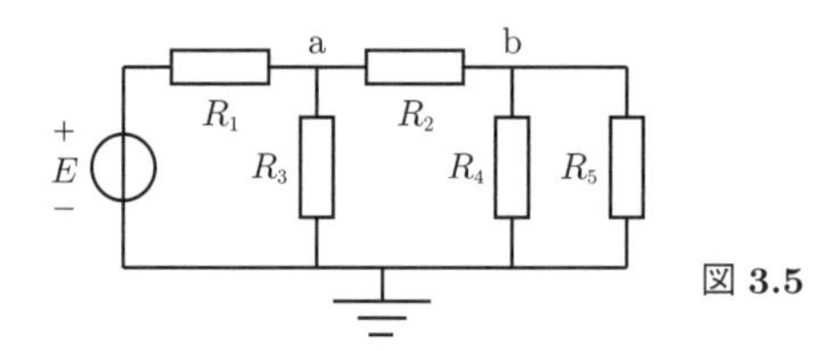

図 3.5

【解答】　図 3.5 の回路において，抵抗器と電圧源の直列接続を 2.7.2 項で述べた手順を使って，抵抗器と電流源の並列接続に変換すると**図 3.6** となる。

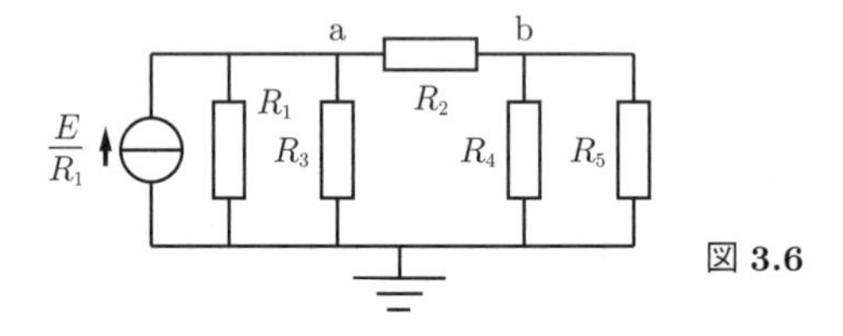

図 3.6

この回路の節点方程式は

$$\begin{bmatrix} \dfrac{1}{R_1}+\dfrac{1}{R_2}+\dfrac{1}{R_2} & -\dfrac{1}{R_2} \\ -\dfrac{1}{R_2} & \dfrac{1}{R_2}+\dfrac{1}{R_4}+\dfrac{1}{R_5} \end{bmatrix} \begin{bmatrix} u_\mathrm{a} \\ u_\mathrm{b} \end{bmatrix} = \begin{bmatrix} \dfrac{E}{R_1} \\ 0 \end{bmatrix}$$

となる。　◇

電圧源がある場合の二つ目の方法は電圧源を流れる電流を変数として節点方程式を立てる方法である。

例題 3.4 **図 3.7** の回路において，節点解析により回路方程式を立てよ。

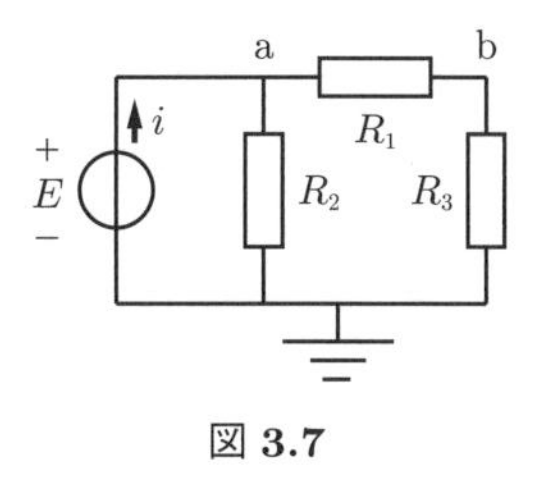

図 3.7

【解答】 図の回路において電圧源を流れる電流を i として節点方程式を立てると式 (3.13) となる。

$$\begin{bmatrix} \dfrac{1}{R_1}+\dfrac{1}{R_2} & -\dfrac{1}{R_1} \\ -\dfrac{1}{R_1} & \dfrac{1}{R_1}+\dfrac{1}{R_3} \end{bmatrix} \begin{bmatrix} u_a \\ u_b \end{bmatrix} = \begin{bmatrix} i \\ 0 \end{bmatrix} \tag{3.13}$$

図の回路において $u_a = E$ なので，u_a は定数となる。また，電流 i は変数なので，式 (3.13) において u_a を E で置き換えて i と u_b を変数とする方程式に書き換えると

$$\begin{bmatrix} -1 & -\dfrac{1}{R_1} \\ 0 & \dfrac{1}{R_1}+\dfrac{1}{R_3} \end{bmatrix} \begin{bmatrix} i \\ u_b \end{bmatrix} = \begin{bmatrix} -\dfrac{E}{R_1}-\dfrac{E}{R_2} \\ \dfrac{E}{R_1} \end{bmatrix}$$

となる。 ◇

従属電源がある場合は，独立電源と考えて方程式を立ててから式変形すればよい。

修正節点解析と SPICE

回路シミュレーション（circuit simulation）とは，回路の動作をコンピュータで模擬することをいい，回路シミュレーションを実行するツールを**回路シミュレータ**（circuit simulator）と呼ぶ。

代表的な回路シミュレータとして SPICE（Simulation Program with Integrated Circuit Emphasis）がある。SPICE はカリフォルニア大学バークレー校にて 1973 年に開発されたシミュレータで，ソースコードが公開されていることから，有償・無償を含めさまざまなソフト（HSPICE，PSpice，LTspice，ngspice など）が派生している。

SPICE は例題 3.4 のように電圧源の両端の節点電位と電圧源電圧の間の関係式を加えた節点方程式によりシミュレーションを実行する。この方法は**修正節点解析**（modified nodal analysis; MNA）と呼ばれる。

本書では，シミュレーションではなく解析的に回路の振る舞いを調べる手法について述べているが，シミュレータを利用することは解析的に求めた解の正しさを確かめる意味でも有効である。例えば，LTspice は無償のシミュレータであり，その解説書[5] が発行されている。学習の理解を深めるうえでもシミュレータを併用することを推奨する。

例題 3.5　**図 3.8** の回路において，節点方程式を立てよ。

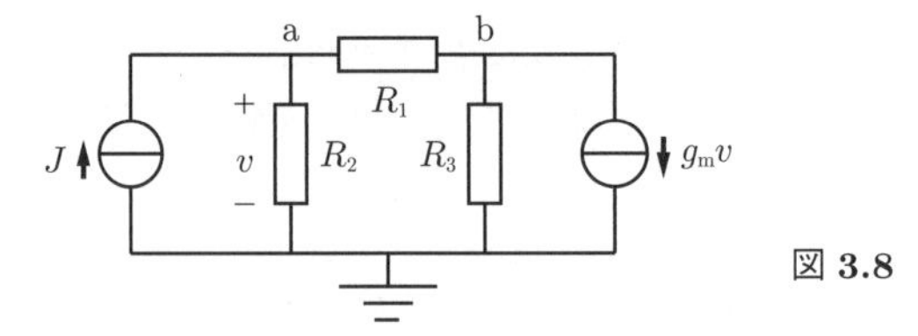

図 3.8

【解答】　図の回路において，従属電源 $g_m v$ を定数として節点方程式を立てると式 (3.14) となる。

$$\begin{bmatrix} \dfrac{1}{R_1}+\dfrac{1}{R_2} & -\dfrac{1}{R_1} \\ -\dfrac{1}{R_1} & \dfrac{1}{R_1}+\dfrac{1}{R_3} \end{bmatrix} \begin{bmatrix} u_a \\ u_b \end{bmatrix} = \begin{bmatrix} J \\ -g_m v \end{bmatrix} \tag{3.14}$$

図の回路において $v=u_a$ なので，v を u_a で置き換えて，$g_m u_a$ を左辺に移項すると

$$\begin{bmatrix} \dfrac{1}{R_1}+\dfrac{1}{R_2} & -\dfrac{1}{R_1} \\ -\dfrac{1}{R_1}+g_m & \dfrac{1}{R_1}+\dfrac{1}{R_3} \end{bmatrix} \begin{bmatrix} u_a \\ u_b \end{bmatrix} = \begin{bmatrix} J \\ 0 \end{bmatrix}$$

となる。　◇

例題 3.6　**図 3.9** の回路において，節点解析により節点電位 u_a，u_b を求めよ。

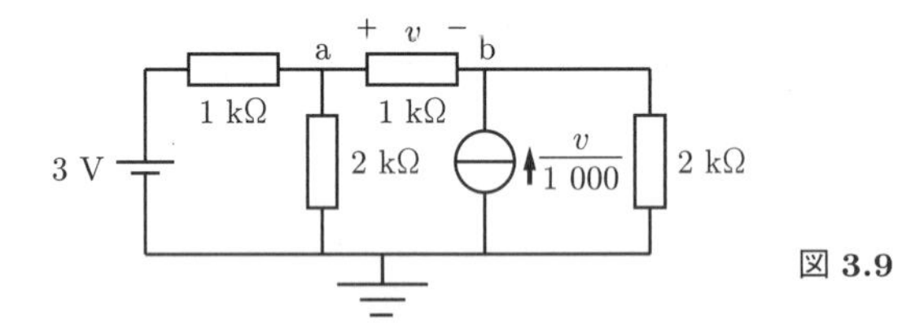

図 3.9

【解答】　抵抗器と電圧源の直列接続を抵抗器と電流源の並列接続に変換すると**図 3.10** となる。この回路において，電圧の単位を V，電流の単位を mA，抵抗の単位を kΩ とする。

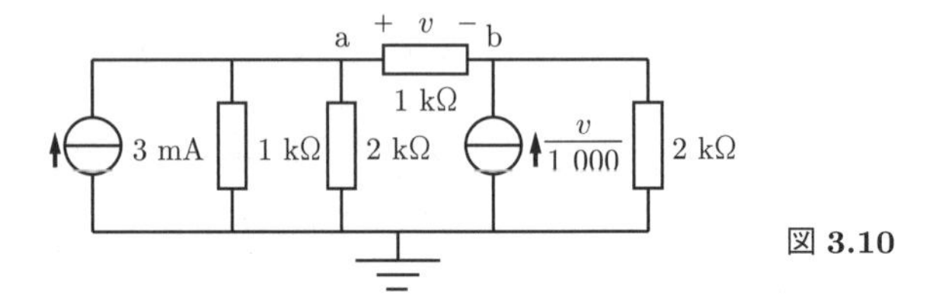

図 3.10

従属電流源の値は $v/1$〔mA〕となることに注意すると，節点方程式は

$$\begin{bmatrix} \dfrac{1}{1}+\dfrac{1}{2}+\dfrac{1}{1} & -\dfrac{1}{1} \\ -\dfrac{1}{1} & \dfrac{1}{1}+\dfrac{1}{2} \end{bmatrix} \begin{bmatrix} u_a \\ u_b \end{bmatrix} = \begin{bmatrix} 3 \\ \dfrac{v}{1} \end{bmatrix}$$

となる。$v = u_\mathrm{a} - u_\mathrm{b}$ なので，これを代入して整理すると

$$\begin{bmatrix} \frac{5}{2} & -1 \\ -1-1 & \frac{3}{2}+1 \end{bmatrix} \begin{bmatrix} u_\mathrm{a} \\ u_\mathrm{b} \end{bmatrix} = \begin{bmatrix} 3 \\ 0 \end{bmatrix}$$

となる。これを解くと

$$u_\mathrm{a} = \frac{\begin{vmatrix} 3 & -1 \\ 0 & \frac{5}{2} \end{vmatrix}}{\begin{vmatrix} \frac{5}{2} & -1 \\ -2 & \frac{5}{2} \end{vmatrix}} = \frac{\frac{15}{2}}{\frac{17}{4}} = \frac{30}{17} \approx 1.8\,\mathrm{V}, \qquad u_\mathrm{b} = \frac{\begin{vmatrix} \frac{5}{2} & 3 \\ -2 & 0 \end{vmatrix}}{\frac{17}{4}} = \frac{6}{\frac{17}{4}} = \frac{24}{17} \approx 1.4\,\mathrm{V}$$

となる。 ◇

3.2 網　目　解　析

3.2.1 閉 路 方 程 式

網目解析（mesh analysis）とは，KVL 方程式を閉路電流を用いて書くことにより回路解析する手法である。

閉路電流を使って書かれた KVL 方程式を**閉路方程式**（loop equations）という。閉路方程式も機械的に求められる。そこで，KVL 方程式から閉路方程式への変換については 3.2.2 項で記述することとし，閉路方程式の求め方についてまず記述する。

ここでは，回路内の電源はすべて独立電圧源と仮定する。電流源や従属電源がある場合については 3.2.3 項に記述する。

$(m-n+1)$ 個の閉路を並べたとき，ある閉路 o の添数を $\imath(o) \in \{1, \cdots, m-n+1\}$ で表す。レジスタンス行列 $\boldsymbol{Z}$ を $(m-n+1)$ 次正方行列，閉路電流ベクトル $\boldsymbol{L}$ および電圧源ベクトル $\boldsymbol{E}$ を $(m-n+1)$ 次元ベクトルとする。

閉路方程式は $\boldsymbol{Z}$ と $\boldsymbol{L}$ および $\boldsymbol{E}$ を用いて

$$\boldsymbol{ZL} = \boldsymbol{E} \tag{3.15}$$

となり，行列およびベクトルはつぎの手順で求められる。

閉路方程式の求め方

1) 閉路電流ベクトル $\boldsymbol{L}$ の第 $\imath(o)$ 成分は閉路 o の閉路電流とする。
2) レジスタンス行列 $\boldsymbol{Z}$ の成分は以下のようになる。
   a) 対角項 $z_{\imath(o),\imath(o)}$：閉路 o 内の抵抗値の和とする。
   b) 非対角項 $z_{\imath(o),\imath(p)}$：閉路 o と p に共通する抵抗値の代数和とする。ただし，共通

する部分において閉路 o と p の向きが同じ場合は正，逆の場合は負とする。

3) 電圧源ベクトル $\boldsymbol{E}$ の第 $\imath(o)$ 成分は閉路 o 内の電圧源の電圧の代数和とする。ただし，閉路に沿って電圧が上昇する向きを正とする。

例 3.3　**図 3.11** に示す回路には 6 個の素子があり，4 個の節点があるので基本閉路の数は $6-4+1=3$ である。そこで，図のように閉路を定め，閉路電流を l_{o}，l_{p}，l_{q} とし，閉路電流ベクトルを $\boldsymbol{L}=[l_{\mathrm{o}}, l_{\mathrm{p}}, l_{\mathrm{q}}]^{\mathsf{T}}$ とする。

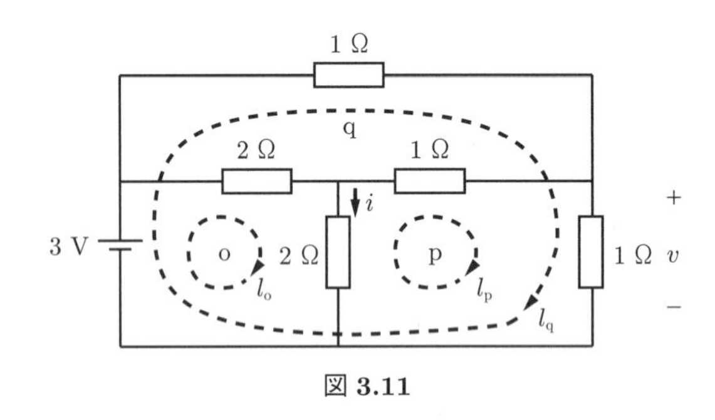

図 3.11

例えば，レジスタンス行列 $\boldsymbol{Z}$ の (1,1) 成分は閉路 o 内の抵抗が 2Ω と 2Ω なので $2+2$ となる。(1,2) 成分は閉路 o と閉路 p が共有する抵抗が 2Ω で，この抵抗器における閉路の向きが逆なので -2 となる。(1,3) 成分は閉路 o と閉路 q が共有するのは電圧源のみなので 0 となる。(2,3) 成分は閉路 p と閉路 q が共有する抵抗が 1Ω で，この抵抗器における閉路の向きが同じなので 1 となる。また，行列の作り方から明らかであるが，行列 $\boldsymbol{Z}$ は対称行列となる。よって，行列 $\boldsymbol{Z}$ は式 (3.16) となる。

$$\boldsymbol{Z}=\begin{bmatrix} 2+2 & -2 & 0 \\ -2 & 2+1+1 & 1 \\ 0 & 1 & 1+1 \end{bmatrix} \tag{3.16}$$

電圧源ベクトル $\boldsymbol{E}$ の第 1 成分は閉路 o 内の電圧源電圧は 3 V で，閉路に沿って電圧が上昇する向きに電圧源が入っているので 3 となる。閉路 p 内には電圧源がないので，$\boldsymbol{E}$ の第 2 成分は 0 となる。閉路 q 内の電圧源電圧は 3 V で，閉路に沿って電圧が上昇する向きに電圧源が入っているので $\boldsymbol{E}$ の第 3 成分は 3 となる。

よって，閉路方程式は式 (3.17) となる。

$$\begin{bmatrix} 2+2 & -2 & 0 \\ -2 & 2+1+1 & 1 \\ 0 & 1 & 1+1 \end{bmatrix}\begin{bmatrix} l_{\mathrm{o}} \\ l_{\mathrm{p}} \\ l_{\mathrm{q}} \end{bmatrix}=\begin{bmatrix} 3 \\ 0 \\ 3 \end{bmatrix} \tag{3.17}$$

式 (3.17) を解くと l_{o}，l_{p}，l_{q} は

$$
l_o = \frac{\begin{vmatrix} 3 & -2 & 0 \\ 0 & 4 & 1 \\ 3 & 1 & 2 \end{vmatrix}}{\begin{vmatrix} 4 & -2 & 0 \\ -2 & 4 & 1 \\ 0 & 1 & 2 \end{vmatrix}} = \frac{24-6-3}{32-4-8} = \frac{3}{4}\,\mathrm{A}
$$

$$
l_p = \frac{\begin{vmatrix} 4 & 3 & 0 \\ -2 & 0 & 1 \\ 0 & 3 & 2 \end{vmatrix}}{20} = 0, \qquad l_q = \frac{\begin{vmatrix} 4 & -2 & 3 \\ -2 & 4 & 0 \\ 0 & 1 & 3 \end{vmatrix}}{20} = \frac{3}{2}\,\mathrm{A}
$$

となる。

図中の電圧 v，電流 i は $v = 1(l_p + l_q) = 1.5\,\mathrm{V}$，$i = l_o - l_p = 0.75\,\mathrm{A}$ となる。

例題 3.7　**図 3.12** の回路において，閉路 o，p に関する閉路方程式を立てよ。

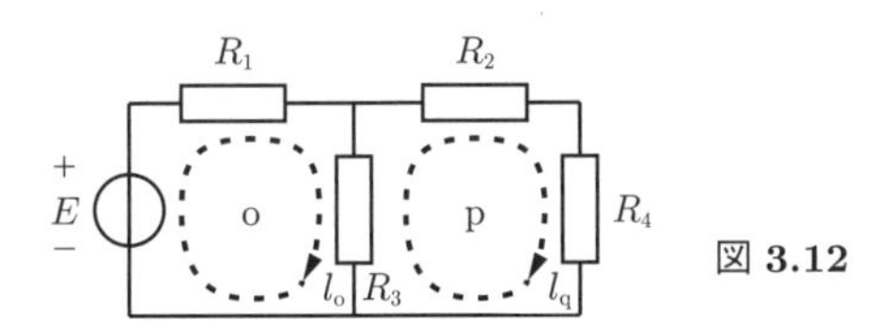

図 3.12

【解答】

$$
\begin{bmatrix} R_1 + R_3 & -R_3 \\ -R_3 & R_2 + R_3 + R_4 \end{bmatrix} \begin{bmatrix} l_o \\ l_p \end{bmatrix} = \begin{bmatrix} E \\ 0 \end{bmatrix}
$$

例題 3.8　**図 3.13** の回路において，枝電流 i_1，i_2，i_3，i_4 が閉路電流になるように閉路を定め，閉路方程式を立てよ。

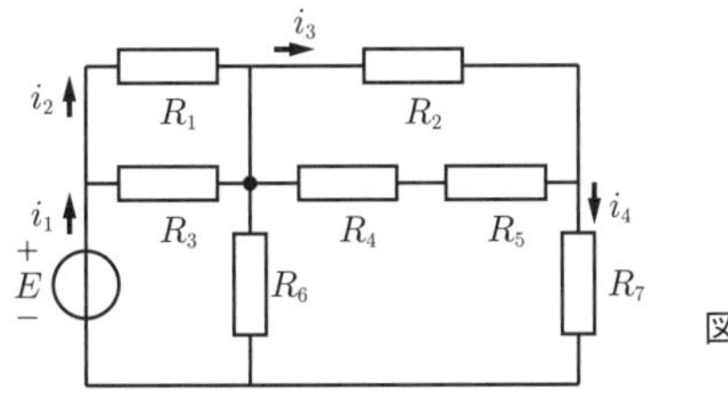

図 3.13

【解答】　図の回路は 8 個の枝，5 個の節点を持つので基本閉路の数は 4 である。よって，枝電流 i_1，i_2，i_3，i_4 が閉路電流になるように閉路を定めることができる。1.10 節で述べたように，補木と指定された枝で構成される閉路を求めればよい。**図 3.14** において太線が補木なので，図のよう

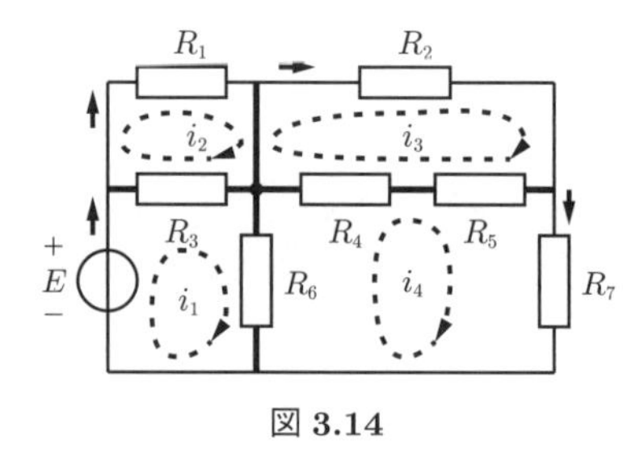

図 3.14

に閉路を定めると枝電流 i_1，i_2，i_3，i_4 が閉路電流となる。

よって，閉路方程式は

$$\begin{bmatrix} R_3+R_6 & -R_3 & 0 & -R_6 \\ -R_3 & R_1+R_3 & 0 & 0 \\ 0 & 0 & R_2+R_4+R_5 & -R_4-R_5 \\ -R_6 & 0 & -R_4-R_5 & R_4+R_5+R_6+R_7 \end{bmatrix} \begin{bmatrix} i_1 \\ i_2 \\ i_3 \\ i_4 \end{bmatrix} = \begin{bmatrix} E \\ 0 \\ 0 \\ 0 \end{bmatrix}$$

となる。 

例題 3.9　**図 3.15** の回路において，網目解析により電流 i_1，i_2 および電圧 v を求めよ。

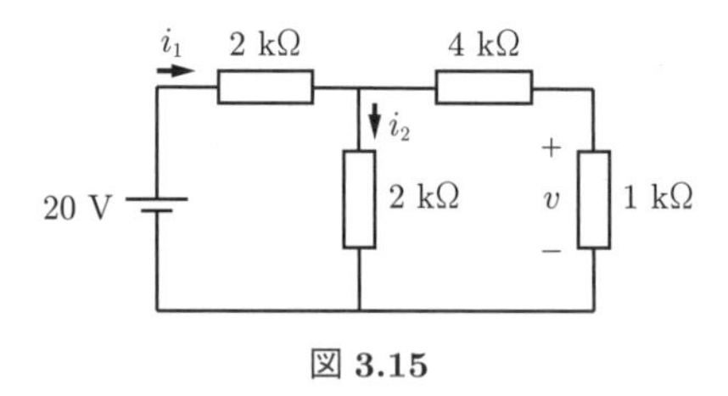

図 3.15

【解答】　この回路では電圧の単位を V，電流の単位を mA，抵抗の単位を kΩ とすると 10^3 や 10^{-3} は無視してよい。

i_1 および i_2 が枝電流になるように閉路をとると，閉路方程式は

$$\begin{bmatrix} 2+4+1 & -4-1 \\ -4-1 & 2+4+1 \end{bmatrix} \begin{bmatrix} i_1 \\ i_2 \end{bmatrix} = \begin{bmatrix} 20 \\ 0 \end{bmatrix}$$

となる。これを解くと

$$i_1 = \frac{\begin{vmatrix} 20 & -5 \\ 0 & 7 \end{vmatrix}}{\begin{vmatrix} 7 & -5 \\ -5 & 7 \end{vmatrix}} = \frac{140}{24} \approx 5.83\,\mathrm{mA}, \qquad i_2 = \frac{\begin{vmatrix} 7 & 20 \\ -5 & 0 \end{vmatrix}}{24} = \frac{100}{24} \approx 4.17\,\mathrm{mA}$$

$$v = 1 \times (i_1 - i_2) = \frac{40}{24} \approx 1.67\,\mathrm{V}$$

となる。 

3.2.2 KVL 方程式から閉路方程式への変換

閉路方程式は KVL 方程式を閉路電流を使って書き換えたものである。閉路方程式は 3.2.1 項で述べた手順で機械的に求められるが，手順が正しいことを理解するために，KVL 方程式から閉路方程式への変換過程を例 3.4 を使って説明する。

例 3.4 **図 3.16** に示す回路において，図のように電圧の基準向きを定める。閉路 o，p，q の KVL 方程式は式 (3.18) となる。

$$\begin{bmatrix} -1 & 1 & 0 & 1 & 0 & 0 \\ 0 & -1 & 1 & 0 & 1 & 0 \\ -1 & 0 & 1 & 0 & 0 & 1 \end{bmatrix} \begin{bmatrix} v_1 \\ v_2 \\ v_3 \\ v_4 \\ v_5 \\ v_6 \end{bmatrix} = \mathbf{0} \tag{3.18}$$

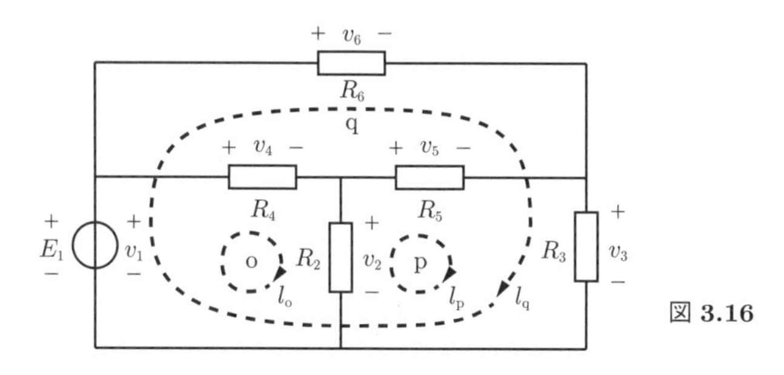

図 3.16

$v_1 = E_1$ を代入して，電圧源を右辺に移項すると式 (3.19) を得る。

$$\begin{bmatrix} 1 & 0 & 1 & 0 & 0 \\ -1 & 1 & 0 & 1 & 0 \\ 0 & 1 & 0 & 0 & 1 \end{bmatrix} \begin{bmatrix} v_2 \\ v_3 \\ v_4 \\ v_5 \\ v_6 \end{bmatrix} = \begin{bmatrix} E_1 \\ 0 \\ E_1 \end{bmatrix} \tag{3.19}$$

ここで，電圧 $v_2, \cdots, v_6$ を閉路電流および抵抗を用いて表すと式 (3.20) を得る。

$$\begin{bmatrix} v_2 \\ v_3 \\ v_4 \\ v_5 \\ v_6 \end{bmatrix} = \begin{bmatrix} R_2(l_o - l_p) \\ R_3(l_p + l_q) \\ R_4 l_o \\ R_5 l_p \\ R_6 l_q \end{bmatrix} = \begin{bmatrix} R_2 & -R_2 & 0 \\ 0 & R_3 & R_3 \\ R_4 & 0 & 0 \\ 0 & R_5 & 0 \\ 0 & 0 & R_6 \end{bmatrix} \begin{bmatrix} l_o \\ l_p \\ l_q \end{bmatrix} \tag{3.20}$$

式 (3.20) を式 (3.19) に代入して整理する。

$$\begin{bmatrix} 1 & 0 & 1 & 0 & 0 \\ -1 & 1 & 0 & 1 & 0 \\ 0 & 1 & 0 & 0 & 1 \end{bmatrix} \begin{bmatrix} R_2 & -R_2 & 0 \\ 0 & R_3 & R_3 \\ R_4 & 0 & 0 \\ 0 & R_5 & 0 \\ 0 & 0 & R_6 \end{bmatrix} \begin{bmatrix} l_{\mathrm{o}} \\ l_{\mathrm{p}} \\ l_{\mathrm{q}} \end{bmatrix} = \begin{bmatrix} E_1 \\ 0 \\ E_1 \end{bmatrix}$$

$$\begin{bmatrix} R_2 + R_4 & -R_2 & 0 \\ -R_2 & R_2 + R_3 + R_5 & R_3 \\ 0 & R_3 & R_3 + R_6 \end{bmatrix} \begin{bmatrix} l_{\mathrm{o}} \\ l_{\mathrm{p}} \\ l_{\mathrm{q}} \end{bmatrix} = \begin{bmatrix} E_1 \\ 0 \\ E_1 \end{bmatrix} \tag{3.21}$$

式 (3.21) は図 3.16 の回路から 3.2.1 項で述べた手法で求めたものと同じである。

3.2.3　電流源や従属電源がある場合の網目解析

これまでは，回路内の電源はすべて独立電圧源であると仮定していた。節点解析と同様に，電流源がある場合や，従属電源がある場合について例を用いて述べる。

電流源がある場合の一つ目の方法は 2.7.2 項で述べた電圧源と電流源の等価変換を使う方法である。より一般的にいえば，電流源を含む部分回路を 4.2 節で述べるテブナンの等価回路に変換すればよい。

例題 3.10　**図 3.17** の回路において，網目解析により回路方程式を立てよ。

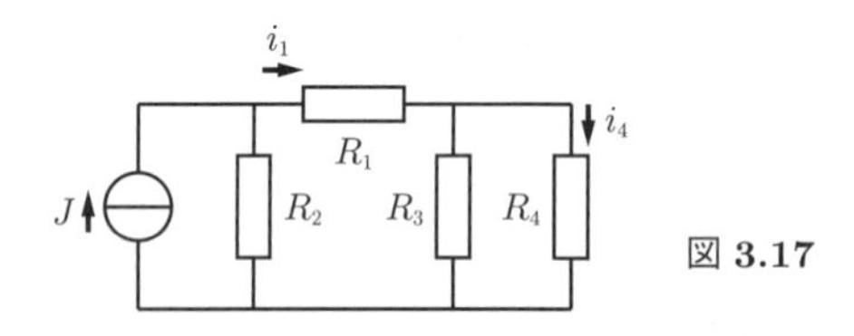

図 3.17

【解答】　図 3.17 の回路において，抵抗器と電流源の並列接続を抵抗器と電圧源の直接接続に変換すると**図 3.18** となる。図のように i_1，i_4 が閉路電流となるように閉路をとると閉路方程式は

$$\begin{bmatrix} R_1 + R_2 + R_3 & -R_3 \\ -R_3 & R_3 + R_4 \end{bmatrix} \begin{bmatrix} i_1 \\ i_4 \end{bmatrix} = \begin{bmatrix} R_2 J \\ 0 \end{bmatrix}$$

となる。

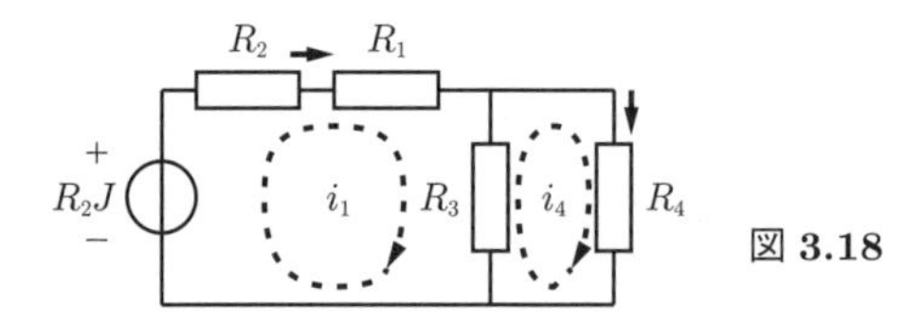

図 3.18

◇

電流源がある場合の二つ目の方法は電流源にかかる電圧を変数として閉路方程式を立てる方法である。

例題 3.11　**図 3.19** の回路において，網目解析により回路方程式を立てよ。

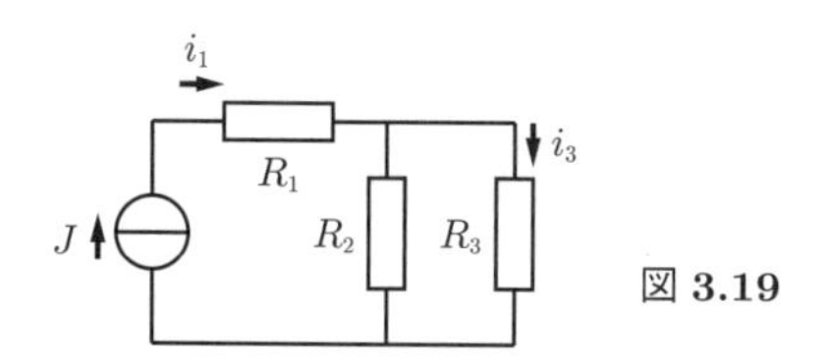

図 3.19

【解答】　図の回路において，電流源にかかる電圧を v として，i_1 と i_3 が閉路電流となるように閉路方程式を立てると式 (3.22) となる。

$$\begin{bmatrix} R_1+R_2 & -R_2 \\ -R_2 & R_2+R_3 \end{bmatrix}\begin{bmatrix} i_1 \\ i_3 \end{bmatrix}=\begin{bmatrix} v \\ 0 \end{bmatrix} \tag{3.22}$$

図の回路において，$i_1=J$ なので，i_1 は定数となる。また，電圧 v は変数なので，式 (3.22) において i_1 を J で置き換えて v と i_3 を変数とする方程式に書き換えると

$$\begin{bmatrix} -1 & -R_2 \\ 0 & R_2+R_3 \end{bmatrix}\begin{bmatrix} v \\ i_3 \end{bmatrix}=\begin{bmatrix} -(R_1+R_2)J \\ R_2J \end{bmatrix}$$

となる。　◇

従属電源がある場合は，独立電源と考えて方程式を立ててから式変形すればよい。

例題 3.12　**図 3.20** の回路において，網目解析により回路方程式を立てよ。

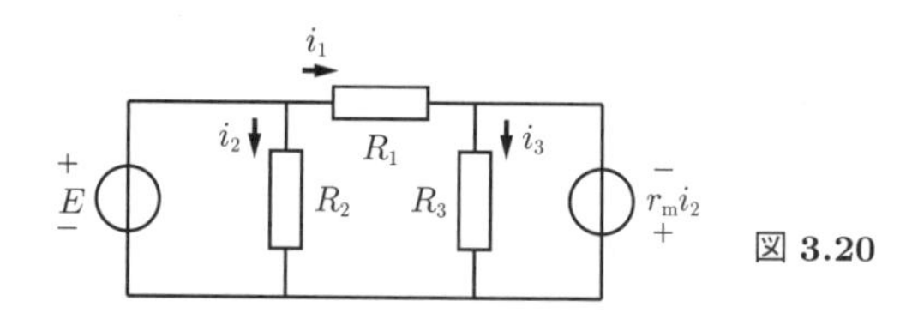

図 3.20

【解答】　i_1，i_2，i_3 が閉路電流となるように閉路をとり，閉路方程式を立てると

$$\begin{bmatrix} R_1 & 0 & 0 \\ 0 & R_2 & 0 \\ 0 & 0 & R_3 \end{bmatrix}\begin{bmatrix} i_1 \\ i_2 \\ i_3 \end{bmatrix}=\begin{bmatrix} E+r_\mathrm{m}i_2 \\ E \\ -r_\mathrm{m}i_2 \end{bmatrix}$$

となる。$r_\mathrm{m}i_2$ を左辺に移項すると

$$\begin{bmatrix} R_1 & -r_\mathrm{m} & 0 \\ 0 & R_2 & 0 \\ 0 & r_\mathrm{m} & R_3 \end{bmatrix}\begin{bmatrix} i_1 \\ i_2 \\ i_3 \end{bmatrix}=\begin{bmatrix} E \\ E \\ 0 \end{bmatrix}$$

となる。　◇

章 末 問 題

【1】 図 **3.21** の回路において，節点電位 $u_{\rm a}$ に関する節点方程式を立てよ。

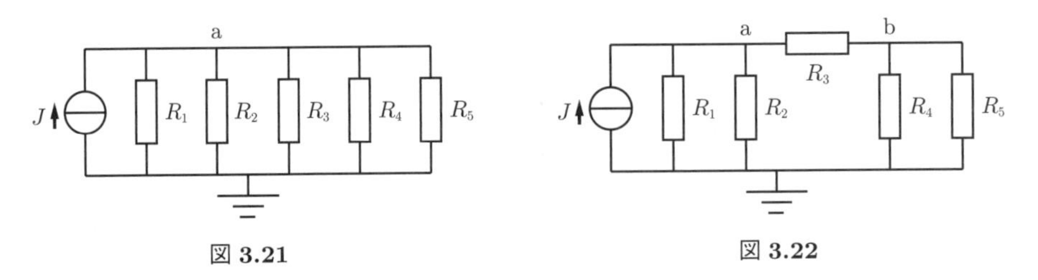

図 **3.21**　　図 **3.22**

【2】 図 **3.22** の回路において，節点電位 $u_{\rm a}$，$u_{\rm b}$ に関する節点方程式を立てよ。

【3】 図 **3.23** の回路において，節点電位 $u_{\rm a}$，$u_{\rm b}$，$u_{\rm c}$，$u_{\rm d}$ に関する節点方程式を立てよ。

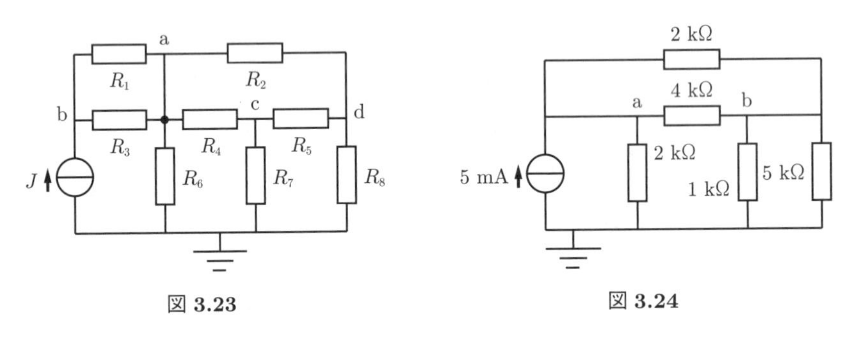

図 **3.23**　　図 **3.24**

【4】 図 **3.24** の回路において，節点解析により節点電位 $u_{\rm a}$，$u_{\rm b}$ を求めよ。

【5】 図 **3.25** の回路において，節点解析により節点電位 $u_{\rm a}$，$u_{\rm b}$，$u_{\rm c}$ を求めよ。

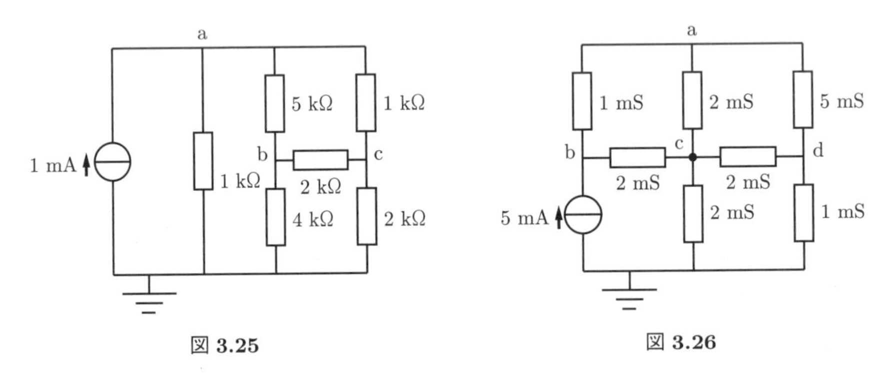

図 **3.25**　　図 **3.26**

【6】 図 **3.26** の回路において，節点解析により節点電位 $u_{\rm a}$，$u_{\rm b}$，$u_{\rm c}$，$u_{\rm d}$ を求めよ。

【7】 図 **3.27** の回路において，電圧源を電流源に変換してから節点方程式を立てよ。

【8】 図 **3.28** の回路において，節点解析により電流 i_1，i_2 および電圧 v を求めよ。

【9】 図 **3.29** の回路において，節点解析により節点電位 $u_{\rm a}$，$u_{\rm b}$ を求めよ。

【10】 図 **3.30** の回路において，節点解析により節点電位 $u_{\rm a}$，$u_{\rm b}$，$u_{\rm c}$ を求めよ。

【11】 図 **3.31** の回路において，閉路 o に関する閉路方程式を立てよ。

【12】 図 **3.32** の回路において，閉路 o，p，q に関する閉路方程式を立てよ。

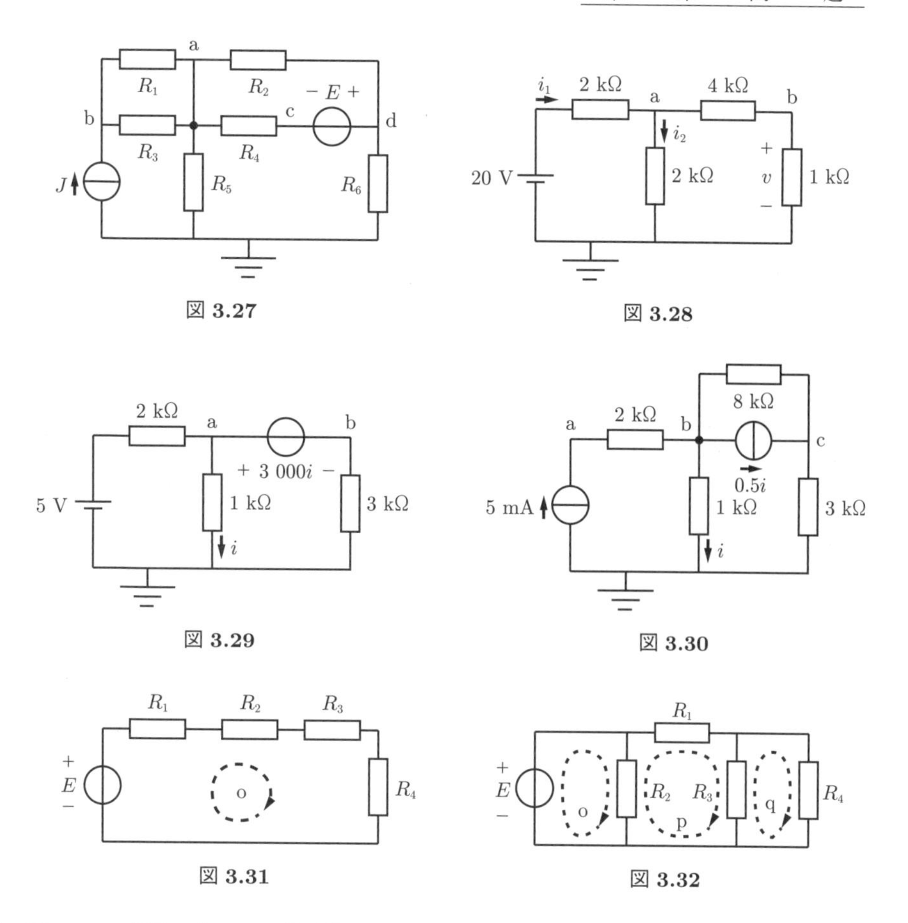

図 **3.27**　　図 **3.28**

図 **3.29**　　図 **3.30**

図 **3.31**　　図 **3.32**

【13】　図 **3.33** の回路において，枝電流 i_1，i_2，i_3 が閉路電流になるように閉路を定め，閉路方程式を立てよ。

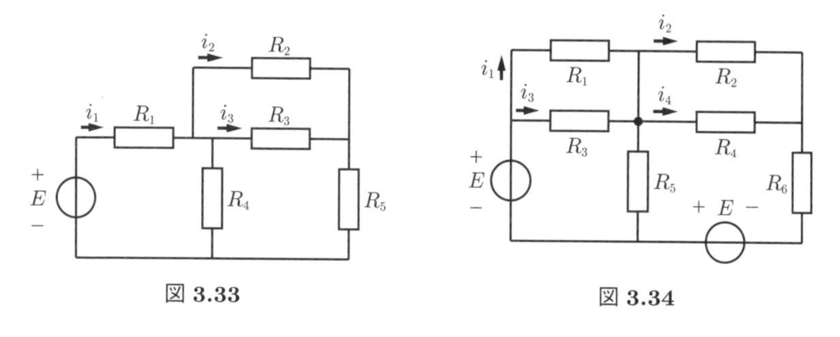

図 **3.33**　　図 **3.34**

【14】　図 **3.34** の回路において，枝電流 i_1，i_2，i_3，i_4 が閉路電流になるように閉路を定め，閉路方程式を立てよ。

【15】　図 3.28 の回路において，網目解析により電流 i_1，i_2 および電圧 v を求めよ。

【16】　図 **3.35** の回路において，網目解析により電流 i_1，i_2，i_3 を求めよ。

【17】　図 **3.36** の回路において，網目解析により電流 i_1，i_2，i_3 を求めよ。

【18】　図 **3.37** の回路において，網目解析により電流 i_1，i_2，i_3，i_4 を求めよ。

【19】　図 **3.38** の回路において，網目解析により電流 i_1，i_2，i_3 を求めよ。

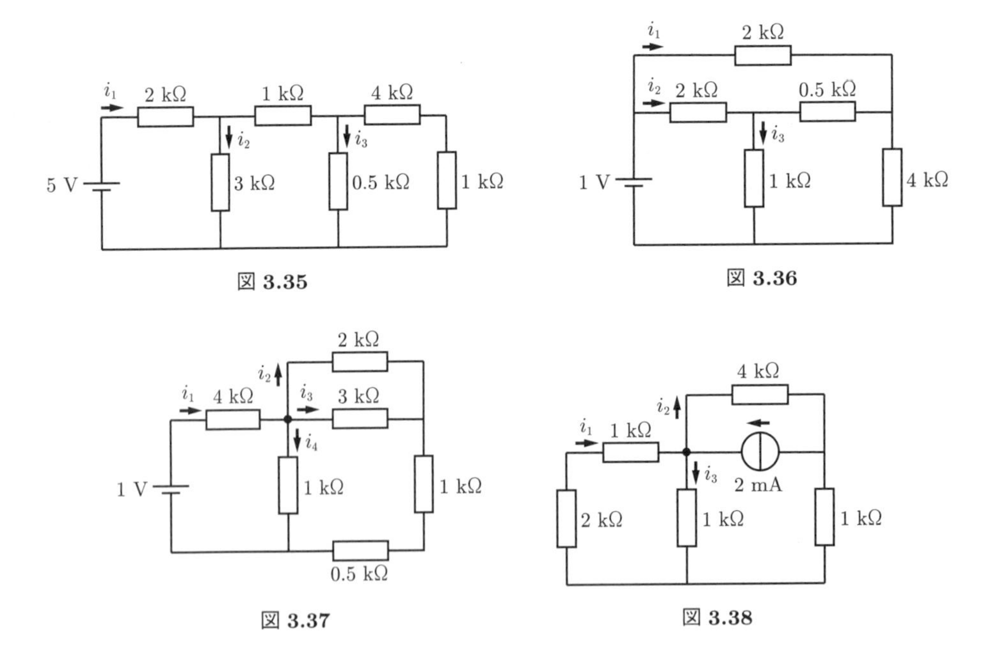

図 3.35　　図 3.36

図 3.37　　図 3.38

【20】 図 3.39 の回路において，網目解析により電流 i_1，i_2 および電圧 v を求めよ。

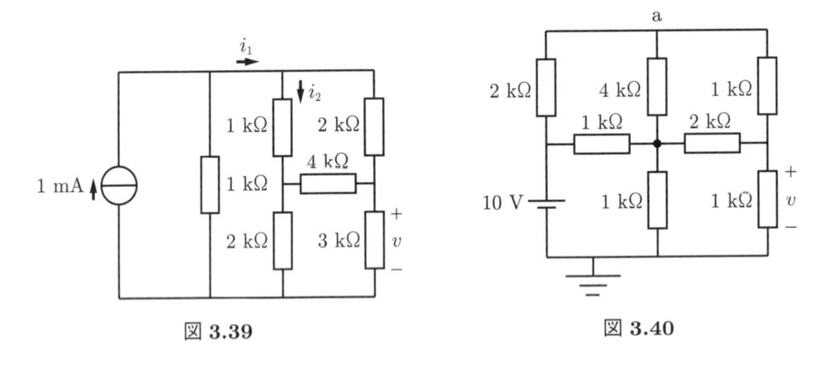

図 3.39　　図 3.40

【21】 図 3.40 の回路において，網目解析により節点電位 u_{a} および電圧 v を求めよ。

【22】 図 3.41 の回路において，網目解析により電流 i_1，i_2 を求めよ。

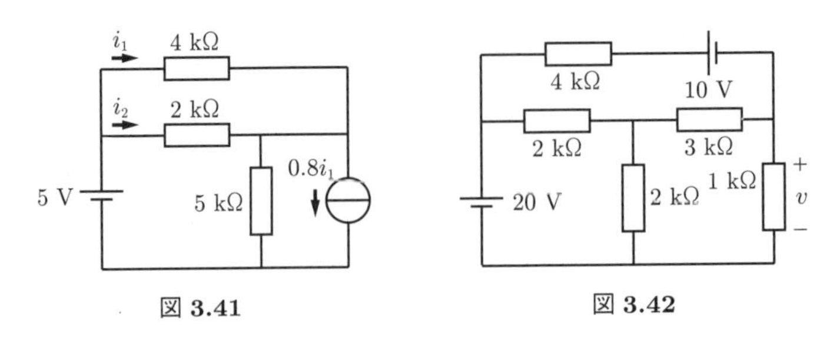

図 3.41　　図 3.42

【23】 図 3.42 の回路において，網目解析により電圧 v を求めよ。

【24】 図 3.43 の回路において，以下の問に答えよ。

(1) 閉路方程式を立てよ。

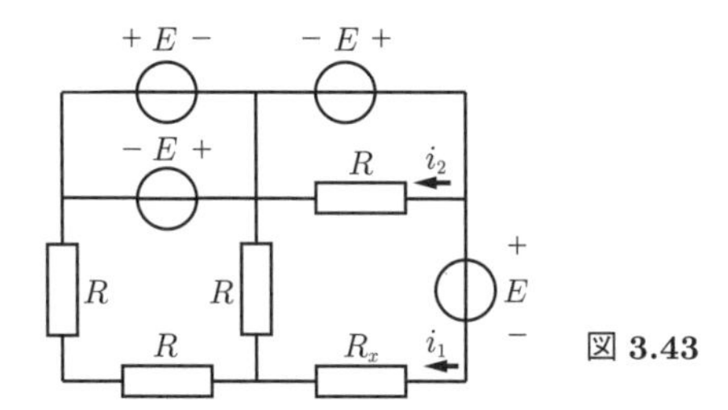

図 3.43

(2) $8i_1 = i_2$ となるような抵抗 R_x を求めよ。

【25】 図 **3.44** の回路において a-b 間に 1 V の電圧源をつないだとき，その電圧源に流れる電流 i を網目解析により求めよ。ただし，$R = 1\,\Omega$ とする。

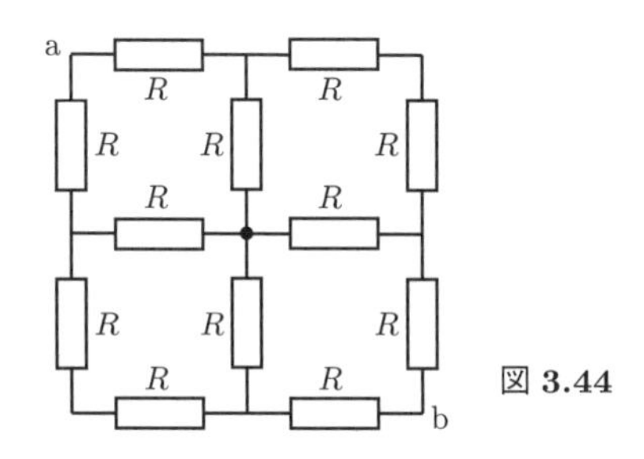

図 3.44

【26】 図 **3.45** の回路において，直流電圧源はともに起電力 E，内部抵抗 r の電池である。以下の問に答えよ。

(1) 閉路方程式を立てよ。

(2) $i = 0$ となるための条件を求めよ。

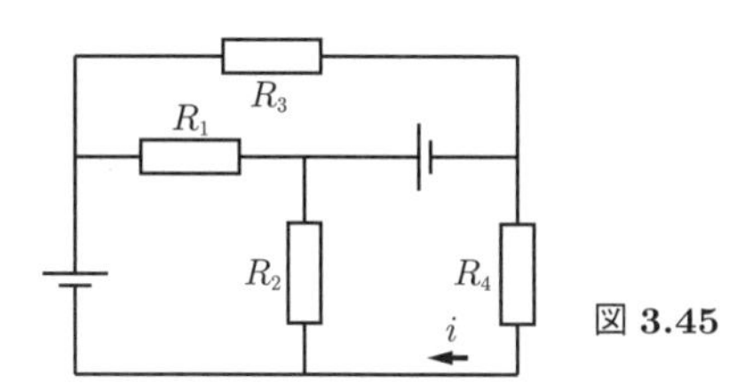

図 3.45

【27】 図 **3.46** の回路において，以下の問に答えよ。

(1) 図中の枝電流 i_1，i_2，i_3，i_4 が閉路電流になるように閉路方程式を立てよ。

(2) $i_3 = E/5R$ となるような抵抗 R_x を求めよ。

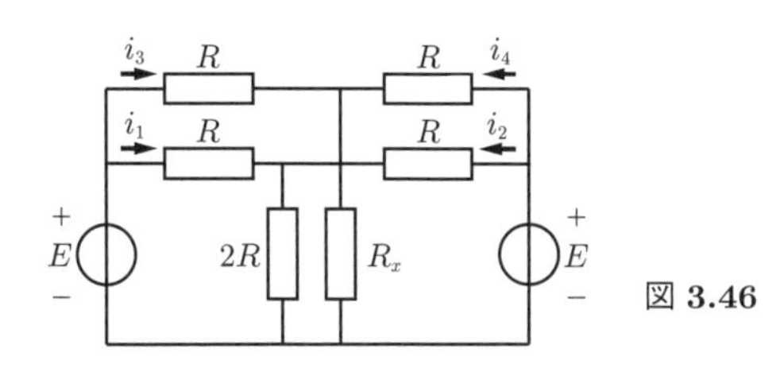

図 3.46

【28】 図 **3.47** の回路において，以下の問に答えよ。

(1) 節点 a における節点電位 $u_{\rm a}$ を求めよ。

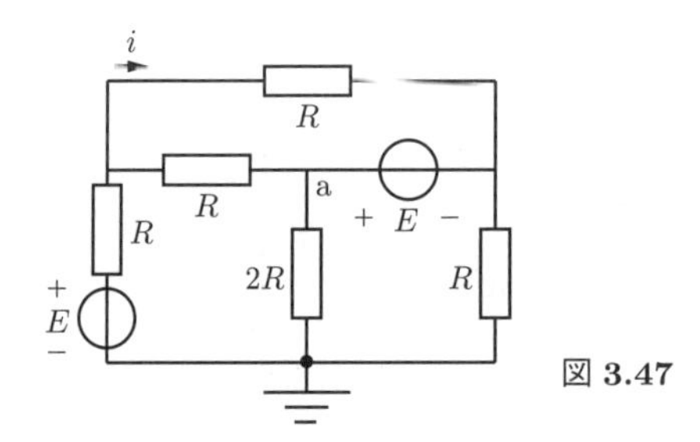

図 **3.47**

(2) 電流 i を求めよ。

【29】 図 2.55 の回路に可変抵抗 R を接続した図 **3.48** の回路において，以下の問に答えよ。

(1) $\lim_{R\to\infty} v$ を求めよ。

(2) $\lim_{R\to 0} v$ を求めよ。

(3) 抵抗値 R を変数として電圧 $v(R)$ を求めよ。

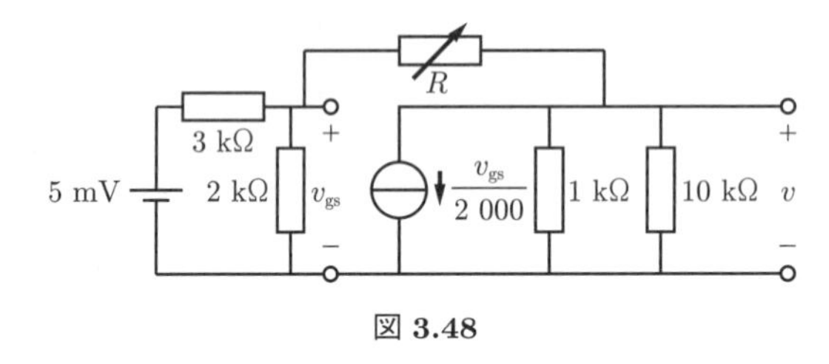

図 **3.48**

4 回路の基本定理

本章では，回路の基本定理である，重ね合わせの理，テブナンの定理，ノートンの定理について記述する。

4.1 重ね合わせの理

回路に n 個の独立電源が存在する場合，ただ 1 個の独立電源を含む回路を n 個用意する。ここで，$(n-1)$ 個の独立電源を除去する必要があるが，電圧源を除去する場合は短絡し，電流源を除去する場合は開放する。n 個の回路において素子の電圧や電流を求めて，それらを足し合わせた値は，もとの回路における素子の電圧や電流に等しくなる。これを**重ね合わせの理**（superposition principle）という。

重ね合わせの理

線形回路に複数個の独立電源が存在する場合，任意の点の電流および電圧はそれぞれの電源が単独に存在する場合の値の和に等しい。

重ね合わせの理を使えば，電源ごとに回路解析することができるようになる。ただし，個々の回路における電力の和は，もとの回路における電力と等しくならないので注意しなければならない。このことは式 (4.1) より明らかである。

$$v_1 i_1 + v_2 i_2 + \cdots + v_n i_n \neq (v_1 + v_2 + \cdots + v_n)(i_1 + i_2 + \cdots + i_n) \tag{4.1}$$

例 4.1　**図 4.1** に示す回路において電流 i を求める。

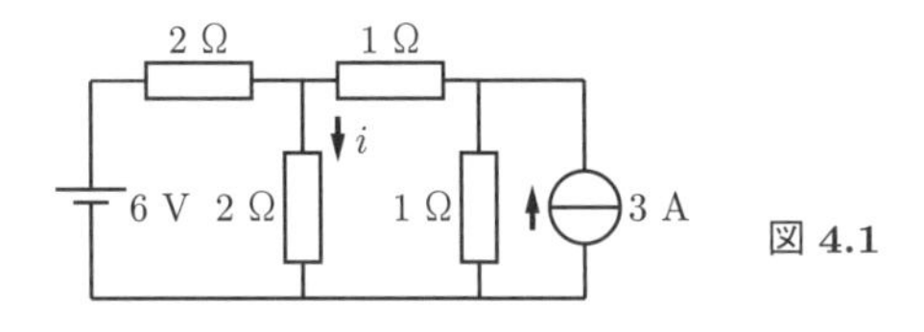

図 **4.1**

電流 i を求めるには，回路から電流源を開放除去した回路（**図 4.2**）における電流 i_1 と，電圧源を短絡除去した回路（**図 4.3**）における電流 i_2 を求め，それらを足し合わせればよい。

図 4.2 の回路において電圧源から見た合成抵抗は $2 + \{2 \parallel (1+1)\} = 3\ \Omega$ なので，i_1 を

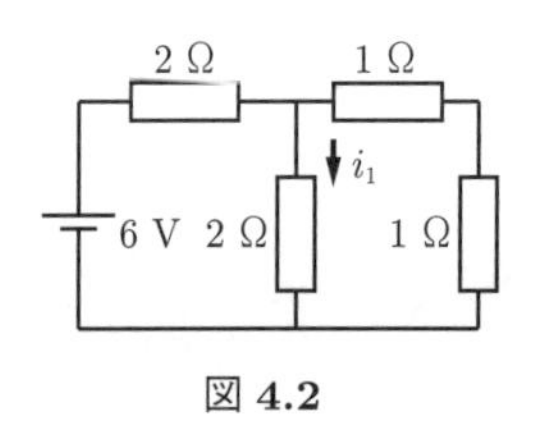

図 4.2

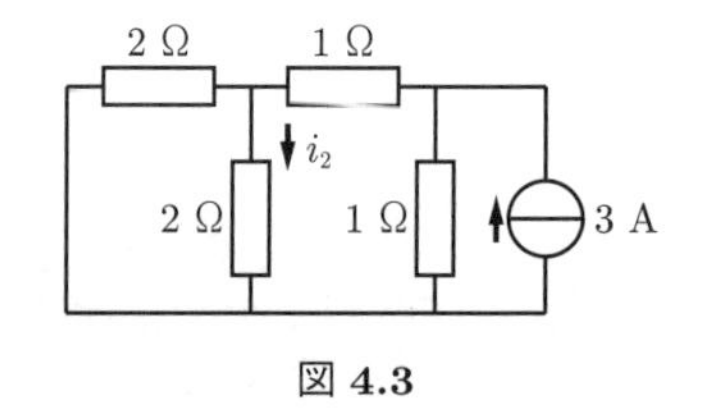

図 4.3

求めるには電圧源から流れ出る電流 $6/3 = 2\,\mathrm{A}$ を分流すればよい。

$$i_1 = \frac{6}{2 + \{2 \parallel (1+1)\}} \times \frac{2}{2+2} = 1\ \mathrm{A}$$

図 4.3 の回路では分流を繰り返せば i_2 は求まる。

$$i_2 = 3 \times \frac{1}{1 + 1 + (2 \parallel 2)} \times \frac{2}{2+2} = \frac{1}{2}\ \mathrm{A}$$

よって，$i = i_1 + i_2 = 3/2 = 1.5\,\mathrm{A}$ となる。

例題 4.1　**図 4.4** の回路において，電圧 v を重ね合わせの理を用いて求めよ。

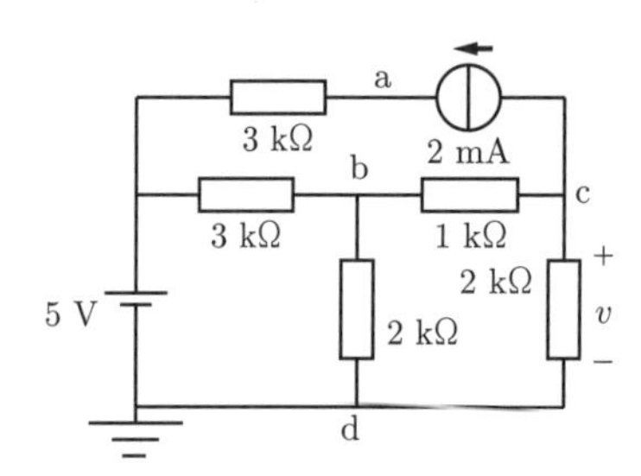

図 4.4

【解答】　電流源を開放除去した回路における電圧を v_1 とすると，v_1 は式 (4.2) となる。

$$v_1 = 5 \times \frac{2 \parallel (1+2)}{3 + \{2 \parallel (1+2)\}} \times \frac{2}{1+2} = 5 \times \frac{\frac{6}{5}}{3 + \frac{6}{5}} \times \frac{2}{3} = 5 \times \frac{6}{21} \times \frac{2}{3} = \frac{20}{21}\,\mathrm{V} \qquad (4.2)$$

電圧源を短絡除去した回路における電圧を v_2 とする。節点 d を基準節点として節点方程式を立てると

$$\begin{bmatrix} \frac{1}{3} & 0 & 0 \\ 0 & \frac{1}{3} + \frac{1}{2} + \frac{1}{1} & -\frac{1}{1} \\ 0 & -\frac{1}{1} & \frac{1}{1} + \frac{1}{2} \end{bmatrix} \begin{bmatrix} u_\mathrm{a} \\ u_\mathrm{b} \\ v_2 \end{bmatrix} = \begin{bmatrix} 2 \\ 0 \\ -2 \end{bmatrix}$$

$$\begin{bmatrix} \frac{11}{6} & -1 \\ -1 & \frac{3}{2} \end{bmatrix} \begin{bmatrix} u_\mathrm{b} \\ v_2 \end{bmatrix} = \begin{bmatrix} 0 \\ -2 \end{bmatrix}$$

となる。これを解くと

$$v_2 = \frac{\begin{vmatrix} \frac{11}{6} & 0 \\ -1 & -2 \end{vmatrix}}{\begin{vmatrix} \frac{11}{6} & -1 \\ -1 & \frac{3}{2} \end{vmatrix}} = \frac{-\frac{11}{3}}{\frac{7}{4}} = -\frac{44}{21}\,\mathrm{V}$$

となるので，求める電圧は $v = v_1 + v_2 = -(24/21)\,\mathrm{V}$ となる。 ◇

例題 4.2　**図 4.5** の回路において，電流 i を重ね合わせの理を用いて求めよ。

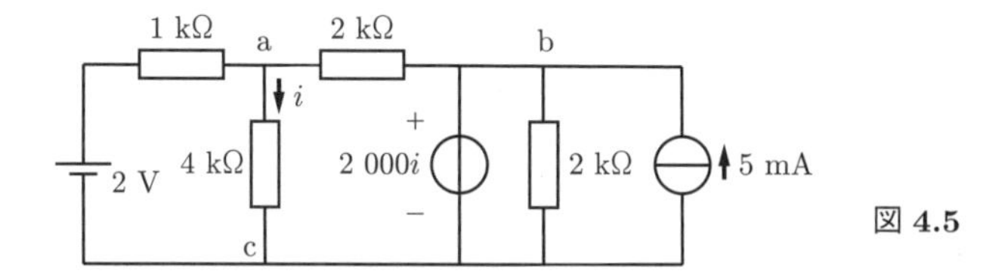

図 **4.5**

【解答】 従属電源を持つ回路においては，従属電源は除去の対象とせずに独立電源だけを除去して考えればよい。なお，電流の単位を mA とする。

電流源を開放除去した回路（**図 4.6**）において，電流 i_1，l_o，l_p が閉路電流になるように閉路方程式を立てて，解くと

$$\begin{bmatrix} 1+4 & 1 & 1 \\ 1 & 1+2 & 1+2 \\ 1 & 1+2 & 1+2+2 \end{bmatrix} \begin{bmatrix} i_1 \\ l_o \\ l_p \end{bmatrix} = \begin{bmatrix} 2 \\ 2-2i_1 \\ 2 \end{bmatrix}$$

$$\begin{bmatrix} 5 & 1 & 1 \\ 3 & 3 & 3 \\ 1 & 3 & 5 \end{bmatrix} \begin{bmatrix} i_1 \\ l_o \\ l_p \end{bmatrix} = \begin{bmatrix} 2 \\ 2 \\ 2 \end{bmatrix}$$

$$i_1 = \frac{\begin{vmatrix} 2 & 1 & 1 \\ 2 & 3 & 3 \\ 2 & 3 & 5 \end{vmatrix}}{\begin{vmatrix} 5 & 1 & 1 \\ 3 & 3 & 3 \\ 1 & 3 & 5 \end{vmatrix}} = \frac{8}{24} = \frac{1}{3}\,\mathrm{mA}$$

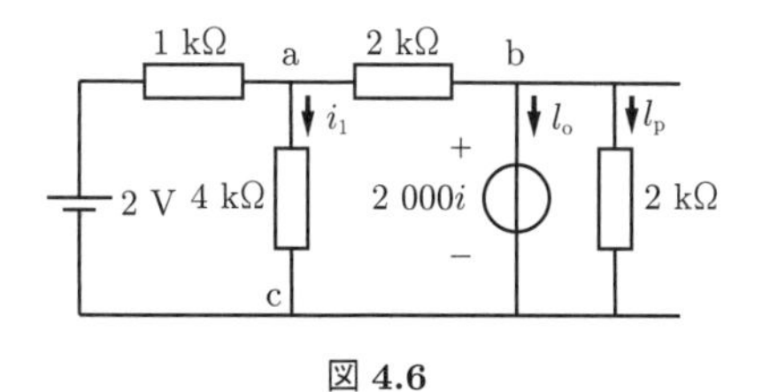

図 **4.6**

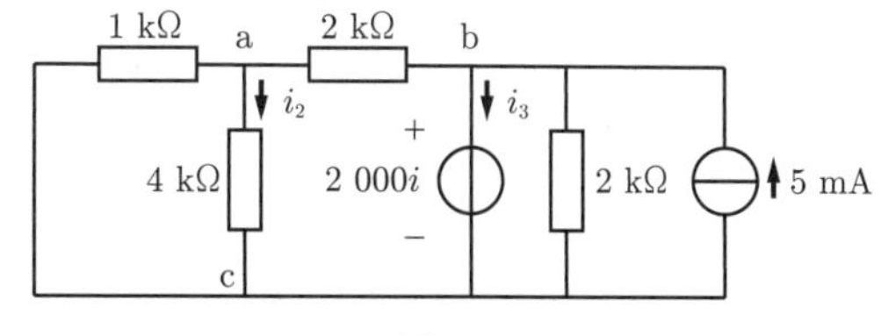

図 **4.7**

となる。

電圧源を短絡除去した回路（図 **4.7**）における電流を i_2 とする。節点 c を基準節点とし，従属電源を流れる電流を i_3 として節点方程式を立てると

$$\begin{bmatrix} \frac{1}{1}+\frac{1}{4}+\frac{1}{2} & -\frac{1}{2} \\ -\frac{1}{2} & \frac{1}{2}+\frac{1}{2} \end{bmatrix} \begin{bmatrix} u_\mathrm{a} \\ u_\mathrm{b} \end{bmatrix} = \begin{bmatrix} 0 \\ 5-i_3 \end{bmatrix}$$

となる。$u_\mathrm{b} = 2i_2 = 2 \times (u_\mathrm{a}/4)$ を代入して，u_a，i_3 を変数とするように書き換えると

$$\begin{bmatrix} \frac{7}{4}-\frac{1}{4} & 0 \\ -\frac{1}{2}+\frac{1}{2} & 1 \end{bmatrix} \begin{bmatrix} u_\mathrm{a} \\ i_3 \end{bmatrix} = \begin{bmatrix} 0 \\ 5 \end{bmatrix}$$

となる。これを解くと，$u_\mathrm{a} = 0$，$i_3 = 5\,\mathrm{mA}$ となる。よって，$i_2 = u_\mathrm{a}/4 = 0$ となる。なお，この回路において電流源から供給される電流はすべて従属電源を流れる。このことは，従属電源の持つ抵抗は 0 であることより説明できる。

以上より，求める電流 i は $i = i_1 + i_2 = 1/3 \approx 0.33\,\mathrm{mA}$ となる。　◇

4.2　テブナンの定理

テブナンの定理（Thévenin's theorem）

多くの抵抗器と直流電源からなる回路網（図 **4.8**）は，1 個の抵抗器と 1 個の直流電圧源の直列接続（図 **4.9**）に置き換えられる。

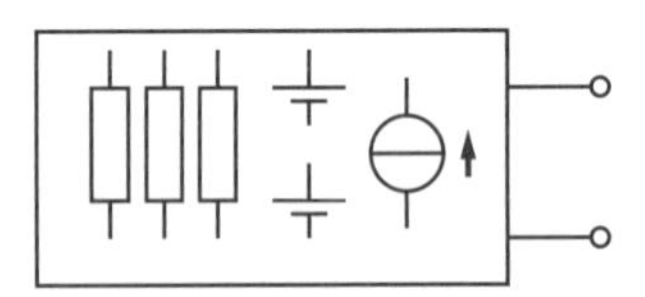

図 **4.8**　多くの抵抗器と直流電源からなる回路網

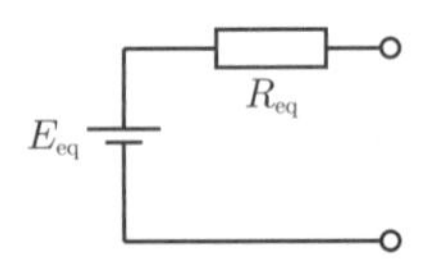

図 **4.9**　テブナンの等価回路

図 4.9 の回路は**テブナンの等価回路**（Thévenin equivalent circuit）と呼ばれ，R_eq はポートから見た合成抵抗で，E_eq はポートの開放電圧である。

証明　図 **4.10**(a) のようにポート 1-1′ に抵抗 R を接続したときに抵抗に流れる電流が I であるとする。ここで，図 (b) のように 2 個の電圧源 E を異なる向きで挿入する。このとき，等電圧の電圧源を逆向きに挿入しているので回路の動作に影響を与えず，抵抗に流れる電流は I のままである。

図 (c) は挿入した 2 個の電圧源 E のうち 1 個だけを持つ回路で，図 (d) はそれ以外のすべての電源を持つ回路である。図 (c)，(d) に示す回路における電流を I_1 および I_2 とすると，重ね合わせの理より $I = I_1 + I_2$ が成り立つ。回路網の合成抵抗を R_eq とすると，図 (c) の回路では回路網内の電源は除去しているので $I_1 = E/(R_\mathrm{eq} + R)$ となる。また，回路網の開放電圧を E_eq とすると，図 (d) の回路において $E = E_\mathrm{eq}$ のときに $I_2 = 0$ となる。したがって，$I = E_\mathrm{eq}/(R_\mathrm{eq} + R)$

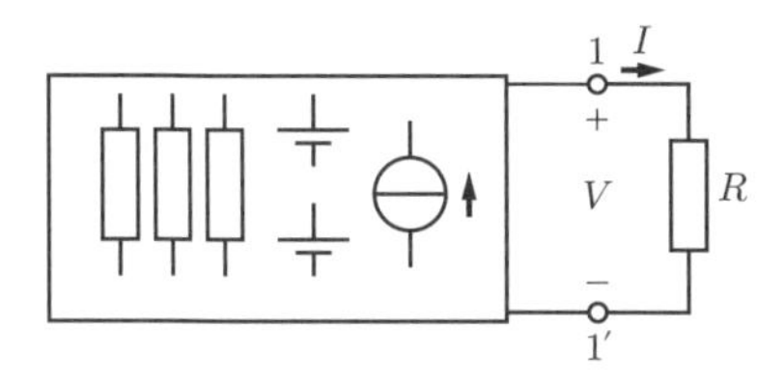

（a） 抵抗 R を接続した回路

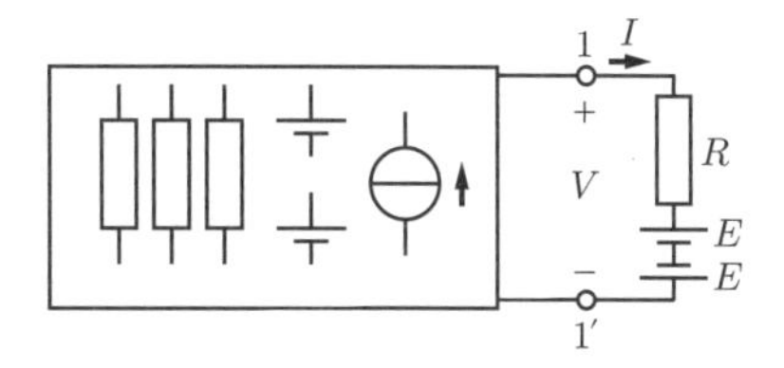

（b） 2 個の電圧源 E を挿入した回路

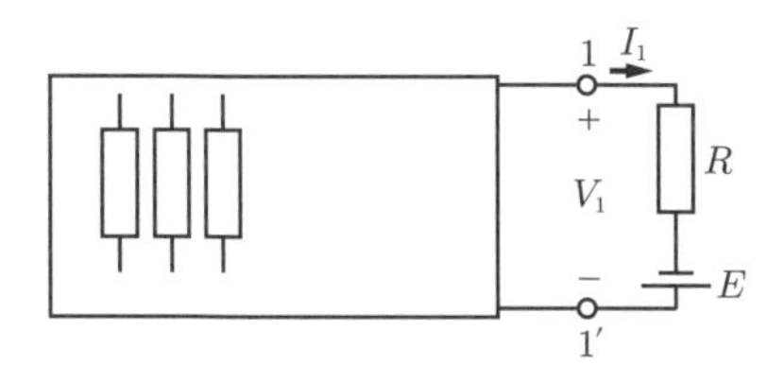

（c） 1 個の電圧源 E だけを持つ回路

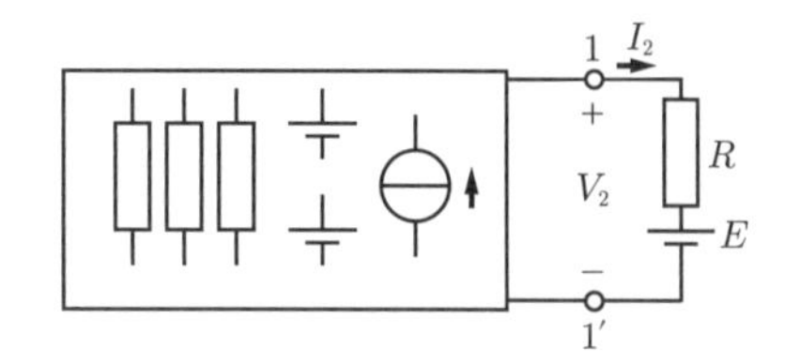

（d） （c）で使った電源以外のすべての電源を持つ回路

図 4.10 テブナンの定理の証明

が成り立つ。これは図 4.8 の回路は図 4.9 の回路に等価的に置き換えられることを意味する。 □

テブナンの等価回路の求め方

- 開放電圧 E_{eq} は，ポートを開放した状態で電圧を求めればよい。
- 合成抵抗 R_{eq} は，以下に示す三つの方法のうちいずれかを用いて求めればよい。

(1) 内部独立電圧源を短絡除去，内部独立電流源を開放除去した回路においてポートから見た合成抵抗を求める。この方法は従属電源を持たない回路において使用可能である。

(2) ポートを短絡した回路において短絡電流 I_{sc} を求める（**図 4.11**）。抵抗 R_{eq} は $R_{\mathrm{eq}} = E_{\mathrm{eq}}/I_{\mathrm{sc}}$ により求まる。ここで，短絡電流 I_{sc} は内部独立電源を除去せずに求める。

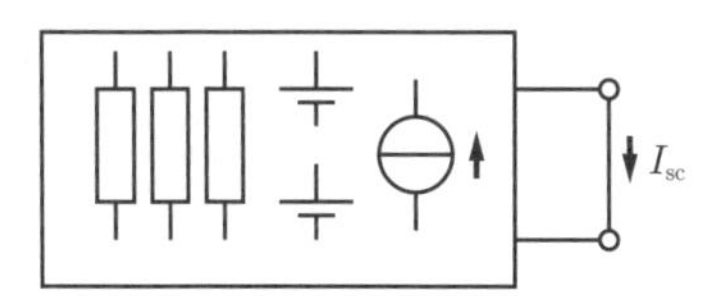

図 4.11 ポートを短絡した回路

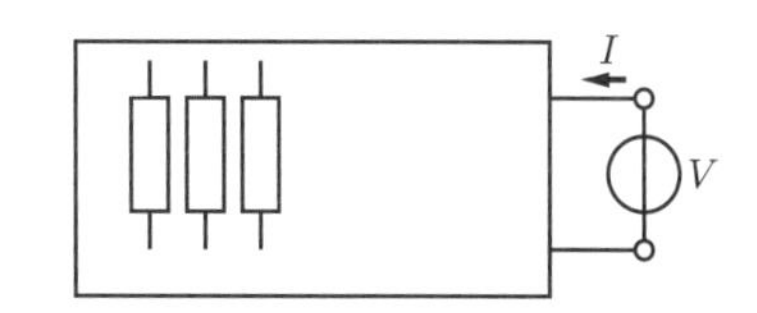

図 4.12 内部独立電源を除去した回路に外部電圧 V を印加した回路

(3) 内部独立電圧源を短絡除去，内部独立電流源を開放除去した回路においてポートに任意の電圧 V を印加しポート電流 I を求める（**図 4.12**）。抵抗 R_{eq} は $R_{\mathrm{eq}} = V/I$ により求まる（ポートに電流 I を流しポート電圧 V を求めてもよい）。

例 4.2　**図 4.13**(a) の回路において，テブナンの定理を用いて電圧 v を求める。

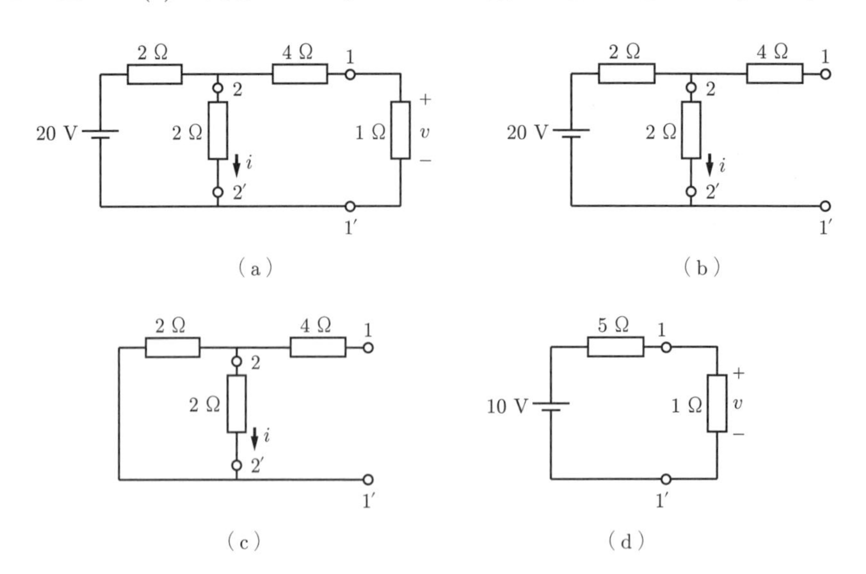

図 4.13

ポート 1-1′ の開放電圧 E_{eq}（図 (b)）は 4 Ω の抵抗には電流が流れないことに注意すると，抵抗分圧により $E_{\mathrm{eq}} = 20 \times 2/(2+2) = 10\,\mathrm{V}$ となる。

内部電圧源を短絡除去し (図 (c))，ポート 1-1′ から見た合成抵抗を求めると $R_{\mathrm{eq}} = 4+(2 \parallel 2) = 5\ \Omega$ となる。

よってポート 1-1′ の左側をテブナンの等価回路に置き換えた回路は図 (d) となる。したがって，電圧 $v = 10 \times 1/(5+1) = (5/3)\,\mathrm{V}$ となる。

例題 4.3　図 4.13(a) の回路において，ポート 2-2′ から見たテブナンの等価回路を求めることにより電流 i を求めよ。

【解答】　ポート 2-2′ から見ると回路は，2 Ω の抵抗器と 20 V の電圧源の直列接続と 4 Ω の抵抗器と 1 Ω の抵抗器の直列接続の並列接続となる。

よって，$E_{\mathrm{eq}} = 20 \times 5/7 = (100/7)\,\mathrm{V}$，$R_{\mathrm{eq}} = 2 \parallel 5 = (10/7)\,\Omega$ となり

$$i = \frac{E_{\mathrm{eq}}}{R_{\mathrm{eq}} + 2} = \frac{25}{6}\,\mathrm{A}$$

となる。　◇

例題 4.4　**図 4.14** の回路において，ポート 1-1′ から見たテブナンの等価回路を求めよ。

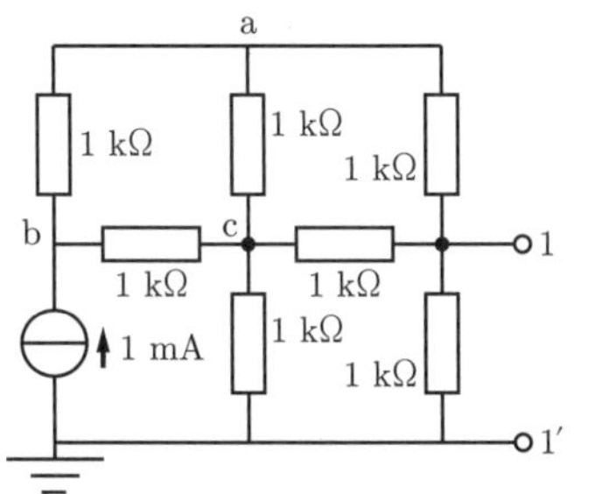

図 **4.14**

【解答】 開放電圧 $E_{\rm eq}$ を求めるために節点方程式を立てると

$$\begin{bmatrix} 3\times\dfrac{1}{1} & -\dfrac{1}{1} & -\dfrac{1}{1} & -\dfrac{1}{1} \\ -\dfrac{1}{1} & 2\times\dfrac{1}{1} & -\dfrac{1}{1} & 0 \\ -\dfrac{1}{1} & -\dfrac{1}{1} & 4\times\dfrac{1}{1} & -\dfrac{1}{1} \\ -\dfrac{1}{1} & 0 & -\dfrac{1}{1} & 3\times\dfrac{1}{1} \end{bmatrix} \begin{bmatrix} u_{\rm a} \\ u_{\rm b} \\ u_{\rm c} \\ E_{\rm eq} \end{bmatrix} = \begin{bmatrix} 0 \\ 1 \\ 0 \\ 0 \end{bmatrix}$$

となる。これを解くと

$$E_{\rm eq} = \frac{\begin{vmatrix} 3 & -1 & -1 & 0 \\ -1 & 2 & -1 & 1 \\ -1 & -1 & 4 & 0 \\ -1 & 0 & -1 & 0 \end{vmatrix}}{\begin{vmatrix} 3 & -1 & -1 & -1 \\ -1 & 2 & -1 & 0 \\ -1 & -1 & 4 & -1 \\ -1 & 0 & -1 & 3 \end{vmatrix}} = \frac{\begin{vmatrix} 3 & -1 & -1 \\ -1 & -1 & 4 \\ -1 & 0 & -1 \end{vmatrix}}{\begin{vmatrix} -1 & 2 & -1 \\ -1 & -1 & 4 \\ -1 & 0 & -1 \end{vmatrix} + \begin{vmatrix} 3 & -1 & -1 \\ -1 & 2 & -1 \\ -1 & 0 & -1 \end{vmatrix} + 3\begin{vmatrix} 3 & -1 & -1 \\ -1 & 2 & -1 \\ -1 & -1 & 4 \end{vmatrix}}$$

$$= \frac{9}{-10-8+3\times 13} = \frac{3}{7} \approx 0.43\,\mathrm{V}$$

となる。合成抵抗は電流源を開放除去した回路において，直列合成および並列合成を繰り返せばよい。

$$R_{\rm eq} = 1 \parallel \{(1 \parallel [1+\{1 \parallel (1+1)\}]) + 1\} = \frac{13}{21}\,\mathrm{k\Omega}$$

練習のため別の方法で合成抵抗を求めてみる。図 **4.15** のようにポートを短絡した回路で短絡電

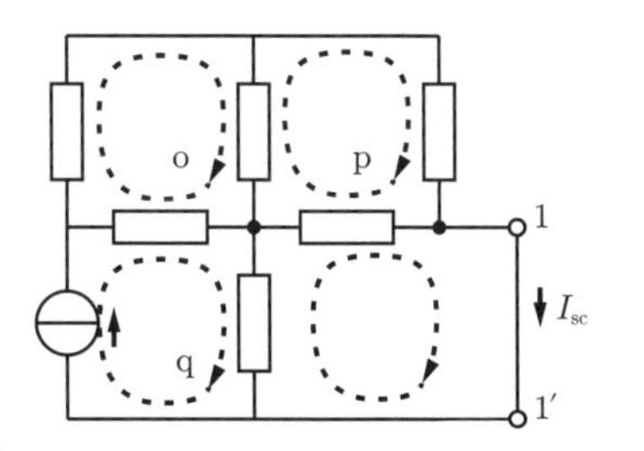

図 **4.15**

流 I_{sc} を求めてみる。ここで，ポートを短絡しているためポートに並列の抵抗器には電流が流れなくなる。そのため，図 4.15 のようにポートに並列の抵抗器は除去しておく。電流源にかかる電圧を v として閉路方程式を立てると

$$\begin{bmatrix} 3 & -1 & -1 & 0 \\ -1 & 3 & 0 & -1 \\ -1 & 0 & 2 & -1 \\ 0 & -1 & -1 & 2 \end{bmatrix} \begin{bmatrix} l_{\mathrm{o}} \\ l_{\mathrm{p}} \\ l_{\mathrm{q}} \\ I_{\mathrm{sc}} \end{bmatrix} = \begin{bmatrix} 0 \\ 0 \\ v \\ 0 \end{bmatrix}$$

となる。$l_{\mathrm{q}} = 1$ を代入して電圧 v を変数として書き換えると

$$\begin{bmatrix} 3 & -1 & 0 & 0 \\ -1 & 3 & 0 & -1 \\ -1 & 0 & -1 & -1 \\ 0 & -1 & 0 & 2 \end{bmatrix} \begin{bmatrix} l_{\mathrm{o}} \\ l_{\mathrm{p}} \\ v \\ I_{\mathrm{sc}} \end{bmatrix} = \begin{bmatrix} 1 \\ 0 \\ -2 \\ 1 \end{bmatrix}$$

となる。これを解くと

$$I_{\mathrm{sc}} = \frac{\begin{vmatrix} 3 & -1 & 0 & 1 \\ -1 & 3 & 0 & 0 \\ -1 & 0 & -1 & -2 \\ 0 & -1 & 0 & 1 \end{vmatrix}}{\begin{vmatrix} 3 & -1 & 0 & 0 \\ -1 & 3 & 0 & -1 \\ -1 & 0 & -1 & -1 \\ 0 & -1 & 0 & 2 \end{vmatrix}} = \frac{-\begin{vmatrix} 3 & -1 & 1 \\ -1 & 3 & 0 \\ 0 & -1 & 1 \end{vmatrix}}{-\begin{vmatrix} 3 & -1 & 0 \\ -1 & 3 & -1 \\ 0 & -1 & 2 \end{vmatrix}} = \frac{9}{13}\,\mathrm{mA}$$

となるので，合成抵抗は $R_{\mathrm{eq}} = E_{\mathrm{eq}}/I_{\mathrm{sc}} = (3/7)/(9/13) = (13/21)\,\mathrm{k\Omega}$ となる。 ◇

例題 4.5　**図 4.16** の回路において，ポート 1-1′ から見たテブナンの等価回路を求めよ。

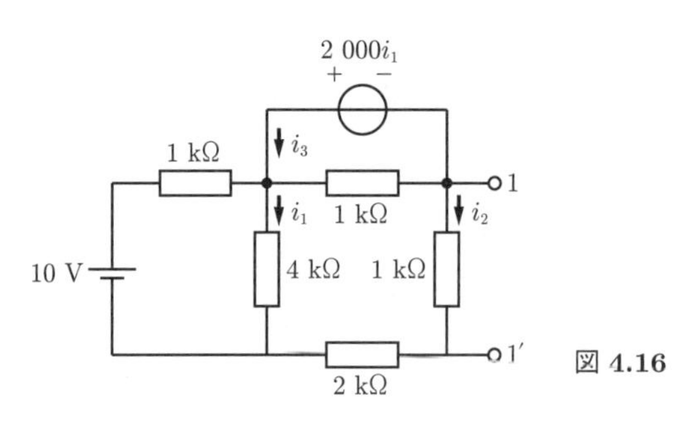

図 **4.16**

【解答】　まず，開放電圧を求める。図中の i_1，i_2，i_3 が閉路電流となるように閉路を定めて閉路方程式を立てると式 (4.3) となる。ただし，電流の単位を mA とするので，従属電圧源の値は $2i_1$ としている。

$$\begin{bmatrix} 5 & 1 & 0 \\ 1 & 5 & 1 \\ 0 & 1 & 1 \end{bmatrix} \begin{bmatrix} i_1 \\ i_2 \\ i_3 \end{bmatrix} = \begin{bmatrix} 10 \\ 10 \\ 2i_1 \end{bmatrix} \tag{4.3}$$

右辺にある i_1 を左辺に移すと

$$\begin{bmatrix} 5 & 1 & 0 \\ 1 & 5 & 1 \\ -2 & 1 & 1 \end{bmatrix} \begin{bmatrix} i_1 \\ i_2 \\ i_3 \end{bmatrix} = \begin{bmatrix} 10 \\ 10 \\ 0 \end{bmatrix}$$

となる。開放電圧を求めるには i_2 が必要なので，i_2 を求めると

$$i_2 = \frac{\begin{vmatrix} 5 & 10 & 0 \\ 1 & 10 & 1 \\ -2 & 0 & 1 \end{vmatrix}}{\begin{vmatrix} 5 & 1 & 0 \\ 1 & 5 & 1 \\ -2 & 1 & 1 \end{vmatrix}} = \frac{20}{17}\,\mathrm{mA}$$

となる。よって開放電圧は次式のようになる。

$$E_{\mathrm{eq}} = 1 \times i_2 = \frac{20}{17}\,\mathrm{V}$$

つぎに，合成抵抗を 3 番目の方法を使って求めてみる。**図 4.17** のように独立電圧源を短絡消去し，ポート 1-1′ に 1 V の電圧源を印加した回路において端子 1 から流れ込む電流 I を求めてみる。回路方程式を立てて求めることも可能であるが，キルヒホッフの法則を順次適用して求めてみる。

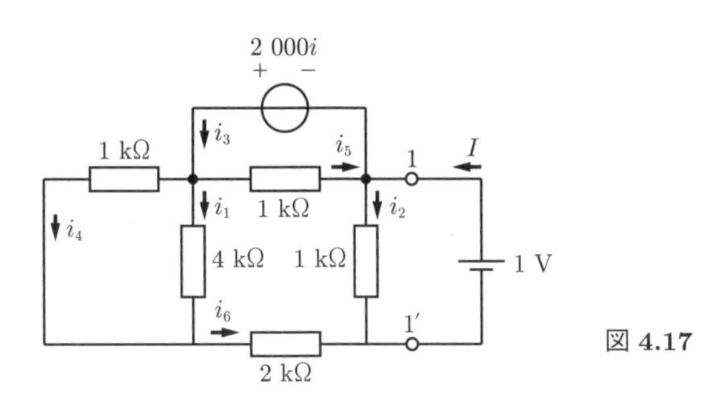

図 4.17

まず，電流 i_2 は抵抗器にかかる電圧が 1 V であるので $i_2 = 1\,\mathrm{mA}$ と求まる。つぎに，従属電圧源電圧は $2i_1$ なので，$i_5 = 2i_1/1 = 2i_1$ となる。また，KVL より $i_4 = 4i_1$ となり，KCL より $i_3 = i_1 + i_4 + i_5 = 7i_1$，$i_6 = i_1 + i_4 = 5i_1$ となる。ここで，KVL より

$$-i_5 + 4i_1 + 2i_6 = -2i_1 + 4i_1 + 10i_1 = 12i_1 = 1\,\mathrm{V}$$

なので，$i_1 = 1/12\,\mathrm{mA}$ となる。

KCL より

$$I = i_2 + i_6 = i_2 + 5i_1 = \frac{17}{12}\,\mathrm{mA}$$

となるので，合成抵抗は

$$R_{\mathrm{eq}} = \frac{12}{17}\,\mathrm{k}\Omega$$

と求まる。 ◇

4.3　ノートンの定理

ノートンの定理（Norton's theorem）

多くの抵抗器と直流電源からなる回路網は，1 個の抵抗器と 1 個の直流電流源の並列接続（**図 4.18**）に置き換えられる。

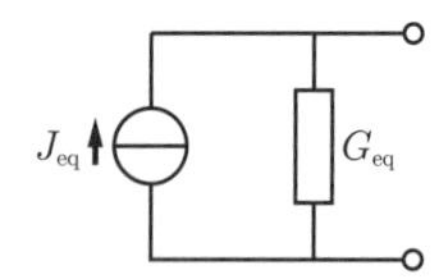

図 4.18　ノートンの等価回路

図 4.18 の回路は**ノートンの等価回路**（Norton equivalent circuit）と呼ばれ，G_{eq} はポートから見た合成コンダクタンスで，J_{eq} はポートの短絡電流である。

ノートンの等価回路の求め方

- 短絡電流 J_{eq} は，ポートを短絡した状態で電流を求めればよい。
- 合成コンダクタンス G_{eq} は，以下に示す三つの方法のうちいずれかを用いて求めればよい。

(1) 内部独立電圧源を短絡除去，内部独立電流源を開放除去した回路においてポートから見た合成コンダクタンスを求める。この方法は従属電源を持たない回路において使用可能である。

(2) ポートを開放した回路において開放電圧 V_{oc} を求める（**図 4.19**）。合成コンダクタンス G_{eq} は $G_{\mathrm{eq}} = J_{\mathrm{eq}}/V_{\mathrm{oc}}$ により求まる。ここで，開放電圧 V_{oc} は内部独立電源を除去せずに求める。

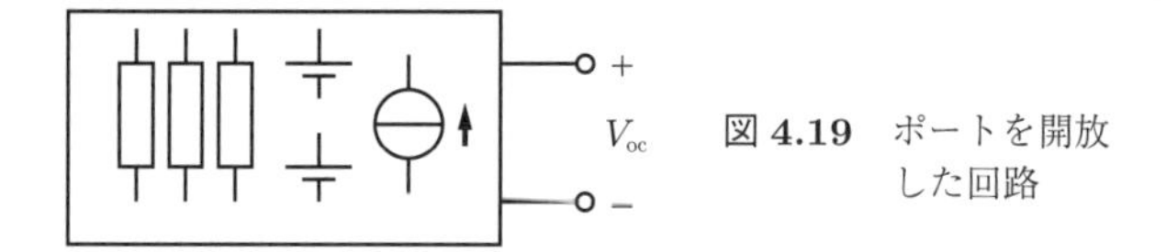

図 4.19　ポートを開放した回路

(3) 内部独立電圧源を短絡除去，内部独立電流源を開放除去した回路においてポートに任意の電圧 V を印加し，ポート電流 I を求める（図 4.12）。合成コンダクタンス G_{eq} は $G_{\mathrm{eq}} = I/V$ により求まる。（ポートに電流 I を流しポート電圧 V を求めてもよい。）

2.7.2 項で述べたように，抵抗器と電圧源の直列接続および抵抗器と電流源の並列接続は相互に変換可能であるので，テブナンの等価回路とノートンの等価回路は相互に変換可能である。図 4.9 のテブナンの等価回路から図 4.18 のノートンの等価回路を得るには $J_{\mathrm{eq}} = E_{\mathrm{eq}}/R_{\mathrm{eq}}$，$G_{\mathrm{eq}} = 1/R_{\mathrm{eq}}$ とすればよく，図 4.18 のノートンの等価回路から図 4.9 のテブナンの等価回路を得るには $E_{\mathrm{eq}} = J_{\mathrm{eq}}/G_{\mathrm{eq}}$，$R_{\mathrm{eq}} = 1/G_{\mathrm{eq}}$ とすればよい。

例 4.3　図 4.13(a) の回路において，ノートンの定理により電圧 V を求める。

ポート 1-1′ の短絡電流 J_{eq} は，内部電圧源から見た合成抵抗が $2 + 2 \parallel 4 = 10/3\,\Omega$ となるので，抵抗分流により $J_{\mathrm{eq}} = 20/(10/3) \times 2/(2+4) = 2\,\mathrm{A}$ となる。

内部電圧源を短絡除去し，ポート 1-1′ から見た合成抵抗が $R_{\mathrm{eq}} = 5\,\Omega$ なので，$G_{\mathrm{eq}} = 1/5\,\mathrm{S}$ となる。よってポート 1-1′ の左側をノートンの等価回路に置き換えた回路は**図 4.20** となる。

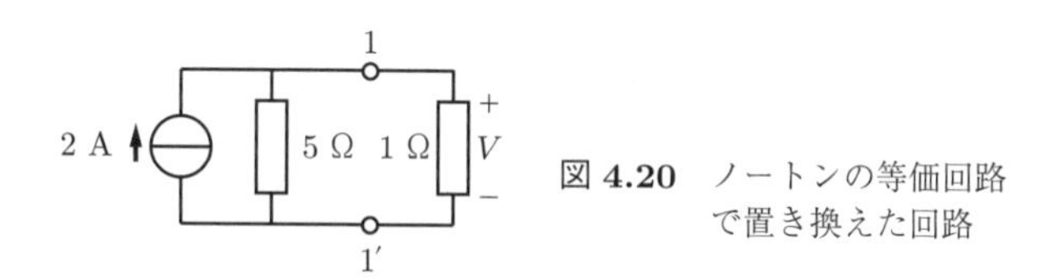

図 4.20　ノートンの等価回路で置き換えた回路

したがって，電圧 $V = 1 \times 2 \times 5/(5+1) \approx 1.67\,\mathrm{V}$ となる。

例題 4.6　**図 4.21** の回路において，ポート 1-1′ から見たノートンの等価回路を求めよ。

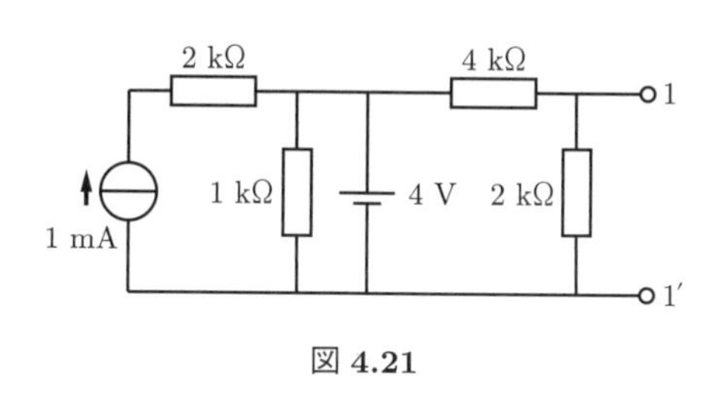

図 4.21

【解答】　電圧源の両端の電圧はつねに 4 V なので 4 kΩ と 2 kΩ の 2 個の抵抗器の直列接続にかかる電圧はつねに 4 V である。ポート 1-1′ を短絡すると 2 kΩ の抵抗器の両端が短絡されるので 4 V の電圧は 4 kΩ の抵抗器だけにかかる。このとき 4 kΩ の抵抗器に流れる電流と短絡電流は等しいので，$J_{\mathrm{eq}} = 4/4 = 1\,\mathrm{mA}$ となる。

電圧源を短絡除去すると電圧源より左側の回路は右側の回路の動作に影響を及ぼさなくなる。よって，合成コンダクタンスを求めるうえでは電圧源より左側の回路は無視してよい。したがって，ポート 1-1′ から見た合成コンダクタンスは 4 kΩ と 2 kΩ の 2 個の抵抗器の並列接続より，$G_{\mathrm{eq}} = 1/4 + 1/2 = (3/4)\,\mathrm{mS}$ となる。　◇

章　末　問　題

【1】 図 **4.22** の回路において，電流 i を重ね合わせの理を用いて求めよ。

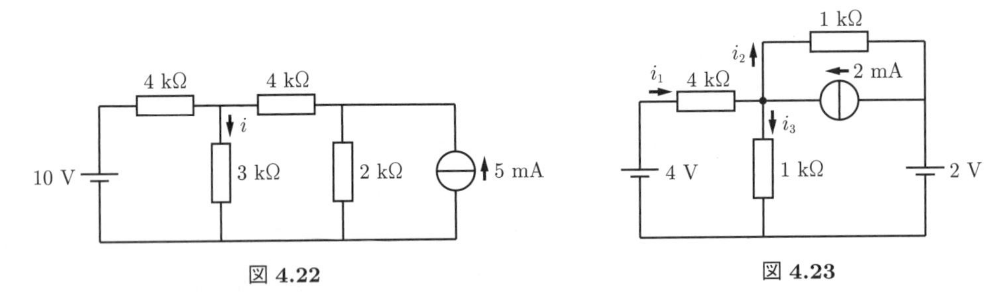

図 **4.22**　　図 **4.23**

【2】 図 **4.23** の回路において，電流 i_1，i_2，i_3 を重ね合わせの理を用いて求めよ。

【3】 図 **4.24** の回路において，電圧 v を重ね合わせの理を用いて求めよ。

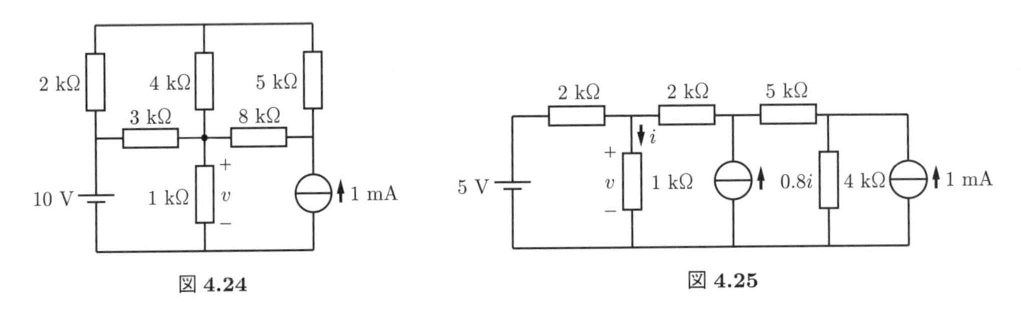

図 **4.24**　　図 **4.25**

【4】 図 **4.25** の回路において，電圧 v を重ね合わせの理を用いて求めよ。

【5】 図 **4.26**(a)～(f) の回路において，ポート 1-1′ から見たテブナンの等価回路を求めよ。

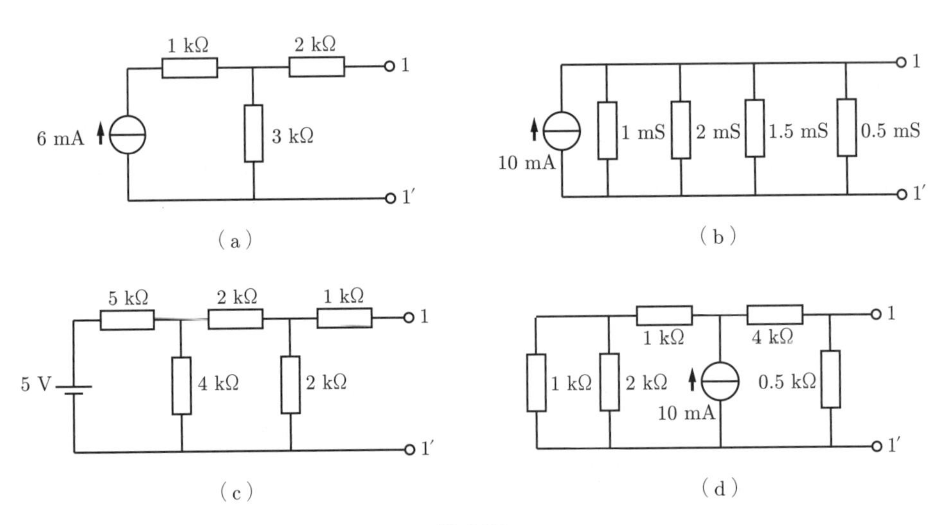

図 **4.26**

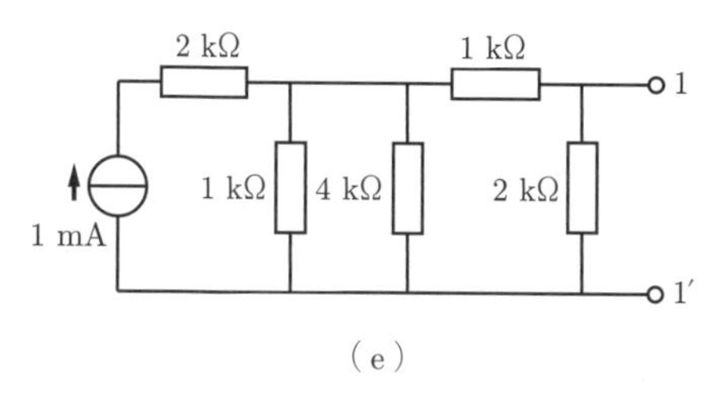

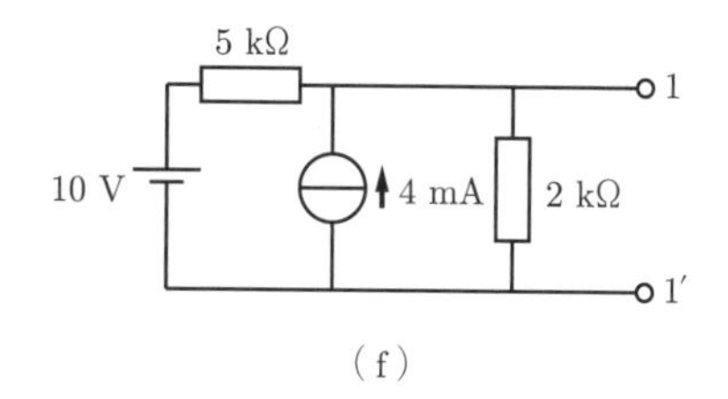

図 **4.26**（続き）

【6】 図 4.26(a)～(f) の回路において，ポート 1-1′ から見たノートンの等価回路を求めよ。

【7】 図 **4.27**(a)～(d) の回路において，ポート 1-1′ から見たテブナンの等価回路を求めよ。

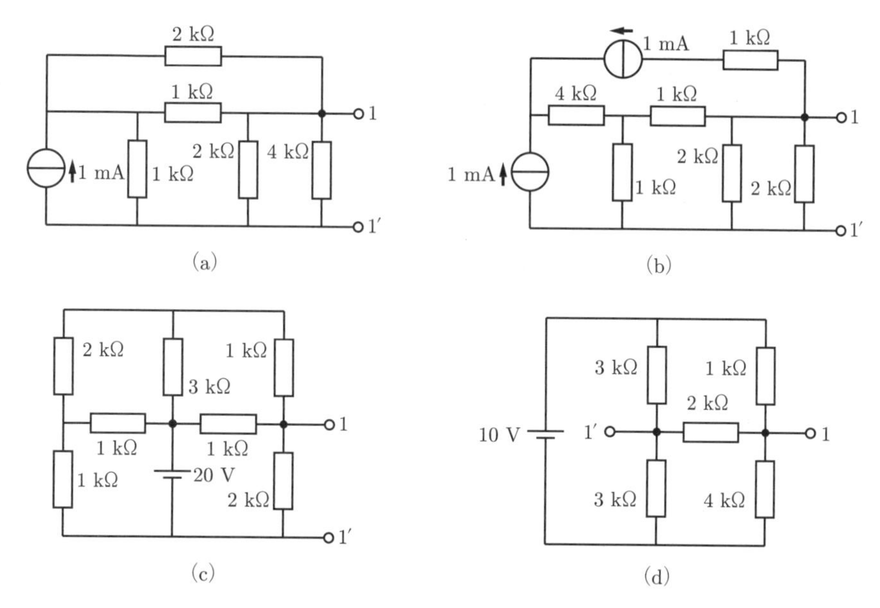

図 **4.27**

【8】 図 4.27(a)～(d) の回路において，ポート 1-1′ から見たノートンの等価回路を求めよ。

【9】 図 **4.28**(a)～(d) の回路において，ポート 1-1′ から見たテブナンの等価回路を求めよ。

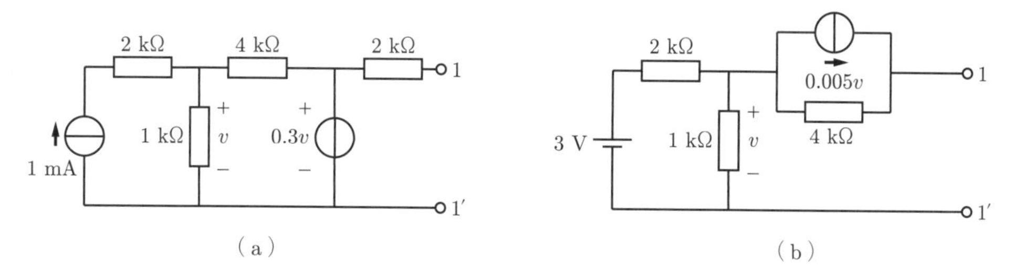

図 **4.28**

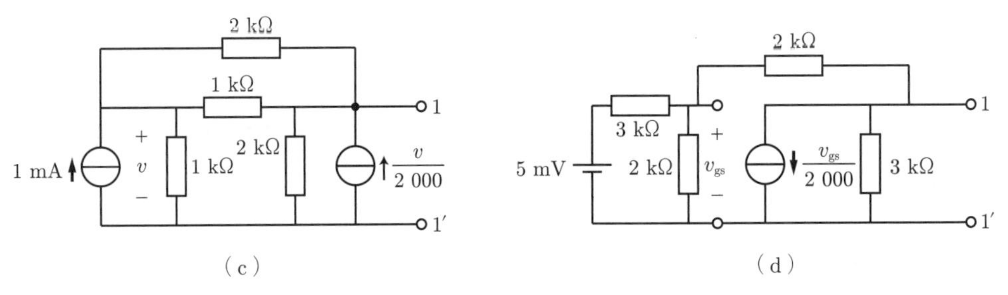

図 **4.28**（続き）

【**10**】 図 4.28(a)〜(d) の回路において，ポート 1-1′ から見たノートンの等価回路を求めよ。

【**11**】 図 **4.29** の回路において，以下の問に答えよ。

(1) ポート 1-1′ の左側の回路のテブナンの等価回路を求めよ。

(2) $R_{\mathrm{L}} = 1\,\mathrm{k\Omega}$ のときの電流 i を求めよ。

(3) $R_{\mathrm{L}} = 3\,\mathrm{k\Omega}$ のときの電流 i を求めよ。

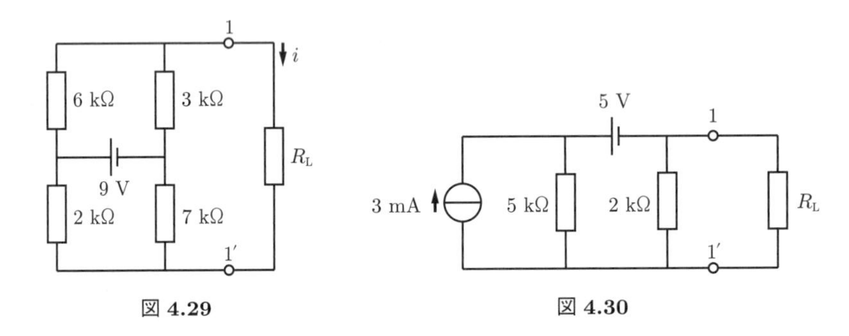

図 **4.29**　　図 **4.30**

【**12**】 図 **4.30** の回路において，以下の問に答えよ。

(1) ポート 1-1′ の左側の回路のテブナンの等価回路を求めよ。

(2) 負荷（ポート 1-1′ の右側）で消費される電力 p が最大となる R_{L} を求めよ†。

---

† 負荷で消費される電力が最大となるようにすることを最大電力伝送という。交流回路における最大電力伝送については 7.4 節にて説明する。

5 フェーザ法

本章からは交流回路の正弦波定常状態における回路解析について記述する。正弦波定常状態では電圧および電流の振幅と位相角のみが重要な情報となる。フェーザ法とは振幅と位相角の情報をフェーザと呼ばれる複素数によって表現することにより，正弦波定常解析を簡便に行うための手法である。

5.1 複素数

実部（real part）が a，**虚部**（imaginary part）が b である**複素数**（complex number）$\dot{Z}$（図 **5.1**）は**虚数単位**（imaginary unit）j を用いて

$$\dot{Z} = a + jb \tag{5.1}$$

と表される。本書では，複素数であることを表現するために $\dot{Z}$ のように記号の上にドット（$\cdot$）をつける。ドットがついていない記号はすべてスカラ量を表す。

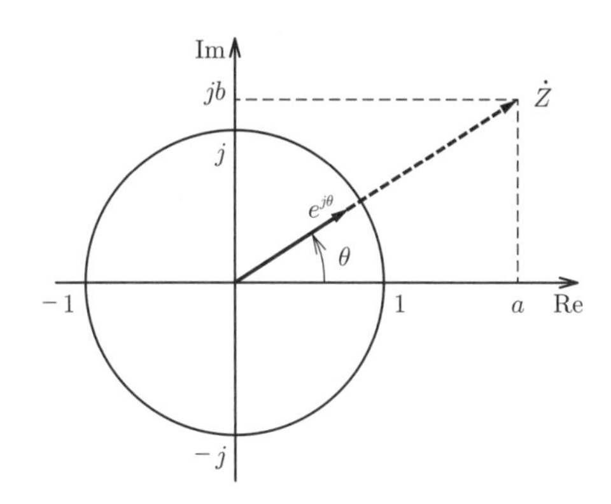

図 **5.1**　複素数 $\dot{Z}$

式 (5.1) の記法を複素数の**直交座標表示**（rectangular coordinate）という。なお，一般に虚数単位は i であるが，回路理論では i は電流を表すため虚数単位には j を使う。ただし，本書では電流源電流の記号としても j を用いる。注意されたい。

複素数 $\dot{Z}$ の大きさ $|\dot{Z}| = \sqrt{a^2 + b^2}$ を**絶対値**（absolute value）といい $|\dot{Z}|$ や Z で表す。また，実軸の正の方向となす角 θ を**偏角**（angle）といい $\angle\dot{Z}$ で表す。偏角の単位は**ラジアン**（radian，記号は rad）である。

$$\dot{Z} = \sqrt{a^2+b^2}\left(\frac{a}{\sqrt{a^2+b^2}} + j\frac{b}{\sqrt{a^2+b^2}}\right) = Z(\cos(\theta) + j\sin(\theta)) \tag{5.2}$$

なので，**オイラーの公式**（Euler's formula）$e^{j\theta} = \cos(\theta) + j\sin(\theta)$ より

$$\dot{Z} = Ze^{j\theta} \tag{5.3}$$

と表せる。式 (5.3) の記法を複素数の**極座標表示**（polar coordinate）という。極座標表示は $Z\angle\theta$ と表記される場合もある。

また，逆正接関数（$\tan^{-1}$）の終域が $(-\pi/2, \pi/2)$〔rad〕であることに注意すると偏角 θ と a，b の間には関係式 (5.4) が成り立つ（図 **5.2**）。

$$\angle\dot{Z} = \theta = \begin{cases} \tan^{-1}\left(\dfrac{b}{a}\right)〔\mathrm{rad}〕, & a > 0 \\ \tan^{-1}\left(\dfrac{b}{a}\right) + \pi〔\mathrm{rad}〕, & a < 0, \quad b \geqq 0 \\ \tan^{-1}\left(\dfrac{b}{a}\right) - \pi〔\mathrm{rad}〕, & a < 0, \quad b < 0 \\ \dfrac{\pi}{2}〔\mathrm{rad}〕, & a = 0, \quad b > 0 \\ -\dfrac{\pi}{2}〔\mathrm{rad}〕, & a = 0, \quad b < 0 \end{cases} \tag{5.4}$$

式 (5.4) において，2 番目と 3 番目の条件の区別は重要ではない。なぜなら，2 番目または 3 番目の条件を満たすときに $\tan^{-1}(b/a) + \pi$ としても $\tan^{-1}(b/a) - \pi$ としても正しく θ を表している。しかし，1 番目と 2 番目（3 番目）との区別は重要であるので，偏角を求めるときには実部の正負に気を配らなければならない。

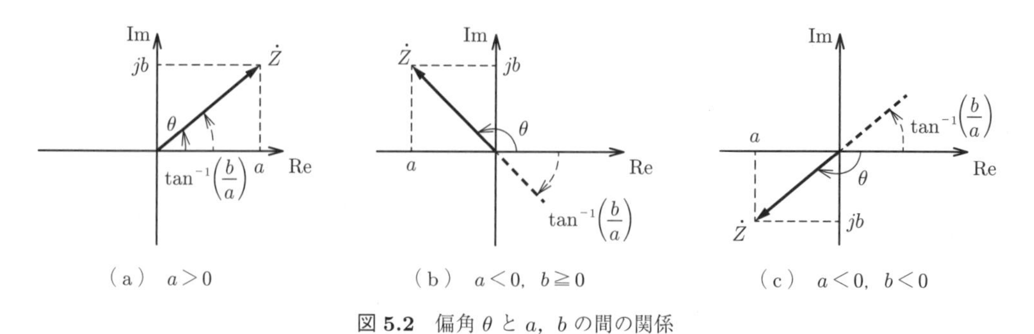

図 **5.2**　偏角 θ と a，b の間の関係

例題 5.1　複素数 -1，$-j$，$1-j$，$\sqrt{3}+j$，$-1-j$ の極座標表示を示せ。

【解答】　それぞれ，$e^{j\pi}$，$e^{-j\pi/2}$，$\sqrt{2}e^{-j\pi/4}$，$2e^{j\pi/6}$，$\sqrt{2}e^{-j3\pi/4}$ となる。　◇

例題 5.2　複素数 $e^{j\pi/2}$，$\sqrt{2}e^{j\pi/4}$，$2e^{-j4\pi/3}$，$-2e^{j\pi/4}$，$-e^{j2\pi/3}$ の直交座標表示を示せ。

【解答】　それぞれ，j，$1+j$，$-1+j\sqrt{3}$，$-\sqrt{2}-j\sqrt{2}$，$1/2-j\sqrt{3}/2$ となる。　◇

2 個の複素数 $\dot{Z}_1 = a_1 + jb_1 = Z_1 e^{j\theta_1}$，$\dot{Z}_2 = a_2 + jb_2 = Z_2 e^{j\theta_2}$ の四則演算は式 (5.5)～(5.8) で与えられる。

$$\dot{Z}_1 + \dot{Z}_2 = (a_1 + a_2) + j(b_1 + b_2) \tag{5.5}$$

$$\dot{Z}_1 - \dot{Z}_2 = (a_1 - a_2) + j(b_1 - b_2) \tag{5.6}$$

$$\dot{Z}_1 \cdot \dot{Z}_2 = Z_1 Z_2 e^{j(\theta_1 + \theta_2)} \tag{5.7}$$

$$\frac{\dot{Z}_1}{\dot{Z}_2} = \frac{Z_1}{Z_2} e^{j(\theta_1 - \theta_2)} \tag{5.8}$$

また，式 (5.9)～(5.13) が成り立つ。ただし，$\dot{Z}_1{}^*$ は $\dot{Z}_1$ の**共役複素数**（complex conjugate）である。

$$j\dot{Z}_1 = e^{j\pi/2} Z_1 e^{j\theta_1} = Z_1 e^{j(\theta_1 + \pi/2)} \tag{5.9}$$

$$\frac{\dot{Z}_1}{j} = \frac{Z_1 e^{j\theta_1}}{e^{j\pi/2}} = Z_1 e^{j(\theta_1 - \pi/2)} \tag{5.10}$$

$$\frac{1}{\dot{Z}_1} = \frac{1}{Z_1} e^{-j\theta_1} \tag{5.11}$$

$$\dot{Z}_1{}^* = a_1 - jb_1 = Z_1 e^{-j\theta_1} \tag{5.12}$$

$$|\dot{Z}_1| = \sqrt{\dot{Z}_1 \dot{Z}_1{}^*} \tag{5.13}$$

式 (5.9)，(5.10) より，ある複素数 $\dot{Z}$ に j（$-j$）を乗ずることは $\dot{Z}$ を絶対値を変えずに $\pi/2$〔rad〕だけ反時計方向（時計方向）に回転させることと同じである。

例題 5.3　複素数 $\dot{Z}_1 = 1 + j$，$\dot{Z}_2 = 2 - j2\sqrt{3}$，$\dot{Z}_3 = 2e^{j\pi/3}$ とする。以下の問に答えよ。

(1)　$\dot{Z}_1 + \dot{Z}_2$ を直交座標表示で示せ。

(2)　$\dot{Z}_2 - \dot{Z}_3$ を直交座標表示で示せ。

(3)　$\dot{Z}_1 \cdot \dot{Z}_2$ を極座標表示で示せ。

(4)　$\dot{Z}_1 / \dot{Z}_3$ を極座標表示で示せ。

【解答】　(1)　$\dot{Z}_1 + \dot{Z}_2 = 3 + j(1 - 2\sqrt{3})$

(2)　$\dot{Z}_2 - \dot{Z}_3 = 2 - j2\sqrt{3} - (1 + j\sqrt{3}) = 1 - j3\sqrt{3}$

(3)　$\dot{Z}_1 \cdot \dot{Z}_2 = \sqrt{2}e^{j\pi/4} \cdot 4e^{-j\pi/3} = 4\sqrt{2}e^{-j\pi/12}$

（別解：$\dot{Z}_1 \cdot \dot{Z}_2 = (2 + 2\sqrt{3}) + j(2 - 2\sqrt{3}) = 4\sqrt{2}e^{j\tan^{-1}(-2+\sqrt{3})}$）

(4)　$\dfrac{\dot{Z}_1}{\dot{Z}_3} = \dfrac{\sqrt{2}e^{j\pi/4}}{2e^{j\pi/3}} = \dfrac{1}{\sqrt{2}}e^{-j\pi/12}$

◇

例題 5.4　複素数 $4e^{j\pi/12}$ の直交座標表示を示せ。

【解答】　$4e^{j\pi/12} = 2e^{j\pi/3} \cdot 2e^{-j\pi/4} = (1+j\sqrt{3})(\sqrt{2}-j\sqrt{2}) = \sqrt{2}+\sqrt{6}+j(-\sqrt{2}+\sqrt{6})$　◇

例題 5.5　複素数 $\dot{Z}_1 = \sqrt{2}e^{-j\pi/4}$，$\dot{Z}_2 = 1+j\sqrt{3}$，$\dot{Z}_3 = 2e^{-j\pi/6}$ とする。以下の計算をせよ。

(1)　$\dot{Z}_1 + \dot{Z}_2$　　(2)　$\dot{Z}_2 - \dot{Z}_3$　　(3)　$\dot{Z}_1 \cdot \dot{Z}_2$　　(4)　$\dot{Z}_2/\dot{Z}_3$　　(5)　$|\dot{Z}_1 \cdot \dot{Z}_3|$

(6)　$\angle(\dot{Z}_1 \cdot \dot{Z}_3)$

【解答】　(1)　$2+j(\sqrt{3}-1)$　　(2)　$1-\sqrt{3}+j(\sqrt{3}+1)$　　(3)　$2\sqrt{2}e^{j\pi/12}$

(4)　$e^{j\pi/2} = j$　　(5)　$2\sqrt{2}$　　(6)　$-\dfrac{5\pi}{12}$

◇

例題 5.6　方程式 $(1+j2+2/j3)\dot{V} = 1/3$ を解け。

【解答】　$\dot{V} = \dfrac{\frac{1}{3}}{1+j2-j\frac{2}{3}} = \dfrac{\frac{1}{3}}{1+j\frac{4}{3}} = \dfrac{1}{3+j4} = \dfrac{3-j4}{25}$

例題 5.7　式 (5.14) の連立方程式を解け。

$$\begin{bmatrix} 1+j & -j \\ -j & 2+j2 \end{bmatrix} \begin{bmatrix} \dot{I}_1 \\ \dot{I}_2 \end{bmatrix} = \begin{bmatrix} 1 \\ 0 \end{bmatrix} \tag{5.14}$$

【解答】

$$\dot{I}_1 = \frac{\begin{vmatrix} 1 & -j \\ 0 & 2+j2 \end{vmatrix}}{\begin{vmatrix} 1+j & -j \\ -j & 2+j2 \end{vmatrix}} = \frac{2+j2}{1+j4} = \frac{(2+j2)(1-j4)}{1+16} = \frac{10-j6}{17}$$

$$\dot{I}_2 = \frac{\begin{vmatrix} 1+j & 1 \\ -j & 0 \end{vmatrix}}{1+j4} = \frac{j}{1+j4} = \frac{4+j}{17}$$

◇

5.2 正弦波形の電圧と電流

正弦波形の電圧と電流は式 (5.15) で表せる。

Python を使った回路解析（複素数計算①）

Python 上で複素数計算するには以下のようにすればよい。

- 複素数生成

```
>>> c = -1 -1j
```

虚数単位は j である。また，-1 -j ではなく-1 -1j のように 1 をつけなければならない。

- 共役複素数を取得

```
>>> c.conjugate()
(1-1j)
```

- 実部と虚部を取得

```
>>> c.real
-1.0
>>> c.imag
-1.0
```

- 絶対値と偏角を取得

```
>>> import cmath
>>> abs(c)
1.4142135623730951
>>> cmath.phase(c)
-2.356194490192345
```

偏角を取得するためのメソッド phase は cmath ライブラリにある。偏角の単位はラジアンである。

- 直交座標表示と極座標表示の相互変換

```
>>> cmath.polar(c)
(1.4142135623730951, -2.356194490192345)
>>> cmath.rect(1.4142135623730951, -2.356194490192345)
(-1-1.0000000000000002j)
```

直交座標から極座標へ変換するときは polar を使い，極座標から直交座標へ変換するときは rect を使う。

$$v(t) = V\sin(\omega t + \theta_v), \qquad i(t) = I\sin(\omega t + \theta_i) \tag{5.15}$$

ここで，ω は**角周波数**（angular frequency）（単位はラジアン毎秒，記号は rad/s），V（I）は電圧（電流）の**振幅**（amplitude）（単位はボルト（アンペア）），θ_v（θ_i）は電圧（電流）の**位相角**（phase angle）（単位はラジアン，記号は rad）といわれる。しばしば，位相角 θ は単に

Python を使った回路解析（複素数計算②）

- 四則演算

```
>>> c1 = 3 + 4j
>>> c2 = 2 - 2j
>>> c1 + c2
(5+2j)
>>> c1 - c2
(1+6j)
>>> c1 * c2
(14+2j)
>>> c1 / c2
(-0.25+1.75j)
```

- 連立方程式を解く

複素数を含む連立方程式もライブラリ NumPy を使って解くことができる。以下は NumPy を使って式 (5.14) を解くためのコードである。

```
>>> import numpy as np
>>> A = np.array([[1+1j,-1j],[-1j,2+2j]])
>>> A
array([[ 1.+1.j, -0.-1.j],
       [-0.-1.j,  2.+2.j]])
>>> b = np.array([1,0])
>>> np.linalg.solve(A,b)
array([0.58823529-0.35294118j, 0.23529412+0.05882353j])
```

ライブラリ SymPy を使って解くこともできる。以下は SymPy を使って式 (5.14) を解くためのコードである。少しややこしいが，SymPy では虚数単位は `sym.I` である。

```
>>> import sympy as sym
>>> A = sym.Matrix([[1+sym.I,-sym.I,1],[-sym.I,2+sym.I*2,0]])
>>> i1, i2 = sym.symbols('i1, i2')
>>> sym.linsolve(A,[i1,i2])
FiniteSet((10/17 - 6*I/17, 4/17 + I/17))
```

どちらを使っても結果は，例題 5.7 の解答と一致する。

位相と呼ばれるが，本書では $\omega t+\theta$ を位相と呼び，θ を位相角と呼ぶことにより区別する。

正弦波の**周期**（period）T（単位は秒），**周波数**（frequency）f（単位は**ヘルツ**（hertz，記号は Hz）），角周波数 ω の間には式 (5.16) が成り立つ。

$$T=\frac{1}{f}=\frac{2\pi}{\omega} \tag{5.16}$$

図 5.3 に位相角 θ_v が正の場合，0 の場合，負の場合の正弦波交流電圧波形を図示する。位相角が正の場合と 0 の場合を比べると，正の場合のほうが電圧のピークが左側にある。時間的には正の場合のほうがピークが早く来るので位相が進んでいる（lead）という。逆に，0 の場合は正の場合に比べて位相が遅れている（lag）という。

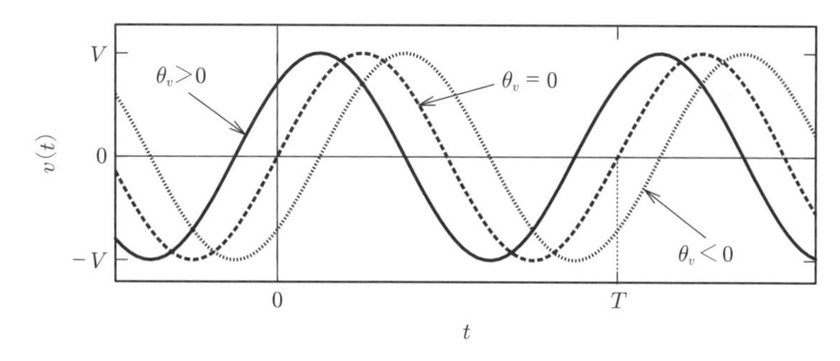

図 5.3　正弦波交流電圧

一般に，角周波数が等しい二つの正弦波 $x_1(t)=A_1\sin(\omega t+\theta_1)$ と $x_2(t)=A_2\sin(\omega t+\theta_2)$ の位相角を比べるとき，$\theta_1>\theta_2$ ならば「x_1 は x_2 と比べて位相が $\theta_1-\theta_2$ 進んでいる」といい，$\theta_1<\theta_2$ ならば「x_1 は x_2 と比べて位相が $\theta_2-\theta_1$ 遅れている」という。また，$\theta_1=\theta_2$ ならば「x_1 と x_2 は同位相（同相）である」といい，$\theta_1=\theta_2+\pi$ ならば「x_1 と x_2 は逆位相（逆相）である」という。

例題 5.8　西日本における商用電源周波数は 60 Hz である。周期と角周波数を求めよ。

【解答】　周期は $1/60\,\mathrm{s}\approx 16.7\,\mathrm{ms}$，角周波数は $120\pi\approx 377\,\mathrm{rad/s}$ である。　◇

例題 5.9　$v_1(t)=A_1\sin(\omega t+\pi/3)$，$v_2(t)=A_2\sin(\omega t-\pi/4)$ とする。$v_1(t)$ に対する $v_2(t)$ の位相を求めよ。

【解答】　$-\pi/4-\pi/3=-7\pi/12$ なので，$7\pi/12$〔rad〕遅れている。　◇

5.3　正弦波電圧・電流のフェーザ表示

1.11 節で述べたように，正弦波定常状態では回路内の電圧および電流の振幅，位相角は変化しなくなる。また，抵抗器，キャパシタ，インダクタだけは角周波数を変化させることができないため，各部の電圧および電流の角周波数は電源が持つ角周波数と同じになる。すなわち，正弦波定常状態では各部の電圧および電流の振幅および位相角のみが重要な情報となる。

正弦波 $x(t) = A\sin(\omega t + \theta)$ の時刻 t における値は，複素平面上を $\dot{X} = Ae^{j\theta}$ から始めて ω〔rad/s〕の速さで反時計回りに回転する点の虚部に等しい（**図 5.4**）。そこで，式 (5.17)，(5.18) のように時間関数の電圧および電流を複素数により表示する。

$$v(t) = V\sin(\omega t + \theta_v) \quad \Leftrightarrow \quad \dot{V} = Ve^{j\theta_v} \tag{5.17}$$

$$i(t) = I\sin(\omega t + \theta_i) \quad \Leftrightarrow \quad \dot{I} = Ie^{j\theta_i} \tag{5.18}$$

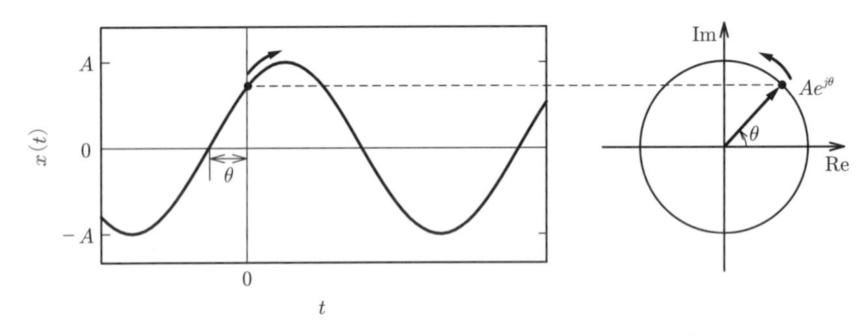

図 5.4　時間領域の $A\sin(\omega t + \theta)$ と複素平面上の $Ae^{j\theta}$

この複素数表現を電圧および電流の**フェーザ表示**（phasor）という。電圧と電流のフェーザを複素平面上に表すと**図 5.5** のようになり，ベクトルの大きさが振幅を，偏角が位相角を表す。また，式 (5.17)，(5.18) の左側は**時間領域**（time domain）における電圧と電流，右側は**複素数領域**（complex domain）や**周波数領域**（frequency domain）における電圧と電流といわれる。

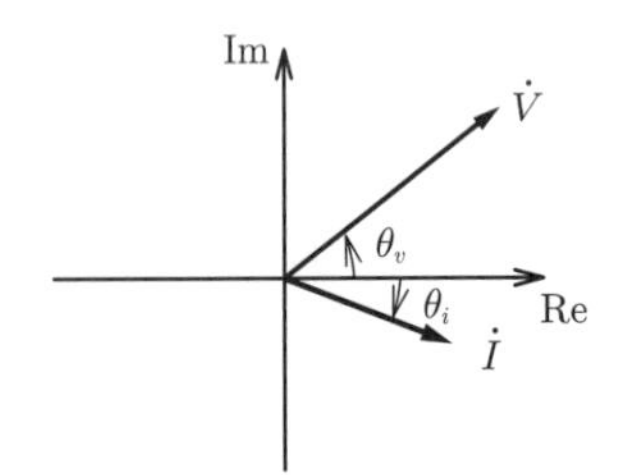

図 5.5　複素平面における電圧と電流のフェーザ

本書では，複素数の虚部を電圧値もしくは電流値に対応づけるが，実部を対応づける流儀もある。実部を対応づける場合，$\dot{V} = Ve^{j\theta}$ の時間領域表示は $v(t) = V\cos(\omega t + \theta)$ となる。また，複素数の絶対値に振幅を対応づけているが，8 章にて説明する実効値を対応づける流儀もある。実効値を対応づける場合，$\dot{V} = Ve^{j\theta}$ の時間領域表示は $v(t) = \sqrt{2}V\sin(\omega t + \theta)$ となる。

例題 5.10　正弦波交流電圧 $v(t)$ のフェーザ $\dot{V}$ を極座標により表示せよ。

$$v(t) = -110\cos\left(2\pi 60t + \frac{7\pi}{6}\right)〔\mathrm{V}〕$$

【解答】 $v(t) = 110\sin(2\pi 60t + 7\pi/6 - \pi + \pi/2) = 110\sin(2\pi 60t + 2\pi/3)$ なので，$\dot{V} = 110e^{j2\pi/3}$〔V〕となる。 ◇

例題 5.11 周波数が 10 Hz のとき，フェーザ $\dot{V}$ の時間領域電圧 $v(t)$ を示せ。

$$\dot{V} = -\sqrt{2} + j\sqrt{2}\,〔\mathrm{V}〕$$

【解答】 角周波数 $\omega = 2\pi f = 20\pi$〔rad/s〕，$\dot{V} = 2e^{j3\pi/4}$〔V〕なので，$v(t) = 2\sin(20\pi t + 3\pi/4)$〔V〕となる。 ◇

例題 5.12 正弦波交流電圧 $v(t)$ を，フェーザを使うことによりまとめて，1 個の正弦関数によって表せ。

$$v(t) = 10\sin\left(\omega t + \frac{2\pi}{3}\right) + 2\sin\left(\omega t - \frac{\pi}{4}\right)〔\mathrm{V}〕$$

【解答】 フェーザを使うと

$$\begin{aligned}\dot{V} &= 10e^{j2\pi/3} + 2e^{-j\pi/4} = -5 + j5\sqrt{3} + \sqrt{2} - j\sqrt{2} \approx -3.58 + j7.25\\ &= \sqrt{(-3.58)^2 + (7.25)^2}\,e^{j\{\tan^{-1}(7.25/(-3.58)) + \pi\}} \approx 8.09e^{j2.03}〔\mathrm{V}〕\end{aligned}$$

と整理できる。時間領域に戻すと $v(t) \approx 8.09\sin(\omega t + 2.03)$〔V〕となる。 ◇

5.4 インピーダンスとアドミタンス

抵抗器，キャパシタ，インダクタに流れる電流が $i(t) = I\sin(\omega t)$ のとき，これらの素子にかかる電圧は式 (1.5)，(1.10)，(1.19) より定数項を無視すると式 (5.19)～(5.21) となる。

$$\text{抵抗器：}\quad v(t) = RI\sin(\omega t) \tag{5.19}$$

$$\text{キャパシタ：}\quad v(t) = \frac{1}{C}\int i(\tau)\mathrm{d}\tau = -\frac{1}{\omega C}I\cos(\omega t) = \frac{1}{\omega C}I\sin\left(\omega t - \frac{\pi}{2}\right) \tag{5.20}$$

$$\text{インダクタ：}\quad v(t) = L\frac{\mathrm{d}i(t)}{\mathrm{d}t} = \omega LI\cos(\omega t) = \omega LI\sin\left(\omega t + \frac{\pi}{2}\right) \tag{5.21}$$

この関係式をフェーザを使って表してみる。ここで，式 (5.9)，(5.10) よりフェーザにおいて偏角を $\pi/2$〔rad〕進めるには虚数単位 j を乗ずればよく，$\pi/2$〔rad〕遅らすためには j で除すればよいことに注意すると，以下の式 (5.22)～(5.24) を得る。

$$\text{抵抗器：}\quad \dot{V} = R\dot{I} \tag{5.22}$$

$$\text{キャパシタ：}\quad \dot{V} = \frac{1}{j\omega C}\dot{I} \tag{5.23}$$

$$\text{インダクタ：}\quad \dot{V} = j\omega L\dot{I} \tag{5.24}$$

式 (5.22)～(5.24) の電圧フェーザと電流フェーザの関係を複素平面上で図示すると**図 5.6** のようになる。抵抗器では電圧と電流の位相は同じであるが，キャパシタでは電圧の位相は電流の位相に比べて $\pi/2$〔rad〕遅れ，インダクタでは電圧の位相は電流の位相に比べて $\pi/2$〔rad〕進む。

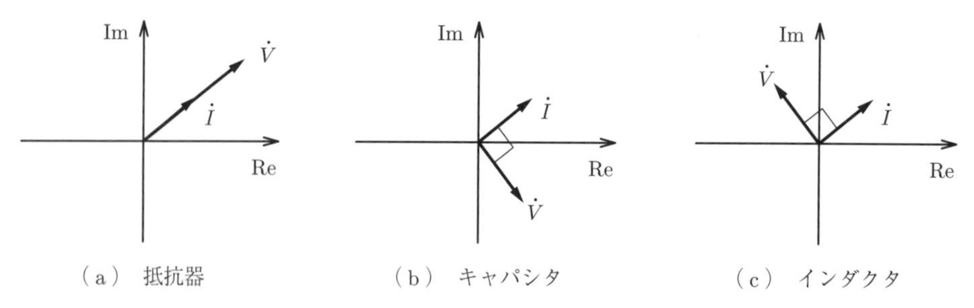

図 5.6　抵抗器，キャパシタ，インダクタにおける電圧フェーザと電流フェーザの関係

式 (5.22)～(5.24) は，時間領域では抵抗器でのみ成り立っていたオームの法則が複素数領域ではキャパシタやインダクタにおいても成り立つことを意味している。

複素数領域において抵抗に相当するものを**インピーダンス**（impedance）といい $\dot{Z}$ で表し，コンダクタンスに相当するものを**アドミタンス**（admittance）といい $\dot{Y}$ で表す。また，インピーダンスとアドミタンスを合わせて**イミタンス**（immittance）という。

インピーダンスおよびアドミタンスは複素数であり実部と虚部を持つ。インピーダンスの実部を抵抗または**レジスタンス**（resistance，記号は R）といい，虚部を**リアクタンス**（reactance，記号は X）という。また，アドミタンスの実部は**コンダクタンス**（conductance，記号は G）といい，虚部は**サセプタンス**（susceptance，記号は B）という。インピーダンスの単位はオーム，アドミタンスの単位はジーメンスである。

$$\dot{Z} = R + jX, \qquad \dot{Y} = G + jB \tag{5.25}$$

抵抗器，キャパシタ，インダクタが持つインピーダンス，アドミタンスを式 (5.26)～(5.28) にまとめる。

$$\text{抵抗器：}\quad \dot{Z} = R, \qquad \dot{Y} = \frac{1}{R} \tag{5.26}$$

$$\text{キャパシタ：}\quad \dot{Z} = \frac{1}{j\omega C}, \qquad \dot{Y} = j\omega C \tag{5.27}$$

$$\text{インダクタ：}\quad \dot{Z} = j\omega L, \qquad \dot{Y} = \frac{1}{j\omega L} \tag{5.28}$$

式 (5.27)，(5.28) からわかるように，キャパシタとインダクタのイミタンスは角周波数 ω に応じて変化する。

角周波数を小さくするとキャパシタのインピーダンスは大きくなる。すなわち，キャパシタは低周波数領域ではインピーダンスが大きくなるため電流を通しにくくなり，高周波数領域ではインピーダンスが小さくなるため電流を通しやすくなる。

インダクタはその逆で，低周波数領域ではインピーダンスが小さくなるため電流を通しやすくなり，高周波数領域ではインピーダンスが大きくなるため電流を通しにくくなる。

例題 5.13　角周波数 $\omega = 120\pi$〔rad/s〕の正弦波定常状態にある回路において，以下の素子のインピーダンスを求めよ。

(1)　$R = 10\,\mathrm{k\Omega}$　　(2)　$C = 20\,\mathrm{mF}$　　(3)　$L = 3\,\mathrm{mH}$

【解答】　(1)　$\dot{Z}_\mathrm{R} = 10\,\mathrm{k\Omega}$　　(2)　$\dot{Z}_\mathrm{C} = 1/(j120\pi \cdot 20) \approx -j0.000\,133$〔kΩ〕$= -j0.133$〔Ω〕
(3)　$\dot{Z}_\mathrm{L} = j120\pi \cdot 3 \approx j1\,130$〔mΩ〕$= j1.13$〔Ω〕　◇

例題 5.14　以下の素子に $i(t) = 3\sin(\omega t - \pi/4)$〔mA〕，$\omega = 5\,\mathrm{Mrad/s}$ の正弦波電流が流れている。素子にかかる電圧 $v(t)$ をフェーザを用いて求めよ。

(1)　$R = 4\,\mathrm{k\Omega}$　　(2)　$C = 0.2\,\mathrm{nF}$　　(3)　$L = 15\,\mathrm{mH}$

【解答】　キャパシタとインダクタのインピーダンスはともにkΩスケールなので，電圧をVで，電流をmAで考えれば，10のべき乗は無視してよい。また，$\dot{I} = 3e^{-j\pi/4}$〔mA〕である。

(1)　$\dot{V} = \dot{Z}_\mathrm{R}\dot{I} = 4 \cdot 3e^{-j\pi/4}$〔V〕なので，$v(t) = 12\sin(\omega t - \pi/4)$〔V〕となる。

(2)　$\dot{V} = \dot{Z}_\mathrm{C}\dot{I} = 1/(j5 \times 0.2) \cdot 3e^{-j\pi/4} = 3e^{-j3\pi/4}$〔V〕なので，$v(t) = 3\sin(\omega t - 3\pi/4)$〔V〕となる。

(3)　$\dot{V} = \dot{Z}_\mathrm{L}\dot{I} = j5 \times 15 \times 3e^{-j\pi/4} = 225e^{j\pi/4}$〔V〕なので，$v(t) = 225\sin(\omega t + \pi/4)$〔V〕となる。　◇

章　末　問　題

【1】　直交座標表示で表される以下の複素数の極座標表示を示せ。

(1)　$5 + j5$　　(2)　$-2 + j2$　　(3)　$\sqrt{3} - j$　　(4)　$-3 - j4$　　(5)　$-j2$

【2】　極座標表示で表される以下の複素数の直交座標表示を示せ。

(1)　$10e^{j\pi/4}$　　(2)　$3e^{-j\pi/3}$　　(3)　$2e^{j2\pi/3}$　　(4)　$e^{j5\pi/4}$

(5)　$-4e^{j\pi/3}$　　(6)　$-\sqrt{2}e^{-j\pi/4}$　　(7)　$-6e^{j4\pi/3}$　　(8)　$-\sqrt{3}e^{j3\pi/4}$

【3】　複素数 $\dot{Z}_1 = \sqrt{3} + j$，$\dot{Z}_2 = -1 + j\sqrt{3}$，$\dot{Z}_3 = 1 + j\sqrt{3}$ とする。以下の計算をせよ。

(1)　$\dot{Z}_1 + \dot{Z}_2$　　(2)　$\dot{Z}_2 - \dot{Z}_3$　　(3)　$\dot{Z}_1 \cdot \dot{Z}_2$　　(4)　$\dfrac{\dot{Z}_1}{\dot{Z}_3}$　　(5)　$|\dot{Z}_1|$　　(6)　$\angle(\dot{Z}_2 + \dot{Z}_3)$

【4】　複素数 $\dot{Z}_1 = 3e^{j\pi/4}$，$\dot{Z}_2 = 2e^{j4\pi/3}$，$\dot{Z}_3 = e^{-j\pi/4}$ とする。以下の計算をせよ。

(1)　$\dot{Z}_1 + \dot{Z}_3$　　(2)　$\dot{Z}_2 - \dot{Z}_1$　　(3)　$\dot{Z}_2 \cdot \dot{Z}_3$　　(4)　$\dfrac{\dot{Z}_1}{\dot{Z}_3}$　　(5)　$|\dot{Z}_1 \cdot \dot{Z}_3|$　　(6)　$\angle\dfrac{\dot{Z}_2}{\dot{Z}_3}$

【5】　複素数 $\dot{Z}_1 = j$，$\dot{Z}_2 = \sqrt{3} + j$，$\dot{Z}_3 = \sqrt{2}e^{j\pi/4}$ とする。以下の問に答えよ。

(1)　$\dot{Z}_1 + \dot{Z}_2$ を直交座標表示で示せ。

(2)　$\dot{Z}_1 - \dot{Z}_3$ を直交座標表示で示せ。

(3)　$\dot{Z}_1 \cdot \dot{Z}_2$ を極座標表示で示せ。

(4)　$\dot{Z}_2/\dot{Z}_3$ を極座標表示で示せ。

【6】 以下の正弦波交流電圧のフェーザ $\dot{V}$ を直交座標により表示せよ。

(1)　$v(t) = 2\sin\left(4t + \frac{\pi}{3}\right)$〔V〕　(2)　$v(t) = -\sin\left(t - \frac{\pi}{6}\right)$〔V〕

(3)　$v(t) = \sqrt{2}\sin\left(4t + \frac{2\pi}{3}\right)$〔V〕　(4)　$v(t) = \cos\left(\sqrt{2}t + \frac{2\pi}{3}\right)$〔V〕

(5)　$v(t) = 5\sin\left(10t - \frac{3\pi}{4}\right)$〔V〕　(6)　$v(t) = -\cos\left(t + \frac{\pi}{6}\right)$〔V〕

【7】 以下の正弦波交流電圧のフェーザ $\dot{V}$ を極座標により表示せよ。

(1)　$v(t) = 4\sin\left(3t + \frac{\pi}{2}\right)$〔V〕　(2)　$v(t) = -\sin\left(50t - \frac{\pi}{7}\right)$〔V〕

(3)　$v(t) = \sqrt{6}\sin\left(t + \frac{\pi}{20}\right)$〔V〕　(4)　$v(t) = 0.5\cos\left(\sqrt{2}t + \frac{2\pi}{3}\right)$〔V〕

(5)　$v(t) = 3\sin\left(8t + \frac{5\pi}{4}\right)$〔V〕　(6)　$v(t) = -\cos\left(t + \frac{\pi}{5}\right)$〔V〕

【8】 以下のフェーザの時間領域電圧 $v(t)$ を示せ。ただし，角周波数 $\omega = 5\,\mathrm{rad/s}$ とする。

(1)　$\dot{V} = 10 + j10$〔V〕　(2)　$\dot{V} = 2\,\mathrm{V}$　(3)　$\dot{V} = -1 - j\sqrt{3}$〔V〕

(4)　$\dot{V} = -3 + j4$〔V〕　(5)　$\dot{V} = 7 - j$〔V〕　(6)　$\dot{V} = -j3$〔V〕

【9】 以下のフェーザの時間領域電圧 $v(t)$ を示せ。ただし，角周波数 $\omega = 10\,\mathrm{rad/s}$ とする。

(1)　$\dot{V} = 10e^{j\pi/2}$〔V〕　(2)　$\dot{V} = \sqrt{2}e^{-j3\pi}$〔V〕　(3)　$\dot{V} = 5e^{-j4\pi/5}$〔V〕

(4)　$\dot{V} = -3e^{-j\pi/7}$〔V〕　(5)　$\dot{V} = 100\sqrt{2}e^{j4\pi/3}$〔V〕　(6)　$\dot{V} = -10e^{j8\pi/3}$〔V〕

【10】 以下のフェーザの正弦波交流電圧 $v(t)$ を 1 個の正弦関数により示せ。ただし，角周波数 $\omega = 7\,\mathrm{rad/s}$ とする。

(1)　$\dot{V} = (5 + j2) + (3 - j10)$〔V〕　(2)　$\dot{V} = (4 - j3) + (-8 - j)$〔V〕

(3)　$\dot{V} = (1 + j) - (4 - j7)$〔V〕　(4)　$\dot{V} = (-4 - j5) - (-2 - j7)$〔V〕

(5)　$\dot{V} = (1 + j\sqrt{3})(2 - j2)$〔V〕　(6)　$\dot{V} = (-\sqrt{3} - j)(\sqrt{2} - j\sqrt{2})$〔V〕

(7)　$\dot{V} = \frac{5 + j5}{-1 - j\sqrt{3}}$〔V〕　(8)　$\dot{V} = \frac{-4 + j4\sqrt{3}}{-j4}$〔V〕

【11】 以下のフェーザの正弦波交流電圧 $v(t)$ を 1 個の正弦関数により示せ。ただし，角周波数 $\omega = 3\,\mathrm{rad/s}$ とする。

(1)　$\dot{V} = 5e^{j2\pi} + 3e^{-j\pi/4}$〔V〕　(2)　$\dot{V} = \sqrt{2}e^{-j3\pi/4} + 8e^{j2\pi/3}$〔V〕

(3)　$\dot{V} = 3e^{j2\pi/3} - 4e^{-j7\pi/2}$〔V〕　(4)　$\dot{V} = -4e^{-j5\pi/4} - 2e^{j3\pi/4}$〔V〕

(5)　$\dot{V} = \sqrt{2}e^{j2\pi/3} \cdot \frac{1}{\sqrt{2}}e^{j\pi/4}$〔V〕　(6)　$\dot{V} = -e^{-j\pi/5} \cdot \sqrt{2}e^{j2\pi/5}$〔V〕

(7)　$\dot{V} = \frac{5e^{j2\pi/7}}{2e^{j3\pi/4}}$〔V〕　(8)　$\dot{V} = \frac{4e^{j4\pi/\sqrt{3}}}{-e^{j2\pi/\sqrt{3}}}$〔V〕

【12】 以下の正弦波交流電圧を，フェーザを使うことによりまとめて，1 個の正弦関数によって表せ。

(1)　$v(t) = 5\sin\left(2t + \frac{3\pi}{4}\right) + 2\sin\left(2t - \frac{\pi}{4}\right)$〔V〕

(2) $v(t) = 4\sin\left(10t + \frac{2\pi}{3}\right) + 2\sin\left(10t + \frac{5\pi}{3}\right)$〔V〕

(3) $v(t) = \sin\left(7t - \frac{3\pi}{2}\right) - 5\sin\left(7t + \frac{3\pi}{4}\right)$〔V〕

(4) $v(t) = 3\sin\left(5t + \frac{\pi}{6}\right) - 2\sin\left(5t + \frac{2\pi}{3}\right)$〔V〕

(5) $v(t) = 2\sin\left(8t + \frac{5\pi}{6}\right) + 4\sin\left(8t - \frac{\pi}{6}\right) - \sqrt{2}\sin\left(8t + \frac{\pi}{4}\right)$〔V〕

【13】 角周波数 $\omega = 10\,\mathrm{Mrad/s}$ の正弦波定常状態にある回路において，以下の素子のインピーダンス $\dot{Z}$ を求めよ。

(1) $R_1 = 10\,\Omega$　(2) $R_2 = 3\,\mathrm{k\Omega}$　(3) $C_1 = 5\,\mathrm{\mu F}$　(4) $C_2 = 8\,\mathrm{nF}$

(5) $C_3 = 3\,\mathrm{mF}$　(6) $L_1 = 4\,\mathrm{mH}$　(7) $L_2 = 7\,\mathrm{\mu H}$　(8) $L_3 = 2\,\mathrm{pH}$

【14】 以下の各素子に $v(t) = 5\sin(\omega t + \pi/4)$〔mV〕，$\omega = 2\,\mathrm{krad/s}$ の正弦波電圧がかかっている。各素子に流れる電流 $i(t)$ をフェーザを用いて求めよ。

(1) $R_1 = 4\,\Omega$　(2) $R_2 = 8\,\mathrm{k\Omega}$　(3) $C_1 = 2\,\mathrm{\mu F}$　(4) $C_2 = 50\,\mathrm{pF}$

(5) $C_3 = 9\,\mathrm{mF}$　(6) $L_1 = 0.2\,\mathrm{mH}$　(7) $L_2 = 4\,\mathrm{\mu H}$　(8) $L_3 = 3\,\mathrm{pH}$

6　フェーザによる交流回路解析

キャパシタやインダクタを含む回路に対する回路解析を時間領域で行おうとすると正弦波定常解析であっても微分方程式を解くことになる。フェーザを用いると素子特性式から微分や積分が消えるため，回路方程式が解きやすくなる。

本章では，フェーザによる交流回路解析について記述する。

6.1　複素数領域等価回路

図 6.1 に交流回路の正弦波定常解析の流れを示す。一つ目は時間領域で回路解析を行う方法（白の矢印）で，二つ目は複素数領域で回路解析を行う方法（黒の矢印）である。

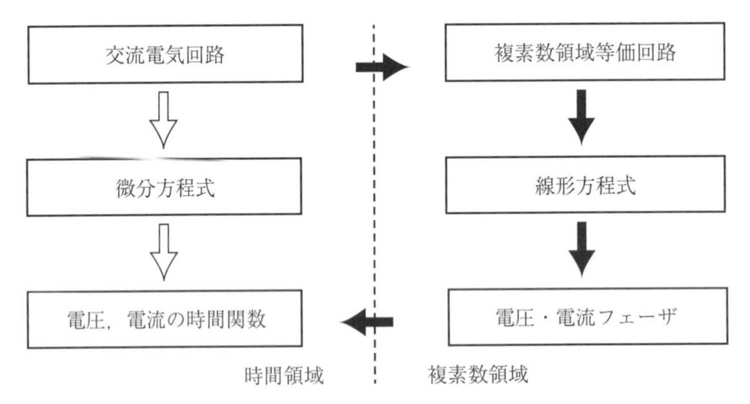

図 6.1　フェーザによる交流回路解析の流れ

時間領域での回路解析では，回路から微分方程式を導出し，微分方程式を解くことによって電圧，電流の時間関数を導出する。

一方，複素数領域での回路解析では，まず複素数領域の回路に変換する。この複素数領域での回路を**複素数領域等価回路**（complex domain equivalent circuit）という。複素数領域では，回路方程式が線形方程式となる。つぎに，この線形方程式を解くことによって，電圧・電流フェーザを求める。最後に，フェーザを時間領域に戻せば，電圧，電流の時間関数が得られる。

微分方程式に比べると線形方程式は解きやすいため，交流回路の正弦波定常解析は複素数領域で行われる。ただし，特定の条件下ではフェーザ法により求めた時間関数は，微分方程式を解いて求めた時間関数と一致しない。詳しくは付録 A.3 を参照されたい。

複素数領域等価回路を求めるには，電圧源，電流源をフェーザ表示に変換し，キャパシタ，インダクタをイミタンスにそれぞれ変換すればよい。

なお，複素数領域では時間を表す t は一切現れないので注意すること。

例 6.1　**図 6.2** の回路において $e(t) = 5\sin(\omega t + \pi/4)$〔V〕，$\omega = 2\,\mathrm{krad/s}$ である。

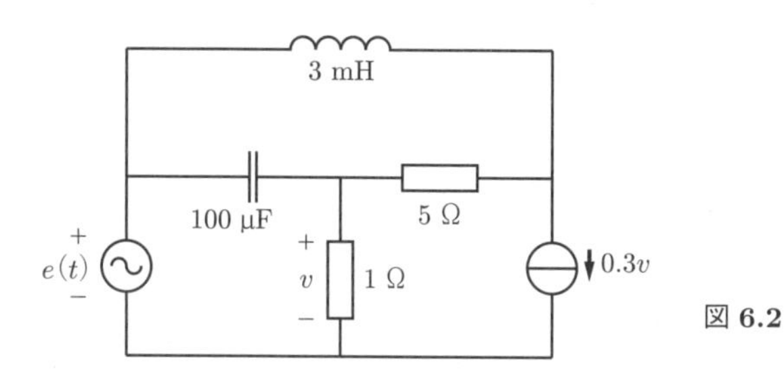

図 6.2

電圧源の振幅が 5 V，位相角が $\pi/4$〔rad〕なので，電圧源フェーザは $\dot{E} = 5e^{j\pi/4}$〔V〕となる。角周波数が $\omega = 2\,\mathrm{krad/s}$ なので，キャパシタのインピーダンスは $\dot{Z}_\mathrm{C} = 1/j\omega C = -j5$〔Ω〕，インダクタのインピーダンスは $\dot{Z}_\mathrm{L} = j\omega L = j6$〔Ω〕となる。従属電源については，その電源が依存する電圧もしくは電流をフェーザにすればよい。よって，従属電流源は 1 Ω の抵抗器にかかる電圧 v のフェーザ $\dot{V}$ を使って，電流値が $0.3\dot{V}$ の従属電流源とする。

よって，複素数領域等価回路は**図 6.3** となる。

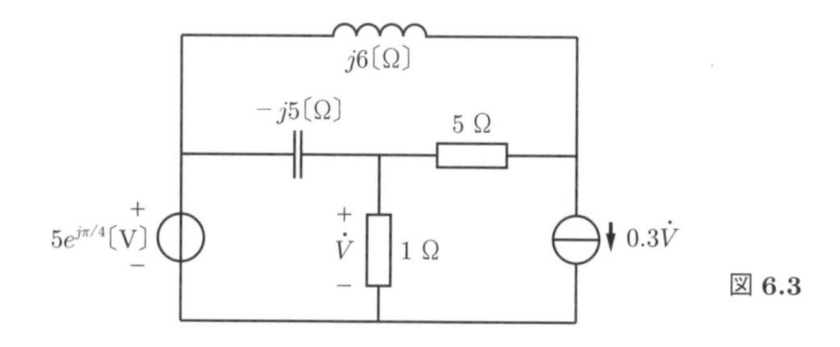

図 6.3

6.2　キルヒホッフの法則

複素数領域においてもキルヒホッフの法則は成り立つ。

キルヒホッフの電流則

どの節点においても，それに接続する素子電流フェーザの代数和は 0 である。

キルヒホッフの電圧則

どの閉路においても，閉路に沿った素子電圧フェーザの代数和は 0 である。

例題 6.1　**図 6.4** の交流回路において，回路の角周波数は ω〔rad/s〕，$\dot{I} = 4 + j$〔A〕，$\dot{I}_1 = -1 + j3$〔A〕，$\dot{I}_2 = 2 + j$〔A〕である。電流フェーザ $\dot{I}_3$ および定常状態での時間領域関数 $i_3(t)$ を求めよ。

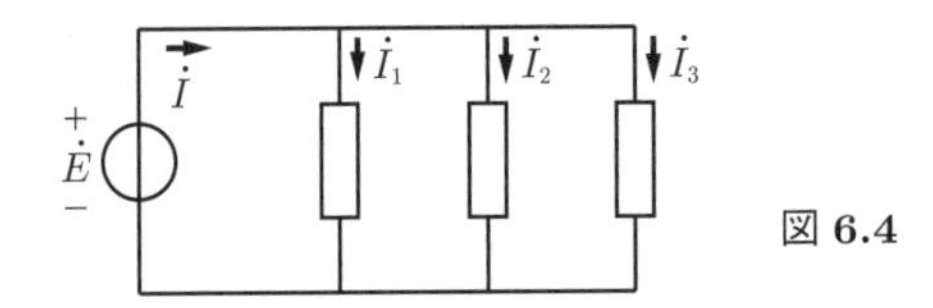

図 6.4

【解答】　KCL より，$\dot{I}_3 = \dot{I} - \dot{I}_1 - \dot{I}_2 = 3 - j3$〔A〕である。よって，$i_3(t) = 3\sqrt{2}\sin(\omega t - \pi/4)$〔A〕である。　◇

例題 6.2　**図 6.5** の交流回路において，回路の角周波数は ω〔rad/s〕，$\dot{E} = 1 + j2$〔V〕，$\dot{V}_1 = 2 - j$〔V〕，$\dot{V}_3 = 4 + j$〔V〕である。電圧フェーザ $\dot{V}_2$ および定常状態での時間領域関数 $v_2(t)$ を求めよ。

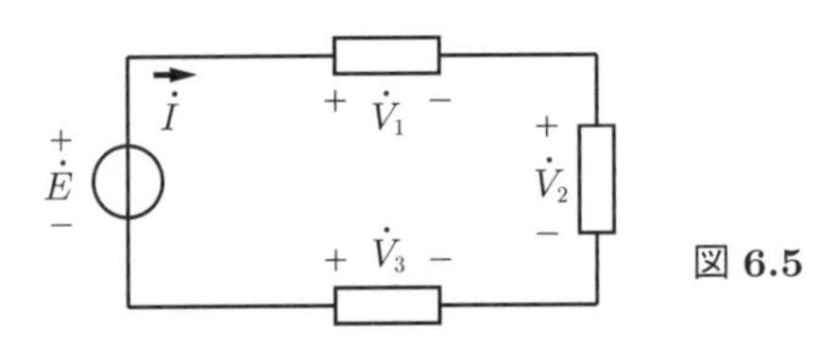

図 6.5

【解答】　KVL より，$\dot{V}_2 = \dot{E} - \dot{V}_1 + \dot{V}_3 = 3 + j4$〔V〕である。よって，$v_2(t) = 5\sin(\omega t + \tan^{-1}(4/3))$〔V〕である。　◇

6.3　直列接続と並列接続

電圧フェーザは電流フェーザとインピーダンスの積で表され，キルヒホッフの法則が成り立つため，インピーダンスの直列接続と並列接続は 2.3 節と同様の議論により合成することができる。

2 個のインピーダンス $\dot{Z}_1$ と $\dot{Z}_2$ の直列接続（**図 6.6**(a)）は，1 個のインピーダンス $\dot{Z}$（図(b)）で置換できる。このとき，合成インピーダンス $\dot{Z}$ は

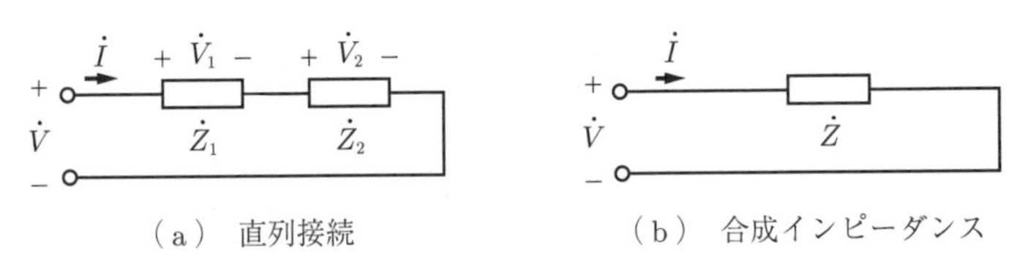

（a）　直列接続　　　（b）　合成インピーダンス

図 6.6　インピーダンスの直列接続の合成

$$\dot{Z} = \dot{Z}_1 + \dot{Z}_2 \tag{6.1}$$

により与えられる。また，これをアドミタンスで考えると，$\dot{Y} = 1/\dot{Z}$，$\dot{Y}_1 = 1/\dot{Z}_1$，$\dot{Y}_2 = 1/\dot{Z}_2$ なので，合成アドミタンス $\dot{Y}$ は式 (6.2) で与えられる。

$$\dot{Y} = \dot{Y}_1 \parallel \dot{Y}_2 \tag{6.2}$$

同様に，2 個のインピーダンス $\dot{Z}_1$ と $\dot{Z}_2$ の並列接続（図 **6.7**(a)）は，1 個のインピーダンス $\dot{Z}$（図 (b)）で置換できる。このとき，合成インピーダンス $\dot{Z}$ は

$$\dot{Z} = \dot{Z}_1 \parallel \dot{Z}_2 \tag{6.3}$$

により与えられる。また，合成アドミタンス $\dot{Y}$ は式 (6.4) で与えられる。

$$\dot{Y} = \dot{Y}_1 + \dot{Y}_2 \tag{6.4}$$

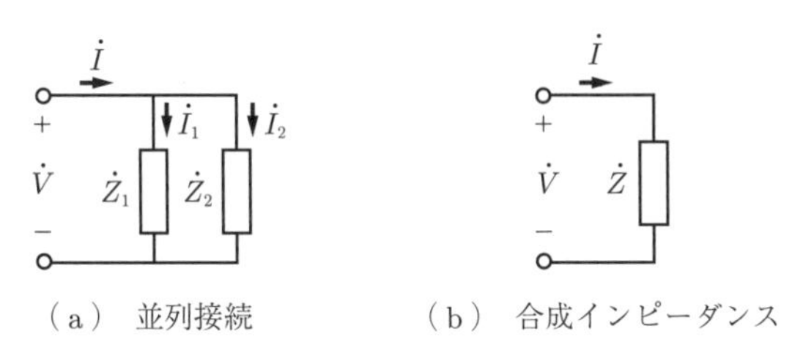

（a）　並列接続　　　　（b）　合成インピーダンス

図 **6.7**　インピーダンスの並列接続の合成

例題 6.3　図 **6.8** の交流回路において，電源から見たインピーダンス $\dot{Z}$ を求めよ。

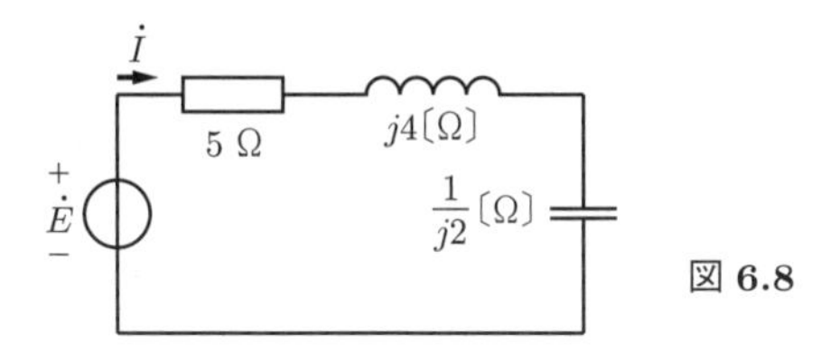

図 **6.8**

【解答】　$\dot{Z} = 5 + j4 + \dfrac{1}{j2} = 5 + j4 - \dfrac{j}{2} = 5 + j\dfrac{7}{2}$〔Ω〕

◇

例題 6.4　図 **6.9** の交流回路において，電源から見たインピーダンス $\dot{Z}$ を求めよ。

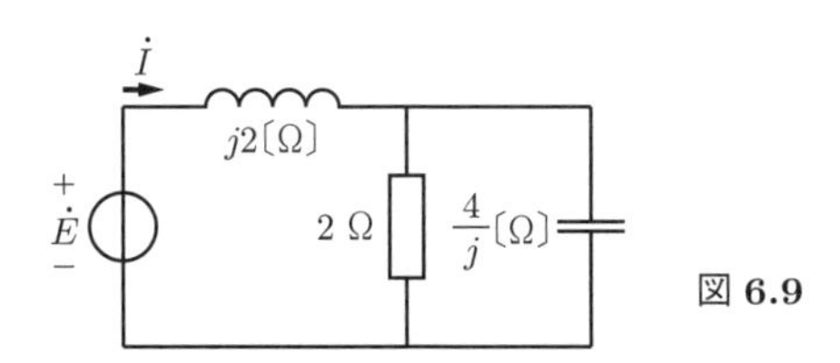

図 **6.9**

【解答】 $\dot{Z} = j2 + \left(2 \parallel \dfrac{4}{j}\right) = j2 - \dfrac{j8}{2 - j4} = j2 - \dfrac{j4(1+j2)}{5} = \dfrac{8+j6}{5}$〔Ω〕

◇

例題 6.5　図 **6.10** の回路において $e(t)$ は角周波数 0.5 rad/s の交流電源である。電源から見たインピーダンス $\dot{Z}$ を求めよ。

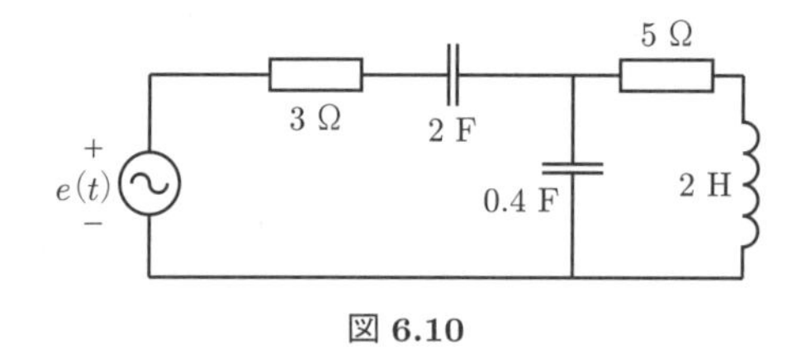

図 **6.10**

【解答】

$$\dot{Z} = 3 + \frac{1}{j0.5 \times 2} + \left\{\frac{1}{j0.5 \times 0.4} \parallel (5 + j0.5 \times 2)\right\} = 3 - j + \{-j5 \parallel (5+j)\}$$

$$= 3 - j + \frac{-j25 + 5}{5 - j4} = 3 - j + \frac{125 - j105}{41} = \frac{248 - j146}{41}\text{〔Ω〕}$$

◇

例題 6.6　図 **6.11** の回路において $e(t) = 17\sin(t)$〔V〕である。定常状態での電流 $i(t)$ を求めよ。

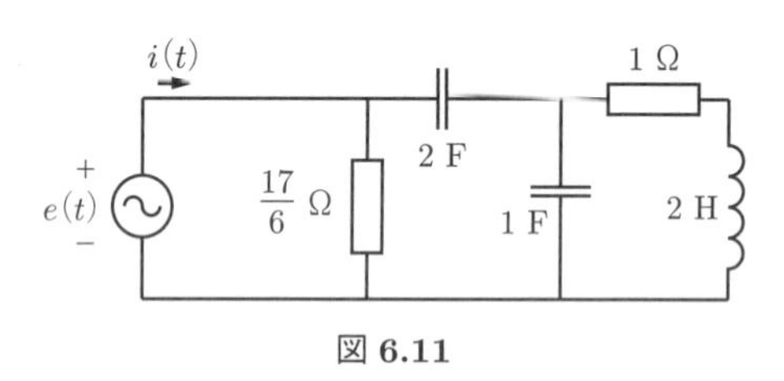

図 **6.11**

【解答】 電源から見たアドミタンス $\dot{Y}$ は

$$\dot{Y} = \frac{6}{17} + \left[j2 \parallel \left\{j + \left(1 \parallel \frac{1}{j2}\right)\right\}\right] = \frac{8 + j8}{17}\text{〔S〕}$$

となる。電源電圧のフェーザは $\dot{V} = 17\,\mathrm{V}$ なので，電流 $i(t)$ のフェーザ $\dot{I}$ は

$$\dot{I} = \dot{Y}\dot{V} = 8 + j8\text{〔A〕}$$

となる。よって

$$i(t) = 8\sqrt{2}\sin\left(t + \frac{\pi}{4}\right)\text{〔A〕}$$

である。

6.4 分 圧 と 分 流

複素数領域においても分圧の法則，分流の法則は成り立つ。

図 6.6(a) の回路において，$\dot{I} = \dot{V}/(\dot{Z}_1 + \dot{Z}_2)$ となるので

$$\dot{V}_1 = \frac{\dot{Z}_1}{\dot{Z}_1 + \dot{Z}_2}\dot{V}, \qquad \dot{V}_2 = \frac{\dot{Z}_2}{\dot{Z}_1 + \dot{Z}_2}\dot{V} \tag{6.5}$$

となる。アドミタンスを使うと

$$\dot{V}_1 = \frac{\dot{Y}_2}{\dot{Y}_1 + \dot{Y}_2}\dot{V}, \qquad \dot{V}_2 = \frac{\dot{Y}_1}{\dot{Y}_1 + \dot{Y}_2}\dot{V} \tag{6.6}$$

である。また，直流回路と同様に n 個のインピーダンスの直列接続に拡張可能である。**図 6.12** の回路において，$\dot{V}_1$ は式 (6.7) で与えられる。

$$\dot{V}_1 = \frac{\dot{Z}_1}{\dot{Z}_1 + \dot{Z}_2 + \cdots + \dot{Z}_n}\dot{V} \tag{6.7}$$

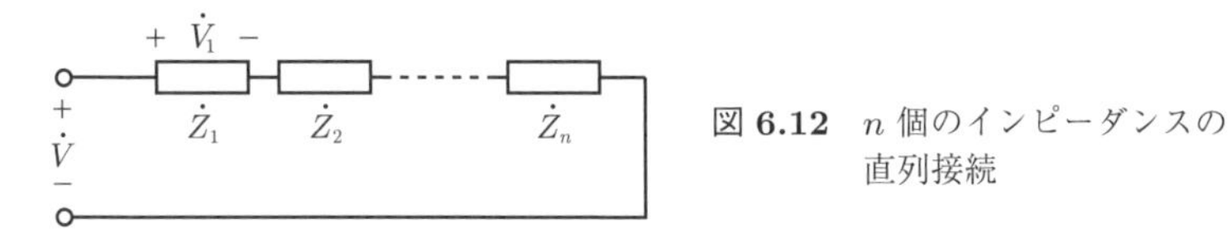

図 6.12 n 個のインピーダンスの直列接続

図 6.7(a) の回路において，$\dot{V} = \dot{I}/(\dot{Y}_1 + \dot{Y}_2)$ となるので

$$\dot{I}_1 = \frac{\dot{Y}_1}{\dot{Y}_1 + \dot{Y}_2}\dot{I}, \qquad \dot{I}_2 = \frac{\dot{Y}_2}{\dot{Y}_1 + \dot{Y}_2}\dot{I} \tag{6.8}$$

となる。インピーダンスを使うと

$$\dot{I}_1 = \frac{\dot{Z}_2}{\dot{Z}_1 + \dot{Z}_2}\dot{I}, \qquad \dot{I}_2 = \frac{\dot{Z}_1}{\dot{Z}_1 + \dot{Z}_2}\dot{I} \tag{6.9}$$

である。また，直流回路と同様に n 個のアドミタンスの並列接続に拡張可能である。**図 6.13** の回路において，$\dot{I}_1$ は式 (6.10) で与えられる。

$$\dot{I}_1 = \frac{\dot{Y}_1}{\dot{Y}_1 + \dot{Y}_2 + \cdots + \dot{Y}_n}\dot{I} \tag{6.10}$$

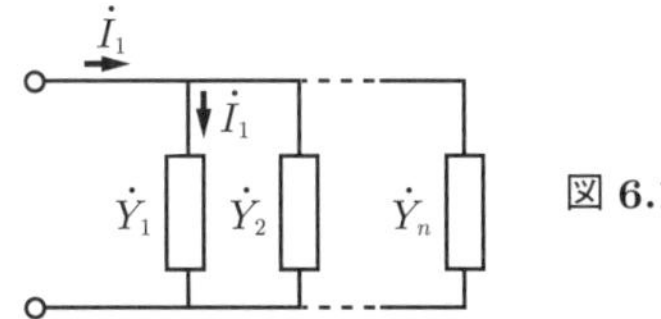

図 6.13 n 個のアドミタンスの並列接続

例題 6.7　図 **6.14** の回路において $e(t) = 10\sin(4\,000\,t + \pi/2)$〔mV〕である。定常状態でのキャパシタ電圧 $v(t)$ を求めよ。

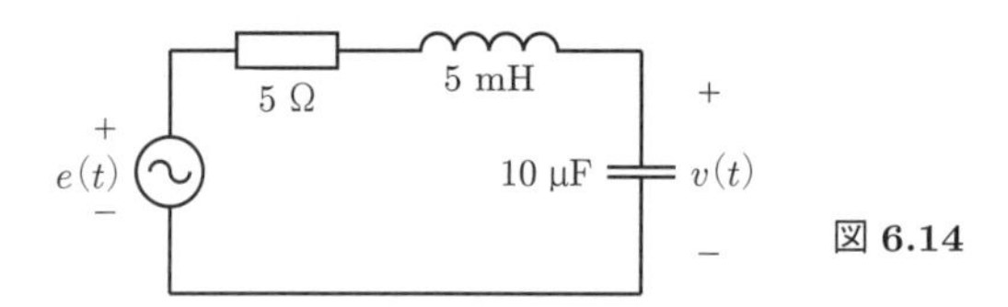

図 **6.14**

【解答】 角周波数を krad/s 単位，インダクタンスを mH 単位，キャパシタンスを mF 単位で考えれば，インピーダンスは Ω 単位となり，10 のべき乗は考えなくてよい。インダクタとキャパシタのインピーダンスは $\dot{Z}_{\rm L} = j4 \times 5 = j20$〔Ω〕，$\dot{Z}_{\rm C} = 1/(j4 \times 0.01) = -j25$〔Ω〕となる。

電源電圧のフェーザ $\dot{E} = 10e^{j\pi/2}$〔mV〕なので，キャパシタ電圧のフェーザは

$$\dot{V} = \frac{-j25}{5 + j20 - j25} \cdot 10e^{j\pi/2} = \frac{-j5}{1-j} \cdot 10e^{j\pi/2} = \frac{5e^{-j\pi/2} \cdot 10e^{j\pi/2}}{\sqrt{2}e^{-j\pi/4}} = 25\sqrt{2}e^{j\pi/4}\text{〔mV〕}$$

となる。よって，$v(t) = 25\sqrt{2}\sin(4\,000\,t + \pi/4)$〔mV〕となる。 ◇

例題 6.8　図 **6.15** の回路において $j(t) = 2\sin(2t - \pi/4)$〔A〕である。定常状態での電流 $i(t)$ を求めよ。

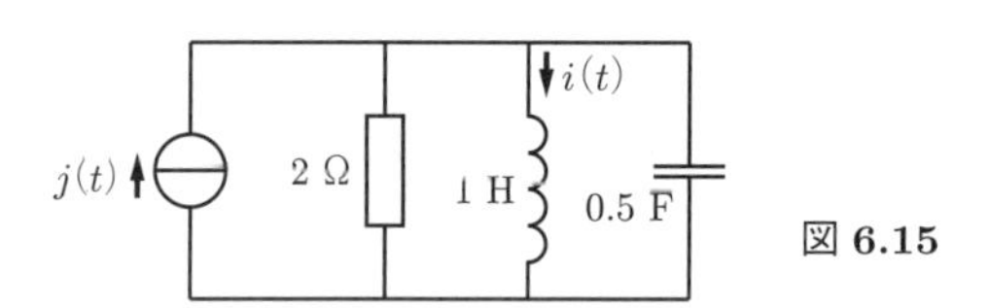

図 **6.15**

【解答】 電源電流のフェーザ $\dot{J} = 2e^{-j\pi/4}$〔A〕である。分流の法則より，インダクタ電流のフェーザは

$$\dot{I} = \frac{\dfrac{1}{j2}}{\dfrac{1}{2} + \dfrac{1}{j2} + j2 \times 0.5} \cdot 2e^{-j\pi/4} = \frac{1}{-1+j} \cdot 2e^{-j\pi/4} = \frac{2e^{-j\pi/4}}{\sqrt{2}e^{j3\pi/4}} = \sqrt{2}e^{-j\pi}\text{〔A〕}$$

となる。よって，$i(t) = \sqrt{2}\sin(2\,t - \pi)$〔A〕となる。 ◇

例題 6.9　図 **6.16** の回路において $e(t) = 2\sin(\omega t)$〔V〕，$\omega = 0.2\,\text{Mrad/s}$ である。定常状態での $v(t)$ を求めよ。

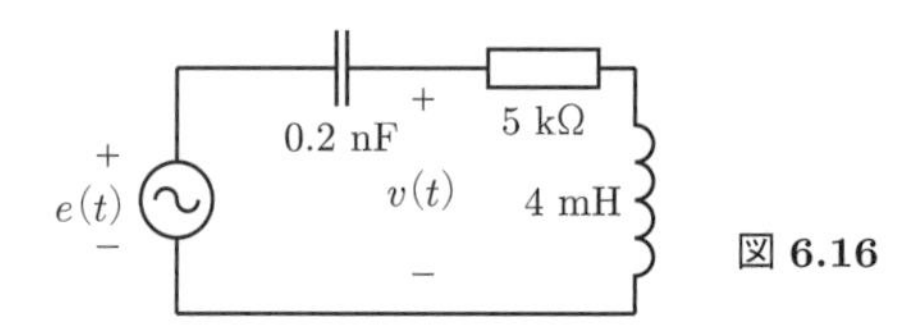

図 **6.16**

【解答】 角周波数を Mrad/s 単位，インダクタンスを mH 単位，キャパシタンスを nF 単位で考えれば，インピーダンスは kΩ 単位となり，10 のべき乗は考えなくてよい。

分圧の法則より $v(t)$ のフェーザ

$$\dot{V} = \frac{R + j\omega L}{\dfrac{1}{j\omega C} + R + j\omega L}\dot{E} = \frac{2(5 + j0.8)}{\dfrac{1}{j0.04} + 5 + j0.8} \approx 0.0185 + j0.4094 \approx 0.41e^{j1.53}\,〔\mathrm{V}〕$$

となる。よって，$v(t) = 0.41\sin(\omega t + 1.53)$〔V〕となる。 ◇

例題 6.10 **図 6.17** の回路において，$e(t) = A\sin(\omega t)$，$R = 5\,\Omega$，$L = 2\,\mathrm{H}$，$C = 3\,\mathrm{F}$ である。$v(t)$ の位相が $e(t)$ より $\pi/4$〔rad〕進むような角周波数 ω を求めよ。

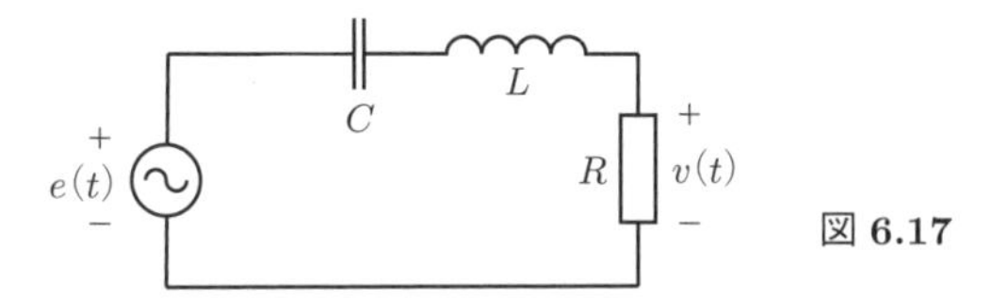

図 6.17

【解答】 $e(t)$ と $v(t)$ のフェーザを $\dot{E}$，$\dot{V}$ とすると

$$\dot{V} = \frac{R}{\dfrac{1}{j\omega C} + R + j\omega L}\dot{E} = \frac{5}{-\dfrac{j}{3\omega} + 5 + j2\omega}\dot{E} = \frac{5}{5 + j\left(2\omega - \dfrac{1}{3\omega}\right)}\dot{E}$$

となる。$v(t)$ の位相が $e(t)$ より $\pi/4$〔rad〕進むためには，分数部分の偏角が $+\pi/4$〔rad〕であればよい。分子複素数の偏角が 0 なので，分母複素数の偏角が $-\pi/4$〔rad〕であれば，全体として $+\pi/4$〔rad〕となる。したがって，$2\omega - 1/3\omega = -5$ を満たす ω が求める角周波数である。この方程式の解は $\omega = (-15 \pm \sqrt{249})/12\,\mathrm{rad/s}$ であるが，角周波数は正の値をとるので，求める角周波数は $\omega = (-15 + \sqrt{249})/12 \approx 0.065\,\mathrm{rad/s}$ となる。 ◇

6.5 ブリッジ回路

2.5 節のブリッジ回路を交流回路に拡張する。**図 6.18** の回路において $\dot{I} = 0$ となるための条件（平衡条件）は式 (6.11) が成り立つことである。

$$\dot{Z}_1\dot{Z}_4 = \dot{Z}_2\dot{Z}_3 \tag{6.11}$$

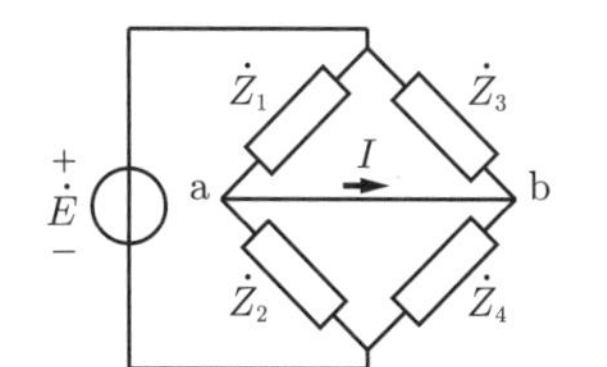

図 6.18 ブリッジ回路

例題 6.11　**図 6.19** の回路はマクスウェルブリッジ（Maxwell bridge）と呼ばれる。平衡条件（R_1，R_2，R_3，R_4，L，C の関係式）を求めよ。ただし，交流電圧源の角周波数を ω とする。

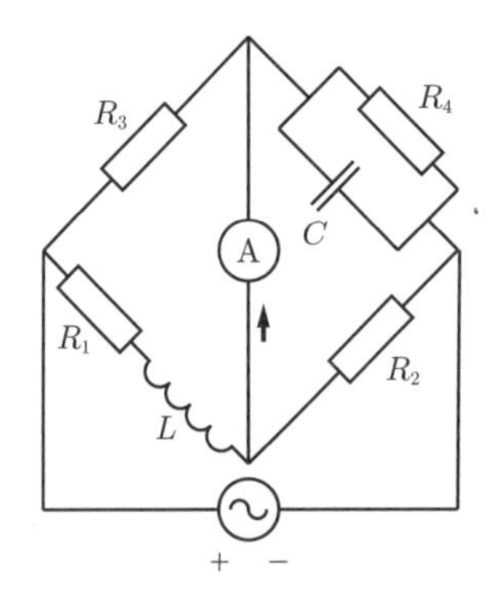

図 6.19

【解答】　平衡条件より

$$R_2R_3 = (R_1 + j\omega L)\left(R_4 \parallel \frac{1}{j\omega C}\right) = (R_1 + j\omega L) \cdot \frac{R_4}{1 + j\omega R_4 C}$$

$$R_2R_3(1 + j\omega R_4 C) = R_1R_4 + j\omega R_4 L$$

となる。実部と虚部をそれぞれ比較すると，$R_2R_3 = R_1R_4$，$R_2R_3C = L$ を満たせばよいので，求める条件は

$$R_1R_4 = R_2R_3 = \frac{L}{C}$$

となる。　◇

例題 6.12　**図 6.20** の回路はヘイブリッジ（Hay bridge）と呼ばれる。平衡条件から R_2 および L を求める式を導け。ただし，交流電圧源の角周波数を ω とする。

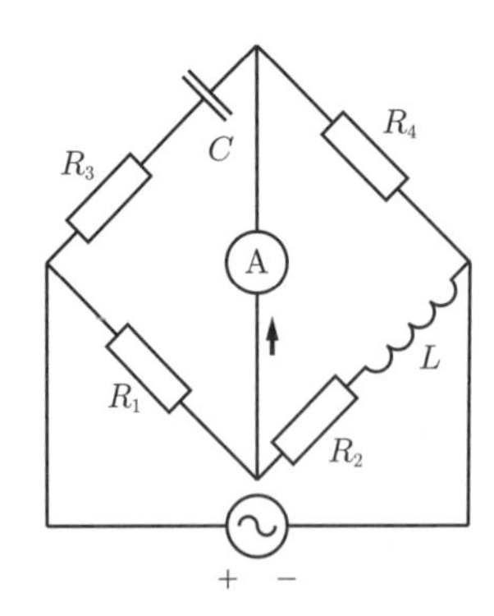

図 6.20

【解答】　平衡条件より

$$R_1R_4 = \left(R_3 + \frac{1}{j\omega C}\right)(R_2 + j\omega L) = R_2R_3 + \frac{L}{C} + j\left(\omega R_3 L - \frac{R_2}{\omega C}\right)$$

となる。実部と虚部をぞれぞれ比較すると，$R_1R_4 = R_2R_3 + L/C$，$\omega R_3 L - R_2/\omega C = 0$ を満たせばよいので，求める式は

$$L = \frac{R_2}{\omega^2 R_3 C}, \qquad R_2 = \frac{R_1R_4}{R_3} - \frac{L}{R_3 C} = \frac{R_1R_4}{R_3} - \frac{R_2}{\omega^2 R_3^2 C^2}$$

となる。 ◇

6.6　Y–Δ　変　換

2.6 節の Y–Δ 変換を交流回路に拡張する。**図 6.21** の Y 接続を**図 6.22** の Δ 接続に変換すると

$$\dot{z}_{AB} = \frac{\dot{Z}_A\dot{Z}_B + \dot{Z}_B\dot{Z}_C + \dot{Z}_C\dot{Z}_A}{\dot{Z}_C}, \qquad \dot{z}_{BC} = \frac{\dot{Z}_A\dot{Z}_B + \dot{Z}_B\dot{Z}_C + \dot{Z}_C\dot{Z}_A}{\dot{Z}_A} \tag{6.12}$$

$$\dot{z}_{AC} = \frac{\dot{Z}_A\dot{Z}_B + \dot{Z}_B\dot{Z}_C + \dot{Z}_C\dot{Z}_A}{\dot{Z}_B} \tag{6.13}$$

となる。また，図 6.22 の Δ 接続を図 6.21 の Y 接続に変換すると

$$\dot{Z}_A = \frac{\dot{z}_{AB}\dot{z}_{AC}}{\dot{z}_{AB} + \dot{z}_{AC} + \dot{z}_{BC}}, \qquad \dot{Z}_B = \frac{\dot{z}_{AB}\dot{z}_{BC}}{\dot{z}_{AB} + \dot{z}_{AC} + \dot{z}_{BC}} \tag{6.14}$$

$$\dot{Z}_C = \frac{\dot{z}_{AC}\dot{z}_{BC}}{\dot{z}_{AB} + \dot{z}_{AC} + \dot{z}_{BC}} \tag{6.15}$$

となる。

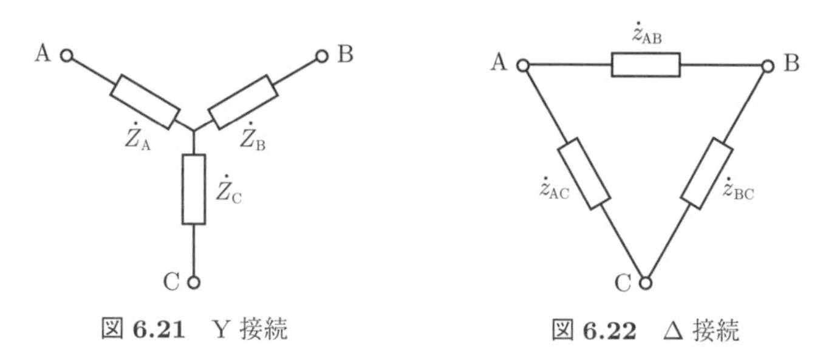

図 6.21　Y 接続　　　**図 6.22**　Δ 接続

例題 6.13　**図 6.23** の回路において $e(t)$ は角周波数 2 rad/s の交流電源である。Y–Δ 変換を用いて，電源から見た合成インピーダンス $\dot{Z}$ を求めよ。

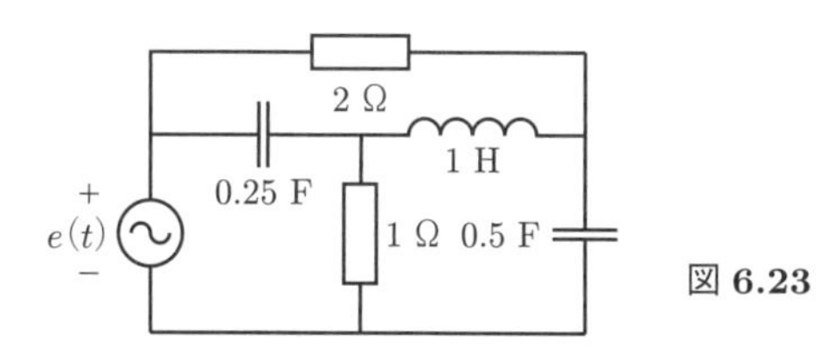

図 6.23

【解答】 Y 接続のままでは直列合成・並列合成を適用するのが難しいため，Δ 接続に変換する。キャパシタのインピーダンスが $1/j \cdot 2 \times 0.25 = -j2$〔Ω〕，インダクタのインピーダンスが $j \cdot 2 \times 1 = j2$〔Ω〕なので，Δ 接続の各インピーダンスは以下のように求まる。

$$\frac{-j2 \times 1 + j2 \times 1 + (-j2) \cdot j2}{1} = 4\,\Omega$$

$$\frac{-j2 \times 1 + j2 \times 1 + (-j2) \cdot j2}{-j2} = j2\,〔\Omega〕$$

$$\frac{-j2 \times 1 + j2 \times 1 + (-j2) \cdot j2}{j2} = -j2\,〔\Omega〕$$

よって，図 6.23 の回路は図 **6.24** に等価変換される。これより電源から見たインピーダンス $\dot{Z}$ は

$$\dot{Z} = -j2 \parallel \{(2 \parallel 4) + (j2 \parallel -j)\} = \frac{3}{10} - j\frac{11}{10}\,〔\Omega〕$$

となる。

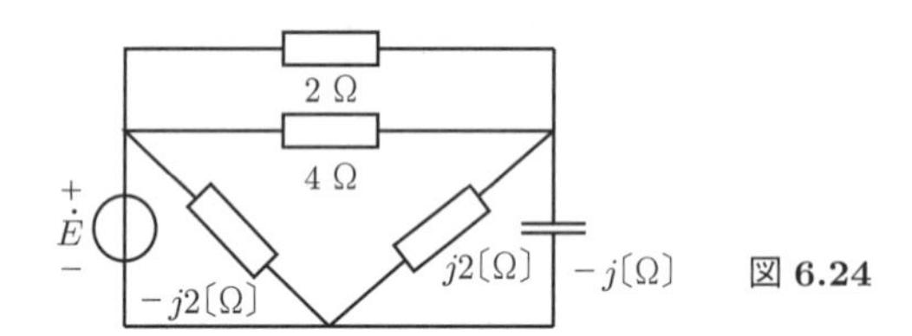

図 6.24

6.7 電圧源と電流源の等価変換

電圧源とインピーダンスの直列接続および電流源とインピーダンスの並列接続は相互に変換可能である。

図 **6.25** の直列接続を，図 **6.26** の並列接続に変換すると

$$\dot{J} = \frac{\dot{E}}{\dot{Z}_1}, \qquad \dot{Z}_2 = \dot{Z}_1 \tag{6.16}$$

となり，図 6.26 の並列接続を図 6.25 の直列接続に変換すると

$$\dot{E} = \dot{Z}_2 \dot{J}, \qquad \dot{Z}_1 = \dot{Z}_2 \tag{6.17}$$

となる。

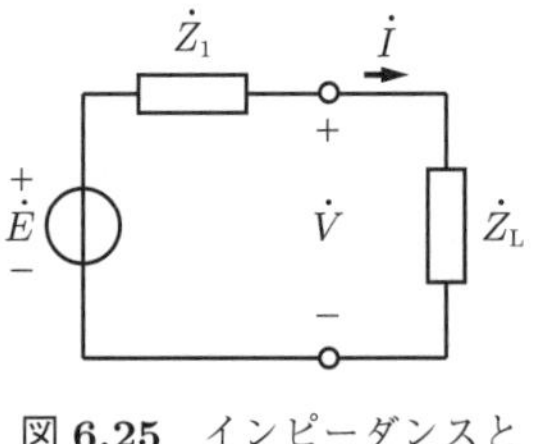

図 6.25　インピーダンスと電圧源の直列接続

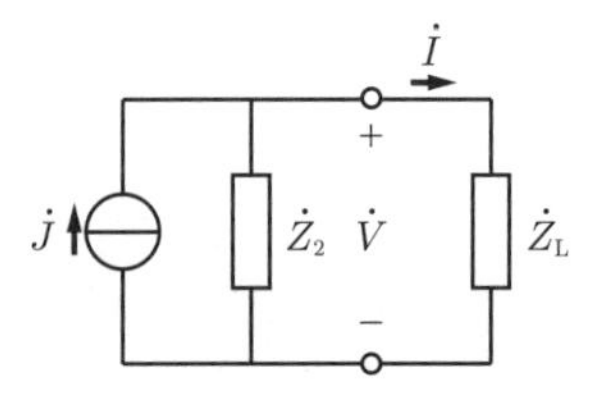

図 6.26　インピーダンスと電流源の並列接続

6.8 節　点　解　析

節点解析とは，3.1.1 項で説明したように，KCL 方程式を節点電位を用いて書くことにより回路解析する手法で，節点電位を用いて書かれた KCL 方程式を節点方程式という。複素数領域等価回路における節点解析も直流回路と同様に行うことができる。

例題 6.14　**図 6.27** に示す交流回路において，節点電位フェーザ $\dot{U}_{\mathrm{b}}$ を求めよ。

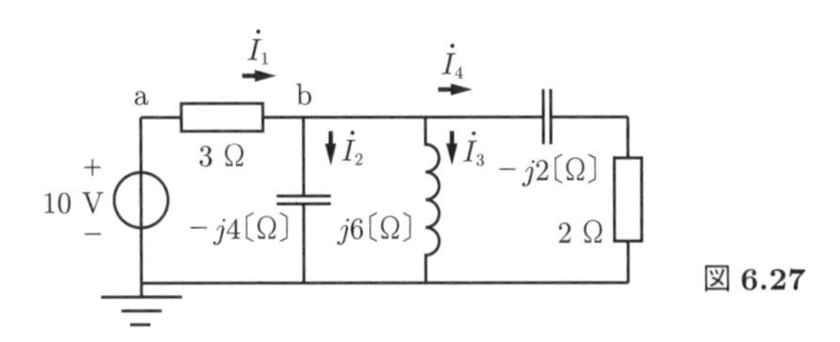

図 6.27

【解答】　節点 b において KCL 方程式 (6.18) が成り立つ。

$$\dot{I}_1 = \dot{I}_2 + \dot{I}_3 + \dot{I}_4 \tag{6.18}$$

節点電位フェーザ $\dot{U}_{\mathrm{b}}$ を使うと電流フェーザはそれぞれ

$$\dot{I}_1 = \frac{10 - \dot{U}_{\mathrm{b}}}{3}, \qquad \dot{I}_2 = \frac{\dot{U}_{\mathrm{b}}}{-j4}, \qquad \dot{I}_3 = \frac{\dot{U}_{\mathrm{b}}}{j6}, \qquad \dot{I}_4 = \frac{\dot{U}_{\mathrm{b}}}{2 - j2}$$

と表される。これを式 (6.18) に代入して整理すると

$$\begin{aligned}
\frac{10 - \dot{U}_{\mathrm{b}}}{3} &= \frac{\dot{U}_{\mathrm{b}}}{-j4} + \frac{\dot{U}_{\mathrm{b}}}{j6} + \frac{\dot{U}_{\mathrm{b}}}{2 - j2} \\
\frac{10}{3} &= \left(j\frac{1}{4} - j\frac{1}{6} + \frac{1+j}{4} + \frac{1}{3}\right)\dot{U}_{\mathrm{b}} \\
\frac{7 + j4}{12}\dot{U}_{\mathrm{b}} &= \frac{10}{3} \\
\dot{U}_{\mathrm{b}} &= \frac{120}{3(7 + j4)} = \frac{56 - j32}{13}\ \text{〔V〕}
\end{aligned}$$

となる。　◇

節点が 3 個以上ある回路では節点方程式は連立方程式となる。n 個ある節点のうち 1 個を基準節点とし，それ以外の $(n-1)$ 個の節点を並べたとき，ある節点 a の添数を $\imath(a) \in \{1, \cdots, n-1\}$ で表す。アドミタンス行列 $\dot{\boldsymbol{Y}}$ を $(n-1)$ 次正方行列，節点電位ベクトル $\dot{\boldsymbol{V}}$ および電流源ベクトル $\dot{\boldsymbol{J}}$ を $(n-1)$ 次元ベクトルとする。

節点方程式は $\dot{\boldsymbol{Y}}$ と $\dot{\boldsymbol{V}}$ および $\dot{\boldsymbol{J}}$ を用いて

$$\dot{\boldsymbol{Y}}\dot{\boldsymbol{V}} = \dot{\boldsymbol{J}} \tag{6.19}$$

となり，行列 $\dot{\boldsymbol{Y}}$ およびベクトル $\dot{\boldsymbol{V}}$，$\dot{\boldsymbol{J}}$ はつぎの手順で求められる。

節点方程式の求め方

1) 節点電位ベクトル $\dot{\boldsymbol{V}}$ の第 $\imath(a)$ 成分は節点 a の電位フェーザとする。
2) アドミタンス行列 $\dot{\boldsymbol{Y}}$ の成分は以下のようになる。
   a) 対角項 $\dot{y}_{\imath(a),\imath(a)}$：節点 a に接続するアドミタンスの和とする。
   b) 非対角項 $\dot{y}_{\imath(a),\imath(b)}$：節点 a，b 間のアドミタンスの和に負の符号をつけたものとする。
3) 電流源ベクトル $\dot{\boldsymbol{J}}$ の第 $\imath(a)$ 成分は節点 a に接続する電流源の電流フェーザの代数和とする。ただし，節点に入る向きを正とする。

例題 6.15　**図 6.28** の回路において $j(t) = 10\sin(\omega t + \pi/3)$〔mA〕，$\omega = 5\,\mathrm{krad/s}$ である。複素数領域での節点方程式を求めよ。

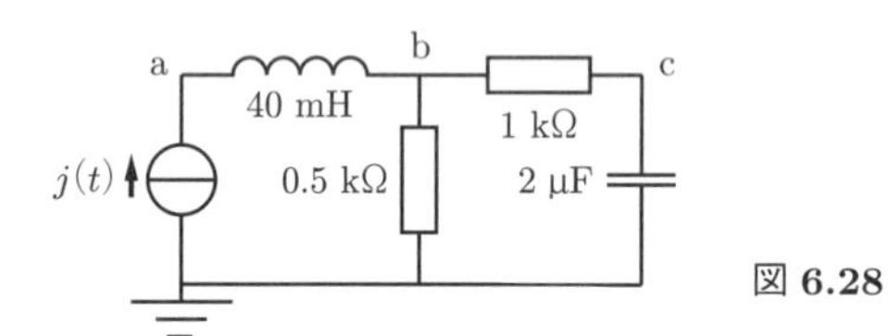

図 6.28

【解答】　複素数領域等価回路は**図 6.29** となる。ただし，$\dot{J} = 10e^{j\pi/3}$〔mA〕である。節点 a，b，c の電位をそれぞれ $\dot{U}_\mathrm{a}$，$\dot{U}_\mathrm{b}$，$\dot{U}_\mathrm{c}$ として節点方程式を立てると

$$\begin{bmatrix} -j5 & j5 & 0 \\ j5 & 3-j5 & -1 \\ 0 & -1 & 1+j10 \end{bmatrix} \begin{bmatrix} \dot{U}_\mathrm{a} \\ \dot{U}_\mathrm{b} \\ \dot{U}_\mathrm{c} \end{bmatrix} = \begin{bmatrix} 10e^{j\pi/3} \\ 0 \\ 0 \end{bmatrix}$$

となる。節点電位を求めるにはクラメルの公式を使えばよい。例えば $\dot{U}_\mathrm{a}$ は

$$\dot{U}_\mathrm{a} = \frac{\begin{vmatrix} 10e^{j\pi/3} & j5 & 0 \\ 0 & 3-j5 & -1 \\ 0 & -1 & 1+j10 \end{vmatrix}}{\begin{vmatrix} -j5 & j5 & 0 \\ j5 & 3-j5 & -1 \\ 0 & -1 & 1+j10 \end{vmatrix}} = \frac{10e^{j\pi/3}\{(3-j5)(1+j10)-1\}}{-j5(3-j5)(1+j10)+j5-(j5)^2(1+j10)}$$

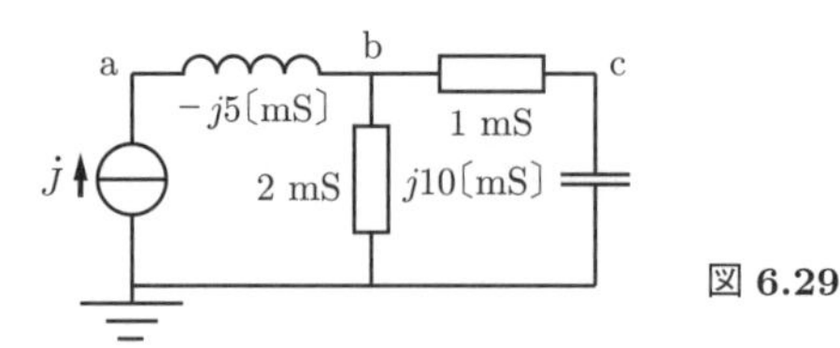

図 6.29

$$
= \frac{10e^{j\pi/3}(52+j25)}{-j5\times 3(1+j10)+j5} = \frac{10e^{j\pi/3}(52+j25)}{150-j10} = \frac{e^{j\pi/3}(52+j25)(15+j)}{226}
$$

$$
= \frac{e^{j\pi/3}(755+j427)}{226} = \frac{\sqrt{(755)^2+(427)^2}}{226} e^{j\left(\pi/3+\tan^{-1}(427/755)\right)} \approx 3.83e^{j1.56} \text{〔V〕}
$$

となる。ここで，アドミタンスの単位が mS，電流の単位が mA なので，電圧の単位は V である。

よって，時間領域における節点 a の電位 $u_{\rm a}(t)$ は

$$
u_{\rm a}(t) = 3.83\sin(\omega t + 1.56) \text{〔V〕}
$$

となる。 

例題 6.16　**図 6.30** の交流回路において，$\dot{E} = 5e^{j\pi/4}$〔V〕である。節点 a，b，c に関する複素数領域での節点方程式を求めよ。

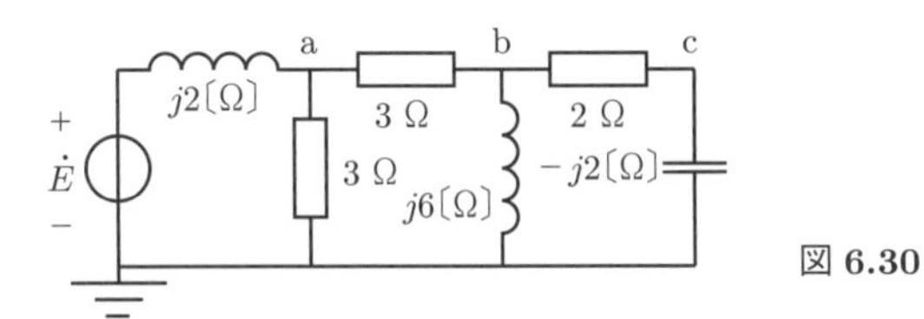

図 6.30

【解答】　回路内に電圧源がありインピーダンスと直列接続されている場合は，電流源とインピーダンスの並列接続に変換してから節点方程式を求めればよい。電圧源を電流源に変換した回路を**図 6.31** に示す。ただし，$\dot{J} = \dot{E}/j2 = 5e^{j\pi/4}/j2 = 2.5e^{-j\pi/4}$〔A〕である。

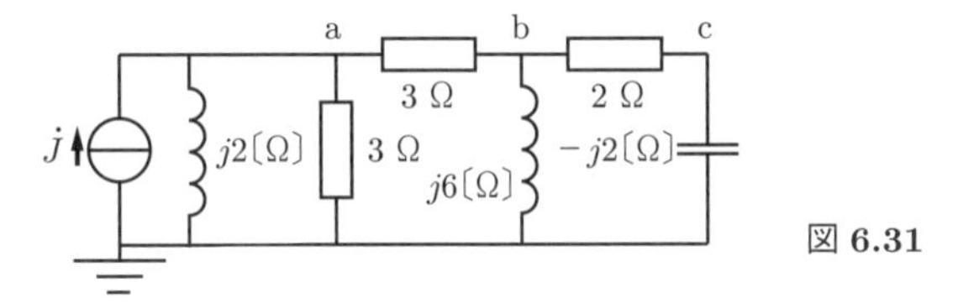

図 6.31

よって，節点方程式は

$$
\begin{bmatrix} \frac{1}{j2}+\frac{1}{3}+\frac{1}{3} & -\frac{1}{3} & 0 \\ -\frac{1}{3} & \frac{1}{3}+\frac{1}{j6}+\frac{1}{2} & -\frac{1}{2} \\ 0 & -\frac{1}{2} & \frac{1}{2}+\frac{1}{-j2} \end{bmatrix} \begin{bmatrix} \dot{U}_{\rm a} \\ \dot{U}_{\rm b} \\ \dot{U}_{\rm c} \end{bmatrix} = \begin{bmatrix} 2.5^{-j\pi/4} \\ 0 \\ 0 \end{bmatrix}
$$

$$
\begin{bmatrix} -\frac{j}{2}+\frac{2}{3} & -\frac{1}{3} & 0 \\ -\frac{1}{3} & \frac{5}{6}-\frac{j}{6} & -\frac{1}{2} \\ 0 & -\frac{1}{2} & \frac{1}{2}+\frac{j}{2} \end{bmatrix} \begin{bmatrix} \dot{U}_{\rm a} \\ \dot{U}_{\rm b} \\ \dot{U}_{\rm c} \end{bmatrix} = \begin{bmatrix} 2.5^{-j\pi/4} \\ 0 \\ 0 \end{bmatrix}
$$

となる。 ◇

例題 6.17　図 **6.32** の回路において $e(t) = \sqrt{2}\sin(\omega t - \pi/4)$〔V〕，$\omega = 10$ krad/s である。節点 a，b についての節点解析により複素数領域での回路方程式を求めよ。

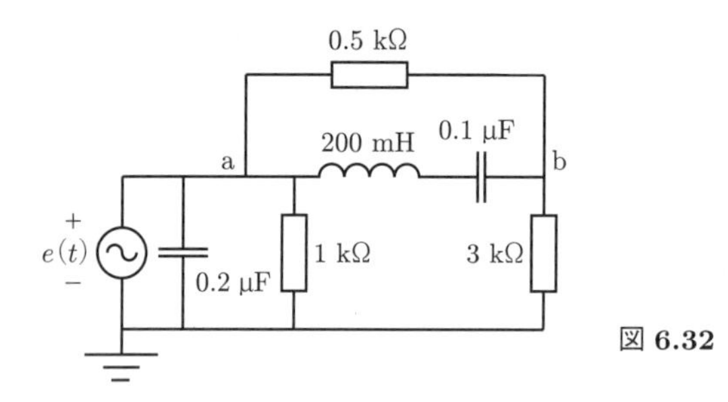

図 **6.32**

【解答】　電圧源を電流源に変換できない場合，電圧源を流れる電流を変数として節点方程式を立てればよい。複素数領域等価回路を図 **6.33** に示す。

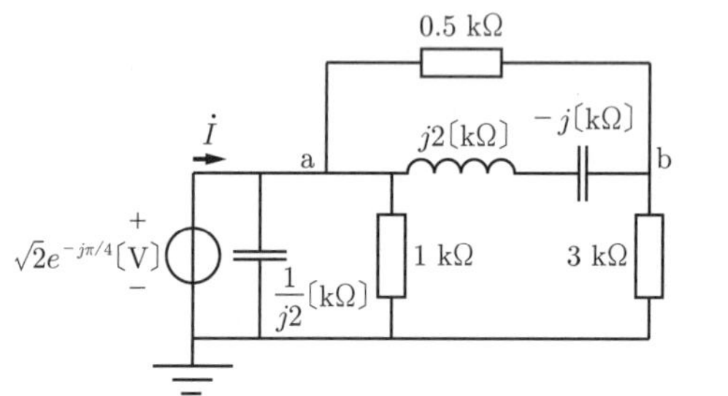

図 **6.33**

電圧源を流れる電流を $\dot{I}$ とすると節点 a，b についての節点方程式は

$$\begin{bmatrix} j2 + 1 + \dfrac{1}{0.5} + \dfrac{1}{j} & -\dfrac{1}{0.5} - \dfrac{1}{j} \\ -\dfrac{1}{0.5} - \dfrac{1}{j} & \dfrac{1}{0.5} + \dfrac{1}{j} + \dfrac{1}{3} \end{bmatrix} \begin{bmatrix} \dot{U}_\mathrm{a} \\ \dot{U}_\mathrm{b} \end{bmatrix} = \begin{bmatrix} \dot{I} \\ 0 \end{bmatrix}$$

$$\begin{bmatrix} 3 + j & -2 + j \\ -2 + j & \dfrac{7}{3} - j \end{bmatrix} \begin{bmatrix} \dot{U}_\mathrm{a} \\ \dot{U}_\mathrm{b} \end{bmatrix} = \begin{bmatrix} \dot{I} \\ 0 \end{bmatrix}$$

となる。なお，節点 a-b 間のインダクタとキャパシタの直列接続については合成インピーダンス j〔kΩ〕に変換している。

節点 a の電位フェーザ $\dot{U}_\mathrm{a} = \sqrt{2}e^{-j\pi/4} = 1 - j$〔V〕を代入し，電流フェーザ $\dot{I}$ を左辺に持っていくと

$$\begin{bmatrix} -1 & -2 + j \\ 0 & \dfrac{7}{3} - j \end{bmatrix} \begin{bmatrix} \dot{I} \\ \dot{U}_\mathrm{b} \end{bmatrix} = \begin{bmatrix} -(3 + j)(1 - j) \\ -(-2 + j)(1 - j) \end{bmatrix}$$

$$\begin{bmatrix} -1 & -2 + j \\ 0 & \dfrac{7}{3} - j \end{bmatrix} \begin{bmatrix} \dot{I} \\ \dot{U}_\mathrm{b} \end{bmatrix} = \begin{bmatrix} -4 + j2 \\ 1 - j3 \end{bmatrix}$$

となる。　◇

例題 6.18 **図 6.34** の回路において $j(t) = 29\sin(5t)$〔mA〕である。節点解析により定常状態での $v_1(t)$ を求めよ。

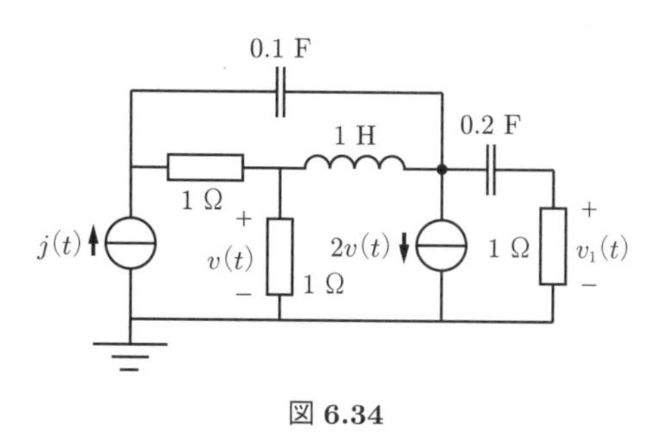

図 6.34

【解答】 従属電源がある場合は，従属電源を独立電源と考えて節点方程式を立ててから式変形すればよい。複素数領域等価回路を**図 6.35** に示す。

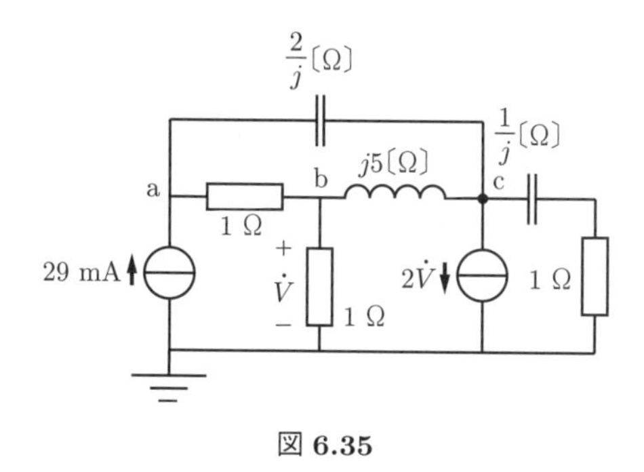

図 6.35

節点 a，b，c についての節点方程式は

$$\begin{bmatrix} \frac{1}{1}+\frac{j}{2} & -1 & -\frac{j}{2} \\ -1 & \frac{1}{1}+\frac{1}{1}+\frac{1}{j5} & -\frac{1}{j5} \\ -\frac{j}{2} & -\frac{1}{j5} & \frac{j}{2}+\frac{1}{j5}+\frac{1}{\frac{1}{j}+1} \end{bmatrix} \begin{bmatrix} \dot{U}_{\mathrm{a}} \\ \dot{U}_{\mathrm{b}} \\ \dot{U}_{\mathrm{c}} \end{bmatrix} = \begin{bmatrix} 29 \\ 0 \\ -2\dot{V} \end{bmatrix}$$

$$\begin{bmatrix} 1+\frac{j}{2} & -1 & -\frac{j}{2} \\ -1 & 2-\frac{j}{5} & \frac{j}{5} \\ -\frac{j}{2} & \frac{j}{5} & \frac{1}{2}+\frac{j4}{5} \end{bmatrix} \begin{bmatrix} \dot{U}_{\mathrm{a}} \\ \dot{U}_{\mathrm{b}} \\ \dot{U}_{\mathrm{c}} \end{bmatrix} = \begin{bmatrix} 29 \\ 0 \\ -2\dot{V} \end{bmatrix}$$

となる。なお，上式では節点 c の右側は合成インピーダンス $1/j+1$ としている。$\dot{V} = \dot{U}_{\mathrm{b}}$ なので，右辺の $-2\dot{V}$ を $-2\dot{U}_{\mathrm{b}}$ として左辺に移項すると

$$\begin{bmatrix} 1+\dfrac{j}{2} & -1 & -\dfrac{j}{2} \\ -1 & 2-\dfrac{j}{5} & \dfrac{j}{5} \\ -\dfrac{j}{2} & 2+\dfrac{j}{5} & \dfrac{1}{2}+\dfrac{j4}{5} \end{bmatrix} \begin{bmatrix} \dot{U}_{\rm a} \\ \dot{U}_{\rm b} \\ \dot{U}_{\rm c} \end{bmatrix} = \begin{bmatrix} 29 \\ 0 \\ 0 \end{bmatrix}$$

となる。これを解くと，$\dot{U}_{\rm c} = 5 + j31$〔mV〕となる。

分圧により，$\dot{V}_1 = \dot{U}_{\rm c}/(1-j) = -13 + j18$ なので，$v_1(t)$ は

$$v_1(t) = \sqrt{493}\sin\left(5t - \tan^{-1}\left(\frac{18}{13}\right) + \pi\right)〔\text{mV}〕$$

となる。 ◇

6.9 網目解析

網目解析とは，3.2.1 項で説明したように，KVL 方程式を閉路電流を用いて書くことにより回路解析する手法である。

複素数領域等価回路における閉路方程式も直流回路と同様に求めることができる。回路にある節点の数を n，素子の数を m とする。$(m-n+1)$ 個の閉路を並べたとき，ある閉路 o の添数を $\imath(o) \in \{1, \cdots, m-n+1\}$ で表す。インピーダンス行列 $\dot{\boldsymbol{Z}}$ を $(m-n+1)$ 次正方行列，閉路電流ベクトル $\dot{\boldsymbol{L}}$ および電圧源ベクトル $\dot{\boldsymbol{E}}$ を $(m-n+1)$ 次元ベクトルとする。

閉路方程式は $\dot{\boldsymbol{Z}}$ と $\dot{\boldsymbol{L}}$ および $\dot{\boldsymbol{E}}$ を用いて

$$\dot{\boldsymbol{Z}}\dot{\boldsymbol{L}} = \dot{\boldsymbol{E}} \tag{6.20}$$

となり，行列 $\dot{\boldsymbol{Z}}$ およびベクトル $\dot{\boldsymbol{L}}$，$\dot{\boldsymbol{E}}$ はつぎの手順で求められる。

閉路方程式の求め方

1) 閉路電流ベクトル $\dot{\boldsymbol{L}}$ の第 $\imath(o)$ 成分は閉路 o の閉路電流フェーザとする。
2) インピーダンス行列 $\dot{\boldsymbol{Z}}$ の成分は以下のようになる。
   a) 対角項 $\dot{z}_{\imath(o),\imath(o)}$：閉路 o 内のインピーダンスの和とする。
   b) 非対角項 $\dot{z}_{\imath(o),\imath(p)}$：閉路 o と p に共通するインピーダンスの代数和とする。ただし，二つの閉路の向きが同じ場合は正，逆の場合は負とする。
3) 電圧源ベクトル $\dot{\boldsymbol{E}}$ の第 $\imath(o)$ 成分は閉路 o 内の電圧源の電圧フェーザの代数和とする。ただし，閉路に沿って電圧が上昇する向きを正とする。

例題 6.19　**図 6.36** の回路において $e(t) = 12\sin(\omega t - \pi/2)$〔mV〕，$\omega = 2\,\text{krad/s}$ である。複素数領域での閉路方程式を求めよ。

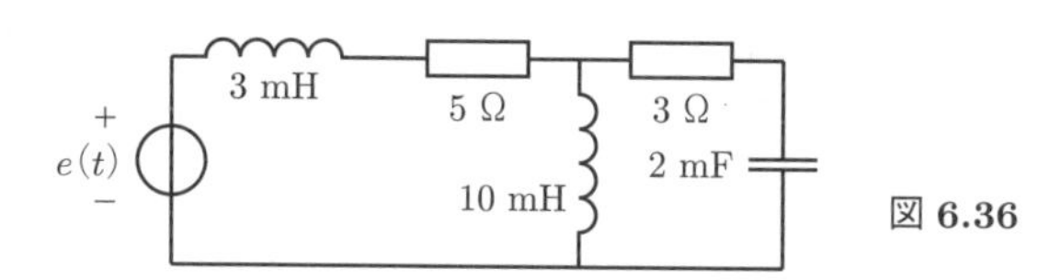

図 6.36

【解答】 図 6.37 に複素数領域等価回路を示す。ただし，$\dot{E} = 12e^{-j\pi/2} = -j12$〔mV〕である。図のように閉路 o，p をとり，閉路電流を $\dot{L}_o$，$\dot{L}_p$ とすると，閉路方程式は

$$\begin{bmatrix} j6+5+j20 & -j20 \\ -j20 & 3+j20+\dfrac{1}{j4} \end{bmatrix} \begin{bmatrix} \dot{L}_o \\ \dot{L}_p \end{bmatrix} = \begin{bmatrix} -j12 \\ 0 \end{bmatrix}$$

$$\begin{bmatrix} 5+j26 & -j20 \\ -j20 & 3+j\dfrac{79}{4} \end{bmatrix} \begin{bmatrix} \dot{L}_o \\ \dot{L}_p \end{bmatrix} = \begin{bmatrix} -j12 \\ 0 \end{bmatrix}$$

となる。

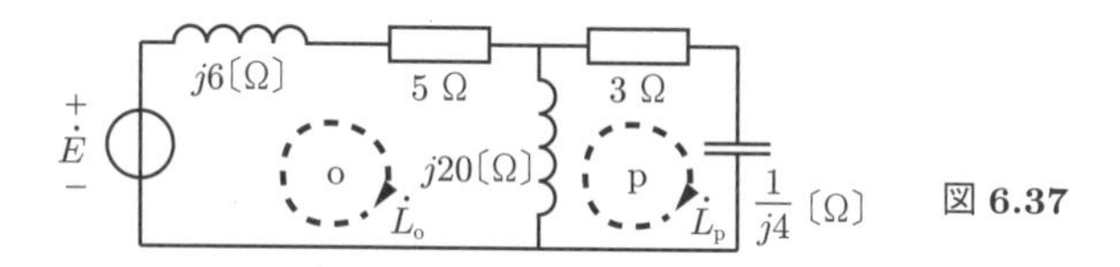

図 6.37

◇

例題 6.20 図 6.38 の交流回路において網目解析により電流フェーザ $\dot{I}_1$，$\dot{I}_2$ を求めよ。

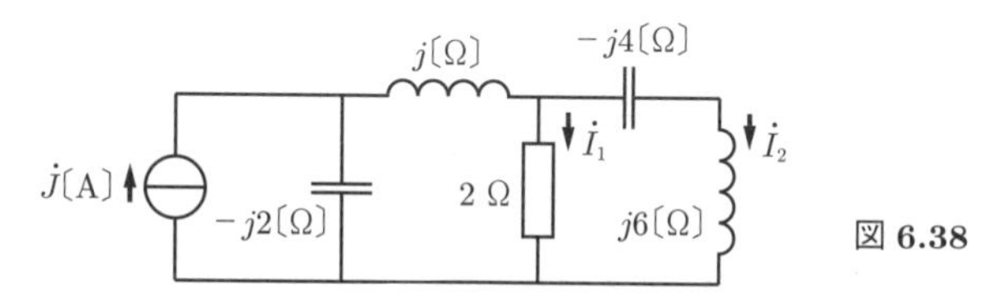

図 6.38

【解答】 回路内に電流源があり，インピーダンスと並列接続されている場合は，電圧源とインピーダンスの直列接続に変換してから閉路方程式を求めればよい。電流源を電圧源に変換した回路を図 **6.39** に示す。また，電流フェーザ $\dot{I}_1$，$\dot{I}_2$ を求めたいので，これらが閉路電流になるように閉路をとると図の破線のようになる。

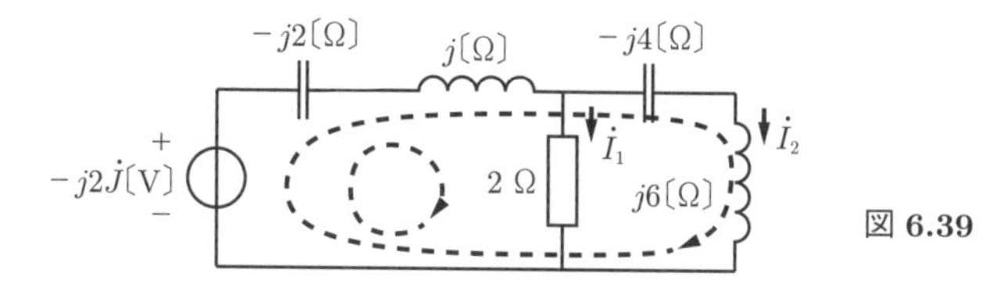

図 6.39

よって，閉路方程式は

$$\begin{bmatrix} -j2+j+2 & -j2+j \\ -j2+j & -j2+j-j4+j6 \end{bmatrix} \begin{bmatrix} \dot{I}_1 \\ \dot{I}_2 \end{bmatrix} = \begin{bmatrix} -j2\dot{J} \\ -j2\dot{J} \end{bmatrix}$$

$$\begin{bmatrix} 2-j & -j \\ -j & j \end{bmatrix} \begin{bmatrix} \dot{I}_1 \\ \dot{I}_2 \end{bmatrix} = \begin{bmatrix} -j2\dot{J} \\ -j2\dot{J} \end{bmatrix}$$

となる。これを解くと

$$\dot{I}_1 = \frac{\begin{vmatrix} -j2\dot{J} & -j \\ -j2\dot{J} & j \end{vmatrix}}{\begin{vmatrix} 2-j & -j \\ -j & j \end{vmatrix}} = \frac{-j2\cdot j-(-j2)(-j)}{j(2-j)-(-j)^2}\dot{J} = \frac{4}{2+j2}\dot{J} = (1-j)\dot{J}\,〔\mathrm{A}〕$$

$$\dot{I}_2 = \frac{\begin{vmatrix} 2-j & -j2\dot{J} \\ -j & -j2\dot{J} \end{vmatrix}}{2+j2} = \frac{-j2(2-j)-(-j2)(-j)}{2+j2}\dot{J} = \frac{-j4}{2+j2}\dot{J} = (-1-j)\dot{J}\,〔\mathrm{A}〕$$

となる。 ◇

例題 6.21　**図 6.40** の回路において，$j(t)$ は角周波数 ω の交流電流源で，R，L，C はすべて正の定数である。定常状態において電流 $i(t)$ の位相が $j(t)$ に対して $\pi/2$〔rad〕遅れるための R' の条件を求めよ。また，R' が正となることより，角周波数 ω の条件を求めよ。

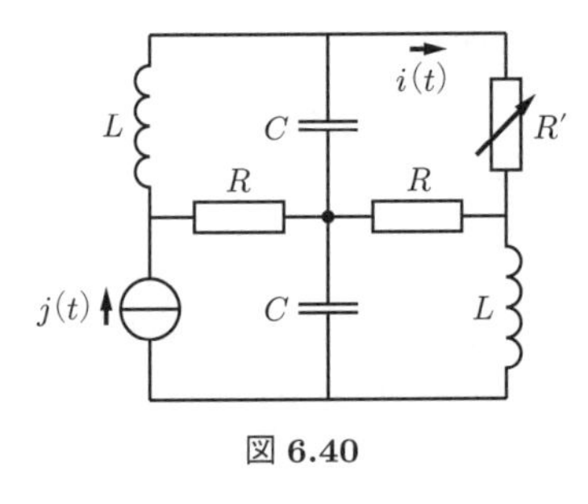

図 6.40

【解答】　電流源 $j(t)$ を電圧源に変換できないため，かかる電圧を $v(t)$ として網目解析することにする。複素数領域等価回路を**図 6.41** に示す。

図のように閉路をとると閉路方程式は

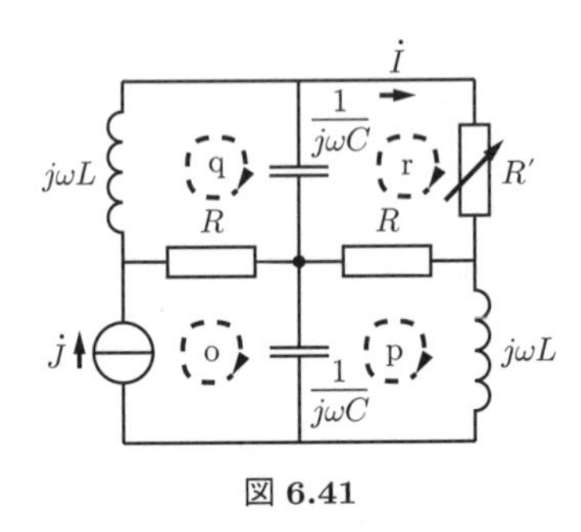

図 6.41

$$\begin{bmatrix} R+\dfrac{1}{j\omega C} & -\dfrac{1}{j\omega C} & -R & 0 \\ -\dfrac{1}{j\omega C} & R+\dfrac{1}{j\omega C}+j\omega L & 0 & -R \\ -R & 0 & R+\dfrac{1}{j\omega C}+j\omega L & -\dfrac{1}{j\omega C} \\ 0 & -R & -\dfrac{1}{j\omega C} & R+R'+\dfrac{1}{j\omega C} \end{bmatrix} \begin{bmatrix} \dot{J} \\ \dot{L}_{\mathrm{p}} \\ \dot{L}_{\mathrm{q}} \\ \dot{I} \end{bmatrix} = \begin{bmatrix} \dot{V} \\ 0 \\ 0 \\ 0 \end{bmatrix}$$

となる。$\dot{J}$ と $\dot{V}$ を入れ替えると

$$\begin{bmatrix} -1 & -\dfrac{1}{j\omega C} & -R & 0 \\ 0 & R+\dfrac{1}{j\omega C}+j\omega L & 0 & -R \\ 0 & 0 & R+\dfrac{1}{j\omega C}+j\omega L & -\dfrac{1}{j\omega C} \\ 0 & -R & -\dfrac{1}{j\omega C} & R+R'+\dfrac{1}{j\omega C} \end{bmatrix} \begin{bmatrix} \dot{V} \\ \dot{L}_{\mathrm{p}} \\ \dot{L}_{\mathrm{q}} \\ \dot{I} \end{bmatrix} = \begin{bmatrix} -R-\dfrac{1}{j\omega C} \\ \dfrac{1}{j\omega C} \\ R \\ 0 \end{bmatrix} \dot{J}$$

となる。これを $\dot{I}$ について解くと

$$\dot{I} = \frac{\begin{vmatrix} -1 & -\dfrac{1}{j\omega C} & -R & \left(-R-\dfrac{1}{j\omega C}\right)\dot{J} \\ 0 & R+\dfrac{1}{j\omega C}+j\omega L & 0 & \dfrac{1}{j\omega C}\dot{J} \\ 0 & 0 & R+\dfrac{1}{j\omega C}+j\omega L & R\dot{J} \\ 0 & -R & -\dfrac{1}{j\omega C} & 0 \end{vmatrix}}{\begin{vmatrix} -1 & -\dfrac{1}{j\omega C} & -R & 0 \\ 0 & R+\dfrac{1}{j\omega C}+j\omega L & 0 & -R \\ 0 & 0 & R+\dfrac{1}{j\omega C}+j\omega L & -\dfrac{1}{j\omega C} \\ 0 & -R & -\dfrac{1}{j\omega C} & R+R'+\dfrac{1}{j\omega C} \end{vmatrix}}$$

$$= \frac{\begin{vmatrix} R+\dfrac{1}{j\omega C}+j\omega L & 0 & \dfrac{1}{j\omega C}\dot{J} \\ 0 & R+\dfrac{1}{j\omega C}+j\omega L & R\dot{J} \\ -R & -\dfrac{1}{j\omega C} & 0 \end{vmatrix}}{\begin{vmatrix} R+\dfrac{1}{j\omega C}+j\omega L & 0 & -R \\ 0 & R+\dfrac{1}{j\omega C}+j\omega L & -\dfrac{1}{j\omega C} \\ -R & -\dfrac{1}{j\omega C} & R+R'+\dfrac{1}{j\omega C} \end{vmatrix}}$$

$$= \frac{R\left(R+\frac{1}{j\omega C}+j\omega L\right)\frac{1}{j\omega C}\dot{J}+R\left(R+\frac{1}{j\omega C}+j\omega L\right)\frac{1}{j\omega C}\dot{J}}{\left(R+\frac{1}{j\omega C}+j\omega L\right)^2\left(R+R'+\frac{1}{j\omega C}\right)-R^2\left(R+\frac{1}{j\omega C}+j\omega L\right)-\left(\frac{1}{j\omega C}\right)^2\left(R+\frac{1}{j\omega C}+j\omega L\right)}$$

$$= \frac{\frac{2R}{j\omega C}\dot{J}}{\left(R+\frac{1}{j\omega C}+j\omega L\right)\left(R+R'+\frac{1}{j\omega C}\right)-R^2+\frac{1}{\omega^2C^2}}$$

$$= \frac{\frac{2R}{j\omega C}}{RR'+\frac{L}{C}+j\left\{\left(\omega L-\frac{1}{\omega C}\right)(R+R')-\frac{R}{\omega C}\right\}}\dot{J}$$

$$= \frac{2R}{2R+R'-\omega^2(R+R')LC+j\omega(CRR'+L)}\dot{J} \tag{6.21}$$

となる。式 (6.21) において分母が正の純虚数となれば，$\dot{J}$ の係数が負の純虚数となるので，$i(t)$ の位相が $j(t)$ に対して $\pi/2$〔rad〕遅れる。よって，$2R+R'-\omega^2(R+R')LC=0$ より

$$R' = \frac{R(\omega^2LC-2)}{1-\omega^2LC}$$

となる。さらに，R' が正の値をとることより

$$\sqrt{\frac{1}{LC}} < \omega < \sqrt{\frac{2}{LC}}$$

が導出される。 ◇

例題 6.22　図 **6.42** の回路において，$\dot{V}_{\mathrm{in}}$ は角周波数 ω の交流電源である。$\dot{V}_{\mathrm{out}}$ を求めよ。

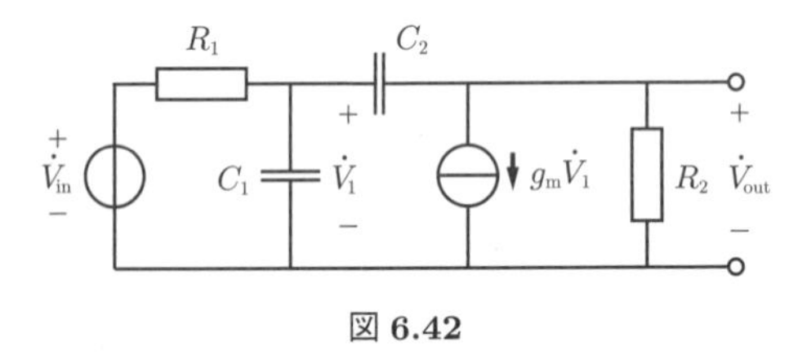

図 **6.42**

【解答】　図 **6.43** のように閉路をとる。従属電源にかかる電圧は $\dot{V}_{\mathrm{out}}$ なので閉路方程式は式 (6.22) となる。

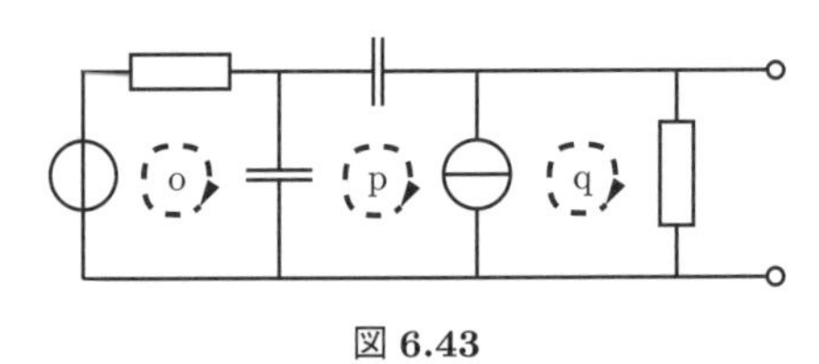

図 **6.43**

$$\begin{bmatrix} R_1 + \dfrac{1}{j\omega C_1} & -\dfrac{1}{j\omega C_1} & 0 \\ -\dfrac{1}{j\omega C_1} & \dfrac{1}{j\omega C_1} + \dfrac{1}{j\omega C_2} & 0 \\ 0 & 0 & R_2 \end{bmatrix} \begin{bmatrix} \dot{L}_{\rm o} \\ \dot{L}_{\rm p} \\ \dot{L}_{\rm q} \end{bmatrix} = \begin{bmatrix} \dot{V}_{\rm in} \\ -\dot{V}_{\rm out} \\ \dot{V}_{\rm out} \end{bmatrix} \tag{6.22}$$

また，従属電源を流れる電流に関して式 (6.23) が成り立つ。

$$\dot{L}_{\rm p} - \dot{L}_{\rm q} = g_{\rm m}\dot{V}_1 = g_{\rm m} \cdot \frac{1}{j\omega C_1}(\dot{L}_{\rm o} - \dot{L}_{\rm p}) \tag{6.23}$$

式 (6.22)，(6.23) をまとめ，$\dot{V}_{\rm out}$ を変数として左辺に移すと連立方程式

$$\begin{bmatrix} R_1 + \dfrac{1}{j\omega C_1} & -\dfrac{1}{j\omega C_1} & 0 & 0 \\ -\dfrac{1}{j\omega C_1} & \dfrac{1}{j\omega C_1} + \dfrac{1}{j\omega C_2} & 0 & 1 \\ 0 & 0 & R_2 & -1 \\ \dfrac{g_{\rm m}}{j\omega C_1} & -\dfrac{g_{\rm m}}{j\omega C_1} - 1 & 1 & 0 \end{bmatrix} \begin{bmatrix} \dot{L}_{\rm o} \\ \dot{L}_{\rm p} \\ \dot{L}_{\rm q} \\ \dot{V}_{\rm out} \end{bmatrix} = \begin{bmatrix} \dot{V}_{\rm in} \\ 0 \\ 0 \\ 0 \end{bmatrix} \tag{6.24}$$

を得る。これを解くと $\dot{V}_{\rm out}$ は

$$\dot{V}_{\rm out} = \frac{-g_{\rm m}R_2 + j\omega R_2 C_2}{1 - \omega^2 R_1 R_2 C_1 C_2 + j\omega(R_1 C_1 + R_1 C_2 + R_2 C_2 + g_{\rm m} R_1 R_2 C_2)}\dot{V}_{\rm in} \tag{6.25}$$

となる。　◇

Python を使った回路解析（代数計算）

SymPy を使えば記号の解を求めることもできる。
式 (6.24) を解くには以下のようにすればよい。

```
>>> from sympy import *
>>> R1, R2, C1, C2, w, vin, gm = symbols('R1 R2 C1 C2 w vin gm')
>>> lo, lp, lq, vo = symbols('lo, lp, lq, vo')
>>> A = Matrix([[R1+1/(I * w * C1), -1/(I * w * C1), 0, 0, vin],
...             [-1/(I * w * C1),1/(I * w * C1)+1/(I * w * C2),0,1,0],
...             [0, 0, R2, -1, 0],
...             [gm/(I * w * C1), - gm/(I * w * C1)-1,1,0, 0]])
>>> x = linsolve(A,[lo, lp, lq, vo])
>>> (lo, lp, lq, vo) = next(iter(x))
>>> vo
I*R2*vin*(C1*gm*(I*C1*R1*w + I*C2*R1*w + 1) + C2*(C1*w*(C1*R1*w - I) -
I*gm*(C1*R1*w - I) + gm))/((C1*(I*C1*R1*w + I*C2*R1*w + 1) - C2*R2*
(C1*w*(C1*R1*w - I) - I*gm*(C1*R1*w - I) + gm))*(C1*R1*w - I))
```

この例では十分整理されていないが，整理を続けると式 (6.25) と同じ結果が得られる。

6.10　重ね合わせの理

4.1 節で説明した重ね合わせの理は線形回路において成り立つので，線形素子からなる交流回路においても重ね合わせの理は成り立つ。しかし，キャパシタとインダクタのイミタンスには角周波数 ω が含まれるため，回路内に複数の交流電源が存在しそれらの角周波数が異なる場合，素子が持つイミタンスは電源角周波数ごとに異なる。したがって，複素数領域では重ね合わせの理は一般に成り立たない。

ただし，時間領域で重ね合わせの理は成り立つので，電源ごとに複素数領域で解析し，時間領域に戻したあとで，値の和を求めればよい。

例題 6.23　図 **6.44** の回路において，$e(t) = 5\sin(2t)$〔V〕，$j(t) = 3\sin(5t)$〔A〕である。定常状態における $v(t)$ および $i(t)$ を求めよ。

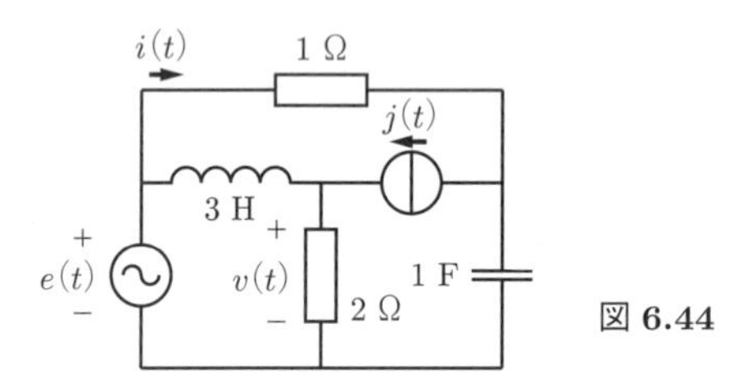

図 **6.44**

【解答】　まず，電圧源 $e(t)$ だけの場合を考える。電流源を開放除去した複素数領域等価回路を図 **6.45** に示す。電圧フェーザ $\dot{V}_1$ および電流フェーザ $\dot{I}_1$ は

$$\dot{V}_1 = \frac{2\times 5}{2+j6} = \frac{5}{\sqrt{10}e^{j\tan^{-1}(3)}} = \frac{\sqrt{10}}{2}e^{-j\tan^{-1}(3)}\ \text{〔V〕}$$

$$\dot{I}_1 = \frac{5}{1-j0.5} = \frac{10}{\sqrt{5}e^{-j\tan^{-1}(1/2)}} = 2\sqrt{5}e^{j\tan^{-1}(1/2)}\ \text{〔A〕}$$

となる。これを時間領域に戻すと，以下のようになる。

$$v_1(t) = \frac{\sqrt{10}}{2}\sin(2t - \tan^{-1}(3))\ \text{〔V〕}$$

$$i_1(t) = 2\sqrt{5}\sin\left(2t + \tan^{-1}\left(\frac{1}{2}\right)\right)\ \text{〔A〕}$$

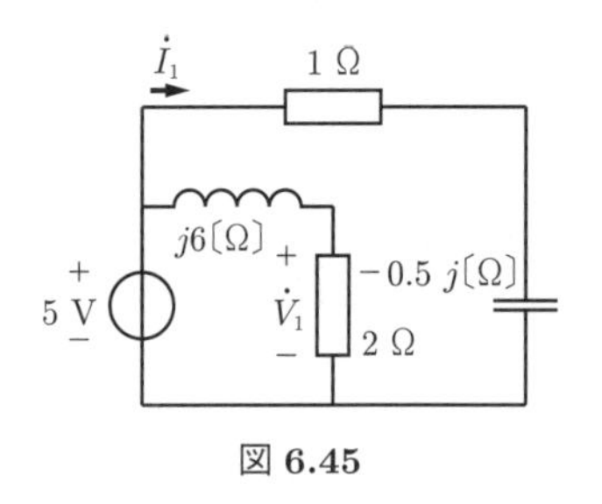

図 **6.45**

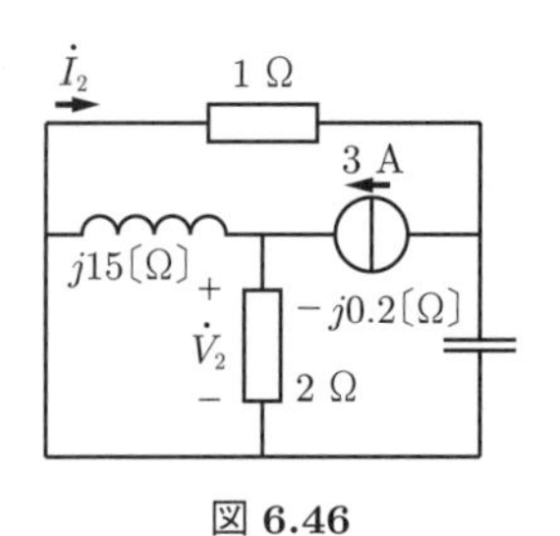

図 **6.46**

つぎに，電流源 $j(t)$ だけの場合を考える。電圧源を短絡除去した複素数領域等価回路を図 **6.46** に示す。電圧フェーザ $\dot{V}_2$ および電流フェーザ $\dot{I}_2$ は

$$\dot{V}_2 = \frac{j15 \times 3 \times 2}{2 + j15} = \frac{90}{15 - j2} = \frac{90}{\sqrt{229}e^{-j\tan^{-1}(2/15)}} \approx 5.94e^{j\tan^{-1}(2/15)}\,〔\mathrm{V}〕$$

$$\dot{I}_2 = \frac{-j0.2 \times 3}{1 - j0.2} = \frac{3}{1 + j5} = \frac{3}{\sqrt{26}e^{j\tan^{-1}(5)}} \approx 0.59e^{-j\tan^{-1}(5)}\,〔\mathrm{A}〕$$

となる。これを時間領域に戻すと

$$v_2(t) = 5.94\sin\left(5t + \tan^{-1}\left(\frac{2}{15}\right)\right)〔\mathrm{V}〕$$

$$i_2(t) = 0.59\sin(5t - \tan^{-1}(5))〔\mathrm{A}〕$$

となる。

よって，求める $v(t)$，$i(t)$ は

$$v(t) = \frac{\sqrt{10}}{2}\sin(2t - \tan^{-1}(3)) + 5.94\sin\left(5t + \tan^{-1}\left(\frac{2}{15}\right)\right)〔\mathrm{V}〕$$

$$i(t) = 2\sqrt{5}\sin\left(2t + \tan^{-1}\left(\frac{1}{2}\right)\right) + 0.59\sin(5t - \tan^{-1}(5))〔\mathrm{A}〕$$

となる。 ◇

例題 6.23 では角周波数が電源ごとに異なっていたため，複素数領域で重ね合わせの理を使うことができなかったが，例題 6.24 のように角周波数が等しい場合は複素数領域でも重ね合わせの理が成り立つ。

例題 6.24　図 **6.47** の回路において，$e(t) = 2\sin(2t)$〔V〕，$j(t) = 7\sin(2t)$〔A〕である。定常状態における節点 a の電位 $u_{\mathrm{a}}(t)$ を求めよ。

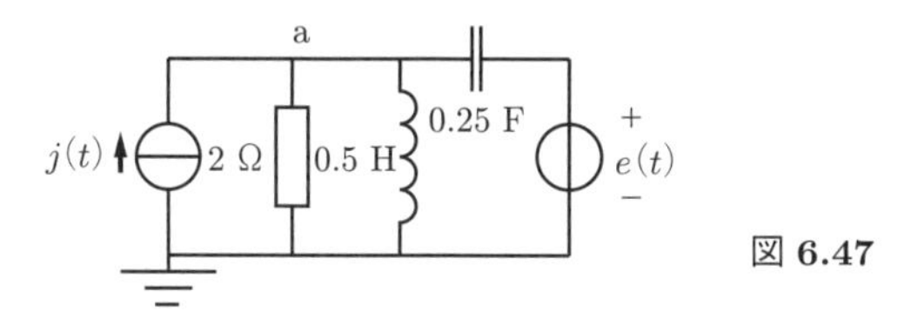

図 **6.47**

【解答】　電流源を開放除去したときの複素数領域等価回路を図 **6.48** に示す。分圧により節点電位フェーザ $\dot{U}_{\mathrm{a1}}$ は次式のようになる。

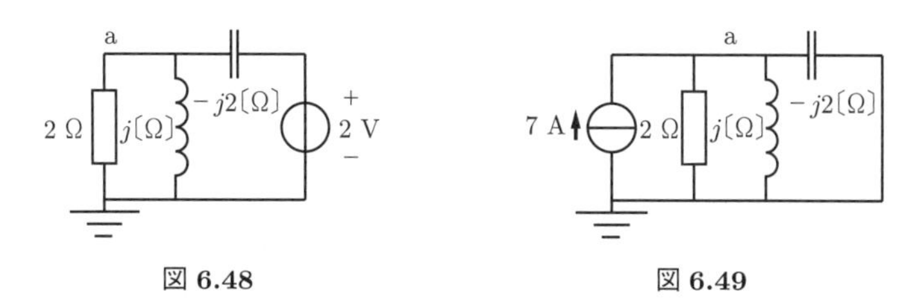

図 **6.48**　　図 **6.49**

$$\dot{U}_{\mathrm{a1}} = \frac{2 \parallel j}{(2 \parallel j) - j2} \cdot 2 = \frac{\dfrac{j2}{2+j} \cdot 2}{\dfrac{j2}{2+j} - j2} = \frac{j2}{1-j} = -1 + j \,〔\mathrm{V}〕$$

電圧源を短絡除去したときの複素数領域等価回路を図 **6.49** に示す。節点電位フェーザ $\dot{U}_{\mathrm{a2}}$ は

$$\dot{U}_{\mathrm{a2}} = \frac{7}{2 \parallel j \parallel -j2} = \frac{7}{\dfrac{1}{2} + \dfrac{1}{j} - \dfrac{1}{j2}} = \frac{14}{1-j} = 7 + j7 \,〔\mathrm{V}〕$$

となる。重ね合わせの理より節点電位フェーザ $\dot{U}_{\mathrm{a}}$ は

$$\dot{U}_{\mathrm{a}} = \dot{U}_{\mathrm{a1}} + \dot{U}_{\mathrm{a2}} = 6 + j8 = 10e^{j\tan^{-1}(4/3)} \,〔\mathrm{V}〕$$

となる。よって，$u_{\mathrm{a}}(t)$ は次式のようになる。

$$u_{\mathrm{a}}(t) = 10\sin\left(2t + \tan^{-1}\left(\frac{4}{3}\right)\right) 〔\mathrm{V}〕$$

時間領域に戻してから重ね合わせの理を適用した場合と結果が同じになることを確認する。

$$\begin{aligned} u_{\mathrm{a}}(t) &= u_{\mathrm{a1}}(t) + u_{\mathrm{a2}}(t) = \sqrt{2}\sin\left(2t + \frac{3\pi}{4}\right) + 7\sqrt{2}\sin\left(2t + \frac{\pi}{4}\right) \\ &= -\sin(2t) + \cos(2t) + 7\sin(2t) + 7\cos(2t) = 6\sin(2t) + 8\cos(2t) \\ &= 10\left(\frac{3}{5}\sin(2t) + \frac{4}{5}\cos(2t)\right) = 10\sin\left(2t + \tan^{-1}\left(\frac{4}{3}\right)\right) 〔\mathrm{V}〕 \end{aligned}$$

◇

本章の章末問題【38】のように従属電源を持つ回路においては，従属電源は除去の対象とせずに独立電源だけを除去して考えればよい。

6.11　テブナンの定理とノートンの定理

複素数領域等価回路においてもテブナンの定理およびノートンの定理が成り立つ。交流回路においても成り立つことを示した鳳秀太郎の名をとって日本では鳳・テブナンの定理とも呼ばれる。

テブナンの定理

多くのインピーダンスと交流電源からなる回路網（図 **6.50**）は，1 個のインピーダンスと 1 個の交流電圧源の直列接続（図 **6.51**）に置き換えられる。

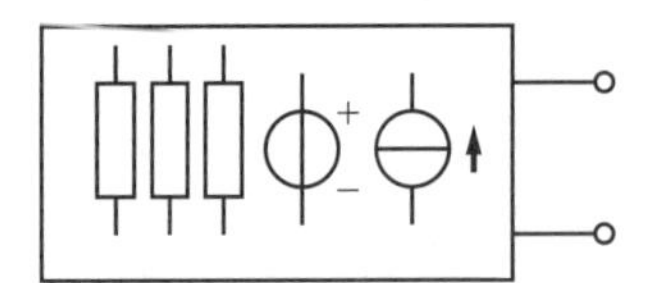

図 6.50　多くのインピーダンスと交流電源からなる回路網

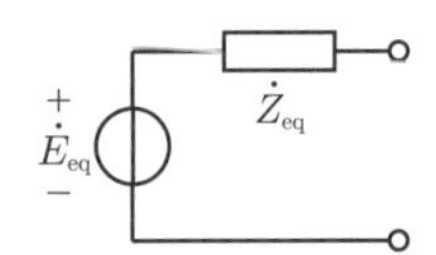

図 6.51　テブナンの等価回路

ノートンの定理

多くのインピーダンスと交流電源からなる回路網は，1 個のアドミタンスと 1 個の交流電流源の並列接続（図 **6.52**）に置き換えられる。

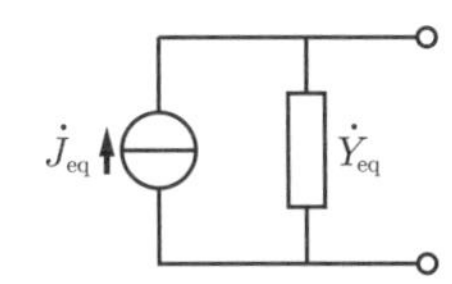

図 **6.52**　ノートンの等価回路

図 6.51 の回路は複素数領域におけるテブナンの等価回路と呼ばれ，$\dot{Z}_{eq}$ はポートから見た合成インピーダンスで，$\dot{E}_{eq}$ はポートの開放電圧フェーザである。

図 6.52 の回路は複素数領域におけるノートンの等価回路と呼ばれ，$\dot{Y}_{eq}$ はポートから見た合成アドミタンスで，$\dot{J}_{eq}$ はポートの短絡電流フェーザである。

複素数領域においても，テブナンの等価回路とノートンの等価回路は相互に変換可能である。図 6.51 のテブナンの等価回路から図 6.52 のノートンの等価回路を得るには $\dot{J}_{eq} = \dot{E}_{eq}/\dot{Z}_{eq}$，$\dot{Y}_{eq} = 1/\dot{Z}_{eq}$ とすればよく，図 6.52 のノートンの等価回路から図 6.51 のテブナンの等価回路を得るには，$\dot{E}_{eq} = \dot{J}_{eq}/\dot{Y}_{eq}$，$\dot{Z}_{eq} = 1/\dot{Y}_{eq}$ とすればよい。

テブナンの等価回路，ノートンの等価回路の求め方は直流回路と同様である。

テブナンの等価回路の求め方

- 開放電圧フェーザ $\dot{E}_{eq}$ は，ポートを開放した状態で電圧を求めればよい。
- 合成インピーダンス $\dot{Z}_{eq}$ は，以下に示す三つの方法のうちいずれかを用いて求めればよい。

  (1)　内部独立電圧源を短絡除去，内部独立電流源を開放除去した回路において，ポートから見た合成インピーダンスを求める。この方法は従属電源を持たない回路において使用可能である。

  (2)　ポートを短絡した回路において短絡電流フェーザ $\dot{I}_{sc}$ を求める。合成インピーダンス $\dot{Z}_{eq}$ は $\dot{Z}_{eq} = \dot{E}_{eq}/\dot{I}_{sc}$ により求まる。ここで，短絡電流フェーザ $\dot{I}_{sc}$ は内部独立電源を除去せずに求める。

  (3)　内部独立電圧源を短絡除去，内部独立電流源を開放除去した回路においてポートに任意の電圧フェーザ $\dot{V}$ を印加しポート電流フェーザ $\dot{I}$ を求める。合成インピーダンス $\dot{Z}_{eq}$ は $\dot{Z}_{eq} = \dot{V}/\dot{I}$ により求まる。（ポートに電流フェーザ $\dot{I}$ を流し，ポート電圧フェーザ $\dot{V}$ を求めてもよい。）

ノートンの等価回路の求め方

- 短絡電流フェーザ $\dot{J}_{eq}$ は，ポートを短絡した状態で電流を求めればよい。

- 合成アドミタンス $\dot{Y}_{\rm eq}$ は，以下に示す三つの方法のうちいずれかを用いて求めればよい。

  (1) 内部独立電圧源を短絡除去，内部独立電流源を開放除去した回路においてポートから見た合成アドミタンスを求める。この方法は従属電源を持たない回路において使用可能である。

  (2) ポートを開放した回路において開放電圧フェーザ $\dot{V}_{\rm oc}$ を求める。合成アドミタンス $\dot{G}_0$ は $\dot{G}_0 = \dot{J}_{\rm eq}/\dot{V}_{\rm oc}$ により求まる。ここで，開放電圧フェーザ $\dot{V}_{\rm oc}$ は内部独立電源を除去せずに求める。

  (3) 内部独立電圧源を短絡除去，内部独立電流源を開放除去した回路においてポートに任意の電圧フェーザ $\dot{V}$ を印加し，ポート電流フェーザ $\dot{I}$ を求める。合成アドミタンス $\dot{Y}_{\rm eq}$ は $\dot{Y}_{\rm eq} = \dot{I}/\dot{V}$ により求まる。（ポートに電流フェーザ $\dot{I}$ を流し，ポート電圧フェーザ $\dot{V}$ を求めてもよい。）

例題 6.25　**図 6.53** の回路において $e(t) = \sin(5t - \pi/4)$〔V〕である。ポート 1-1′ から見た複素数領域におけるテブナンの等価回路を求めよ。

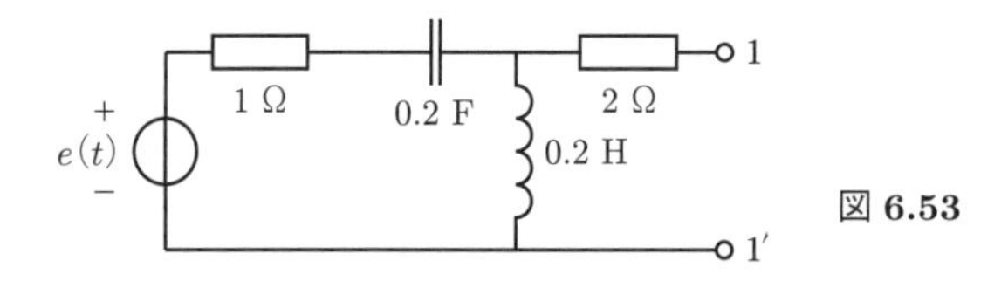

図 6.53

【解答】　複素数領域等価回路を**図 6.54** に示す。開放電圧フェーザおよび合成インピーダンスは

$$\dot{E}_{\rm eq} = \frac{j}{1-j+j}e^{-j\pi/4} = e^{j\pi/4}\,〔\mathrm{V}〕$$

$$\dot{Z}_{\rm eq} = 2 + \{j \parallel (1-j)\} = 3 + j\,〔\Omega〕$$

となる。

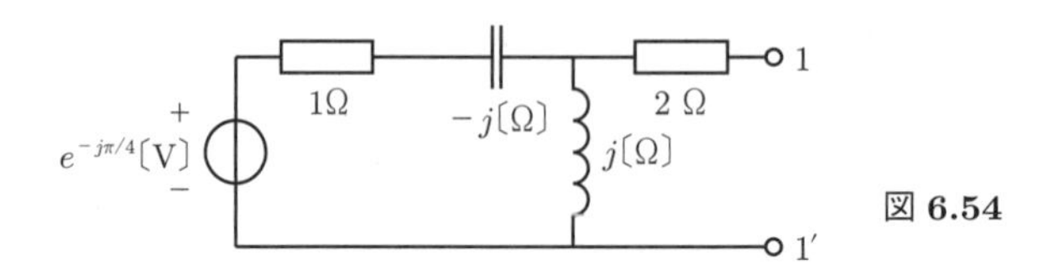

図 6.54

◇

例題 6.26　**図 6.55** の回路において，$j(t) = J\sin(5t)$〔A〕である。ポート 1-1′ から見た複素数領域におけるノートンの等価回路を求めよ。

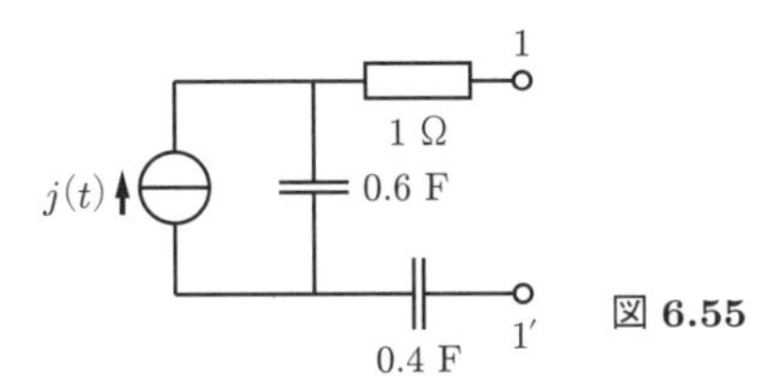

図 6.55

【解答】 複素数領域等価回路を図 **6.56** に示す。短絡電流フェーザ $\dot{J}_{\rm eq}$ および合成アドミタンスは

$$\dot{J}_{\rm eq} = \frac{1 \parallel j2}{j3 + (1 \parallel j2)} J = \frac{\dfrac{j2}{1+j2}}{j3 + \dfrac{j2}{1+j2}} J = \frac{j2}{j3 - 6 + j2} J = \frac{10 - j12}{61} J\,〔\mathrm{A}〕$$

$$\dot{Y}_{\rm eq} = 1 \parallel j3 \parallel j2 = \frac{1}{1 + \dfrac{1}{j3} + \dfrac{1}{j2}} = \frac{-6}{-6 + j5} = \frac{36 + j30}{61}\,〔\mathrm{S}〕$$

となる。

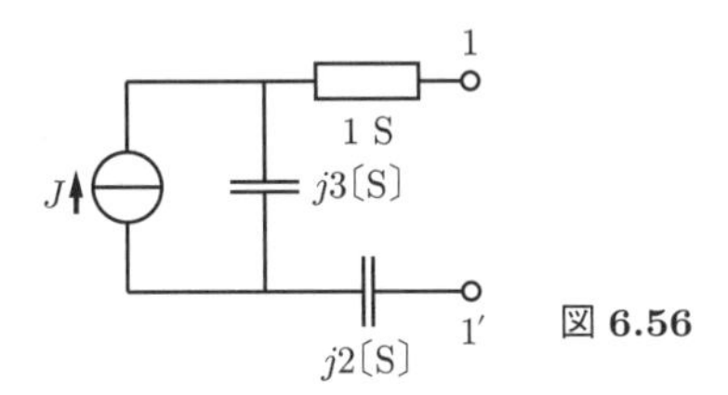

図 6.56

◇

例題 6.27 図 **6.57** の回路において，$e(t) = 5\sin(2t + \pi/3)$〔V〕である。ポート 1-1′ から見た複素数領域におけるノートンの等価回路を求めよ。

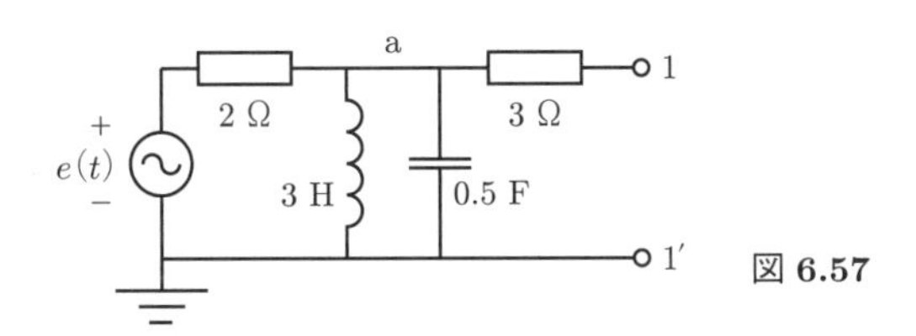

図 6.57

【解答】 複素数領域等価回路を図 **6.58** に示す。

まず，短絡電流フェーザを求める。ポート 1-1′ を短絡した回路において，節点 a の電位フェー

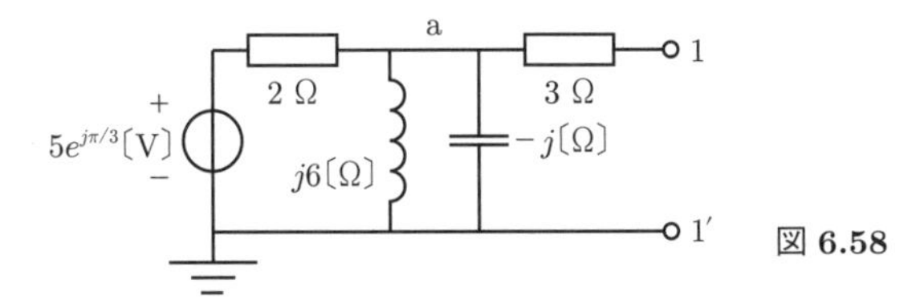

図 6.58

ザを $\dot{U}_{\rm a}$ として節点方程式を立てると

$$\frac{\dot{U}_{\rm a}-5e^{j\pi/3}}{2}+\frac{\dot{U}_{\rm a}}{j6}+\frac{\dot{U}_{\rm a}}{-j}+\frac{\dot{U}_{\rm a}}{3}=0$$

となる。これを $\dot{U}_{\rm a}$ について解くと

$$(6-j2+j12+4)\dot{U}_{\rm a}=30e^{j\pi/3}$$

$$\dot{U}_{\rm a}=\frac{3e^{j\pi/3}}{1+j}=\frac{3e^{j\pi/3}}{\sqrt{2}e^{j\pi/4}}=\frac{3\sqrt{2}}{2}e^{j\pi/12}\,\text{〔V〕}$$

となる。よって，短絡電流フェーザは次式のようになる。

$$\dot{J}_{\rm eq}=\frac{\dot{U}_{\rm a}}{3}=\frac{\sqrt{2}}{2}e^{j\pi/12}\,\text{〔A〕}$$

つぎに，電圧源を短絡した回路において合成アドミタンスを求めると

$$\dot{Y}_{\rm eq}=\frac{1}{3}\parallel\left(\frac{1}{2}+\frac{1}{j6}+j\right)=\frac{4+j}{15}\,\text{〔S〕}$$

となる。 

例題 6.28　**図 6.59** の回路において，ポート 1-1′ から見た複素数領域におけるテブナンの等価回路を求めよ。

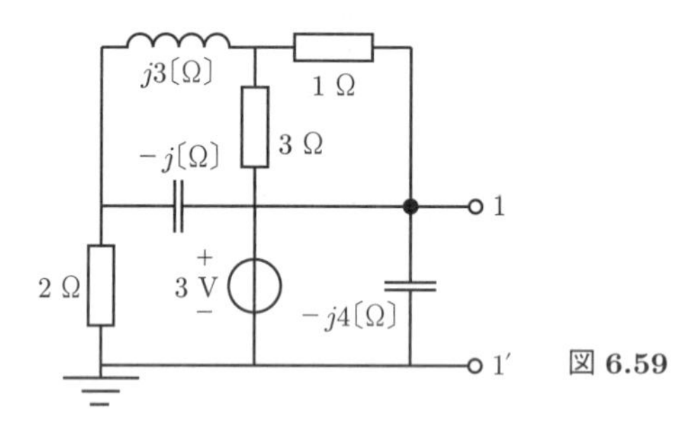

図 6.59

【解答】　まず，開放電圧フェーザ $\dot{E}_{\rm eq}$ を求める。電圧源を電流源に変換した**図 6.60** の回路において，節点方程式を立てると

$$\begin{bmatrix}\frac{1}{2}+j-\frac{j}{3} & \frac{j}{3} & -j\\ \frac{j}{3} & -\frac{j}{3}+\frac{1}{3}+1 & -1\\ -j & -1 & 1+j+\frac{j}{4}\end{bmatrix}\begin{bmatrix}\dot{U}_{\rm a}\\ \dot{U}_{\rm b}\\ \dot{U}_{\rm c}\end{bmatrix}=\begin{bmatrix}0\\1\\0\end{bmatrix}$$

となる。これを解くと開放電圧フェーザ $\dot{E}_{\rm eq}$ は

$$\dot{E}_{\rm eq}=\dot{U}_{\rm c}=\frac{60+j48}{19+j70}\approx 0.86-j0.62\,\text{〔V〕}$$

となる。

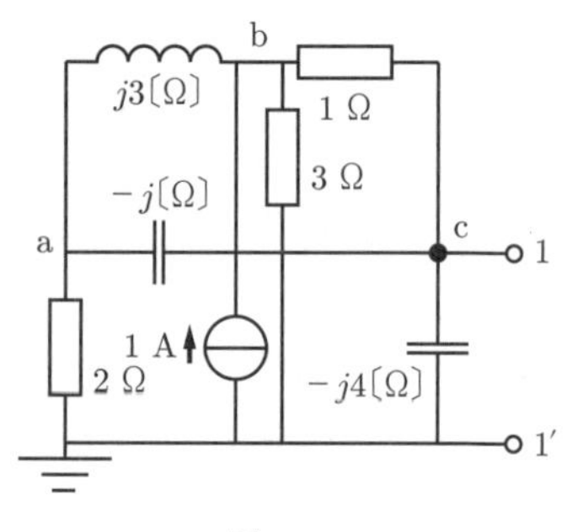

図 6.60

つぎに，合成インピーダンスを求める。ポートを短絡した回路（図 **6.61**）を考える。ポートに並列なキャパシタには電流が流れないことに注意して，図 **6.62** のように閉路をとり閉路方程式を立てると

$$\begin{bmatrix} 2-j & 2 & 0 \\ 2 & 2+j3+3 & -3 \\ 0 & -3 & 1+3 \end{bmatrix} \begin{bmatrix} \dot{L}_{\mathrm{o}} \\ \dot{L}_{\mathrm{p}} \\ \dot{L}_{\mathrm{q}} \end{bmatrix} = \begin{bmatrix} 0 \\ -3 \\ 3 \end{bmatrix}$$

となる。これを解くと閉路電流フェーザは

$$\dot{L}_{\mathrm{o}} = \frac{6}{18+j13}\,〔\mathrm{A}〕, \qquad \dot{L}_{\mathrm{q}} = \frac{9+j12}{18+j13}\,〔\mathrm{A}〕$$

となる。よって，電流フェーザ $\dot{I}_{\mathrm{sc}}$ は

$$\dot{I}_{\mathrm{sc}} = \dot{L}_{\mathrm{o}} + \dot{L}_{\mathrm{q}} = \frac{15+j12}{18+j13} \approx 0.86 + j0.04\,〔\mathrm{A}〕$$

となる。したがって，合成インピーダンスは

$$\dot{Z}_{\mathrm{eq}} = \frac{\dot{E}_{\mathrm{eq}}}{\dot{I}_{\mathrm{sc}}} = \frac{5\,008 - j4\,052}{5\,261} \approx 0.95 - j0.77\,〔\Omega〕$$

となる。

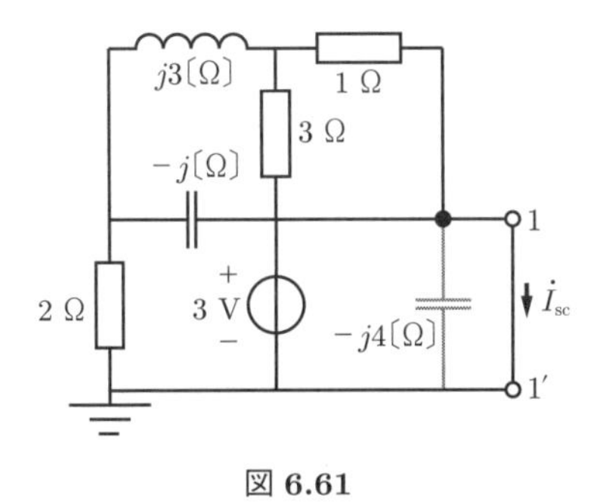

図 **6.61**

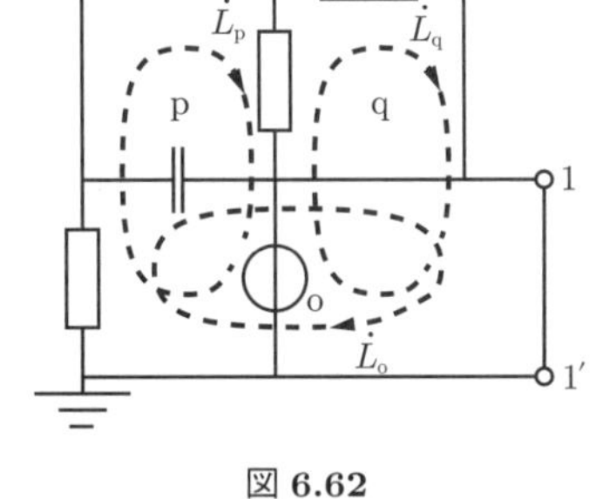

図 **6.62**

◇

例題 6.29　例題 6.22 の回路において，ポートから見た複素数領域におけるテブナンの等価回路を求めよ。

【解答】　例題 6.22 で求めた $\dot{V}_{\mathrm{out}}$ が開放電圧フェーザとなる。

$$\dot{E}_{\mathrm{eq}} = \frac{-g_{\mathrm{m}}R_2 + j\omega R_2 C_2}{1 - \omega^2 R_1 R_2 C_1 C_2 + j\omega(R_1C_1 + R_1C_2 + R_2C_2 + g_{\mathrm{m}}R_1R_2C_2)}\dot{V}_{\mathrm{in}}$$

合成インピーダンスを求めるために内部独立電源を除去しポートに電流源 $\dot{I}$ を接続した回路（図 **6.63**）において節点 a，b に関して節点方程式を立てると

$$\begin{bmatrix} \dfrac{1}{R_1} + j\omega C_1 + j\omega C_2 & -j\omega C_2 \\ -j\omega C_2 & j\omega C_2 + \dfrac{1}{R_2} \end{bmatrix} \begin{bmatrix} \dot{U}_{\mathrm{a}} \\ \dot{U}_{\mathrm{b}} \end{bmatrix} = \begin{bmatrix} 0 \\ \dot{I} - g_{\mathrm{m}}\dot{V}_1 \end{bmatrix}$$

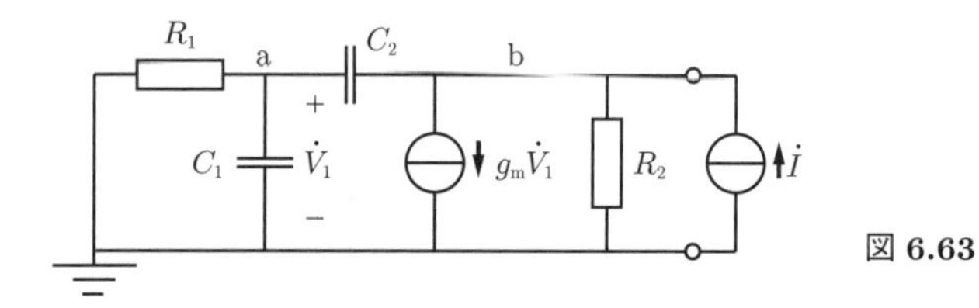

図 **6.63**

となる。$\dot{V}_1 = \dot{U}_a$ より，$g_m\dot{V}_1$ を左辺に移項すると

$$\begin{bmatrix} \dfrac{1}{R_1} + j\omega C_1 + j\omega C_2 & -j\omega C_2 \\ -j\omega C_2 + g_m & j\omega C_2 + \dfrac{1}{R_2} \end{bmatrix} \begin{bmatrix} \dot{U}_a \\ \dot{U}_b \end{bmatrix} = \begin{bmatrix} 0 \\ \dot{I} \end{bmatrix}$$

となる。これを $\dot{U}_b$ について解くと

$$\dot{U}_b = \frac{R_2 + j\omega R_1R_2(C_1 + C_2)}{1 - \omega^2 R_1R_2C_1C_2 + j\omega(R_1C_1 + R_1C_2 + R_2C_2 + g_mR_1R_2C_2)}\dot{I}$$

となる。したがって，合成インピーダンスは

$$\dot{Z}_{eq} = \frac{\dot{U}_b}{\dot{I}} = \frac{R_2 + j\omega R_1R_2(C_1 + C_2)}{1 - \omega^2 R_1R_2C_1C_2 + j\omega(R_1C_1 + R_1C_2 + R_2C_2 + g_mR_1R_2C_2)}$$

となる。 ◇

章　末　問　題

【**1**】 図 **6.64** の回路において，$\dot{E}$，$\dot{Z}_1$，$\dot{Z}_2$，$\dot{Z}_3$，$\dot{Z}_4$，$\dot{I}_4$ が既知であるとする。電流フェーザ $\dot{I}_1$，$\dot{I}_2$ を $\dot{E}$，$\dot{Z}_1$，$\dot{Z}_2$，$\dot{Z}_3$，$\dot{Z}_4$，$\dot{I}_4$ のうち必要なものを用いて表せ。

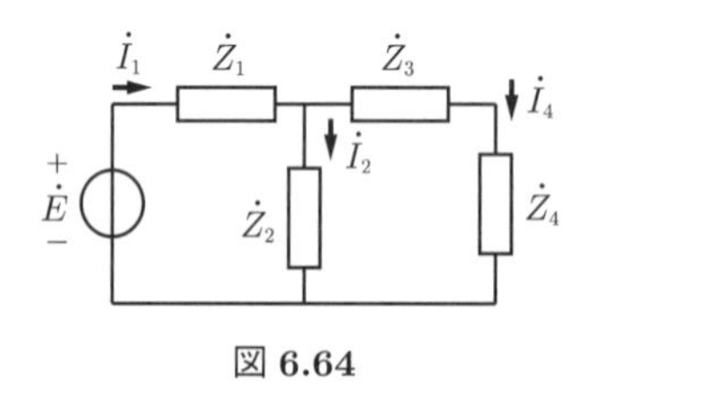

図 **6.64**

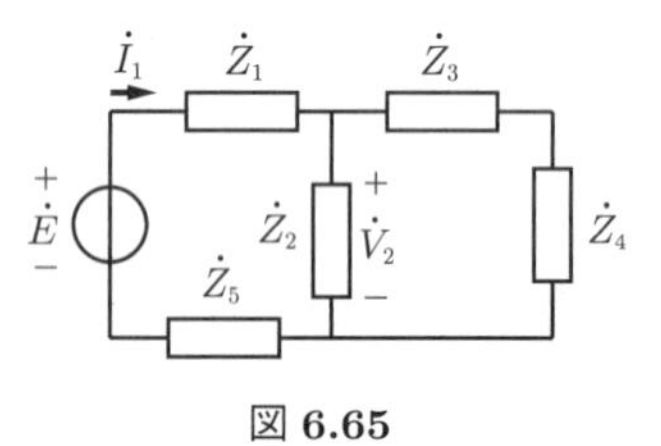

図 **6.65**

【**2**】 図 **6.65** の回路において，$\dot{I}_1 = 1 + j$〔A〕，$\dot{V}_2 = 2 + j4$〔V〕，$\dot{Z}_1 = j4$〔Ω〕，$\dot{Z}_2 = 4\,\Omega$，$\dot{Z}_3 = 1\,\Omega$，$\dot{Z}_5 = 3 - j2$〔Ω〕である。$\dot{Z}_4$，$\dot{E}$ を求めよ。

【**3**】 図 **6.66** の回路において $i(t) = 10\sin(\omega t + \pi/2)$〔A〕，$\omega = 4\,\text{krad/s}$ である。定常状態における電圧 $e(t)$，$v_R(t)$，$v_L(t)$，$v_C(t)$ を求めよ。ただし，それぞれを 1 個の正弦関数で表せ。

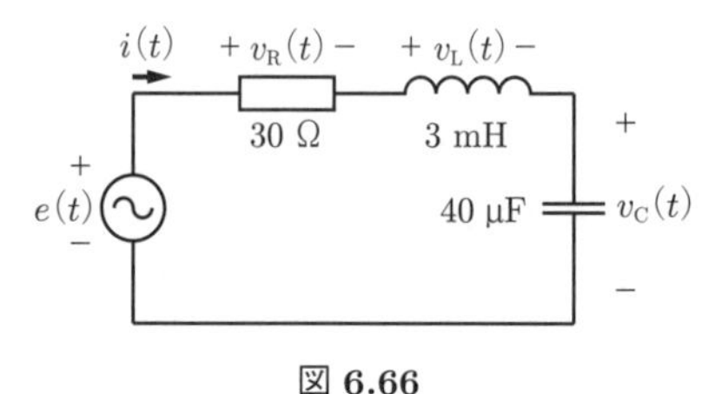

図 **6.66**

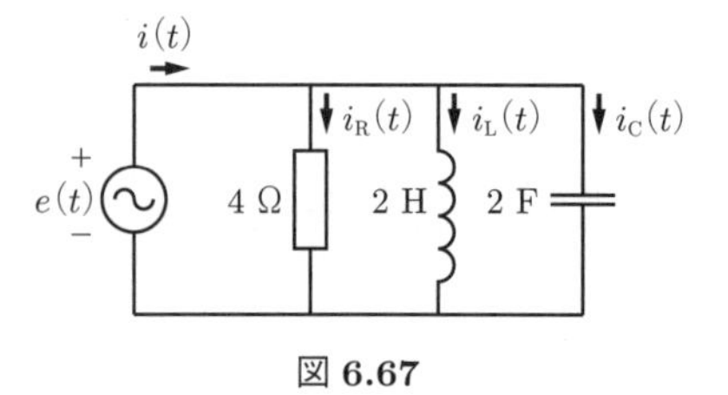

図 **6.67**

【4】 図 **6.67** の回路において $e(t) = 2\sin(2t - \pi/4)$〔V〕である。定常状態における電流 $i(t)$，$i_{\mathrm{R}}(t)$，$i_{\mathrm{L}}(t)$，$i_{\mathrm{C}}(t)$ を求めよ。ただし，それぞれを 1 個の正弦関数で表せ。

【5】 図 **6.68** の回路において $e(t) = 5\sin(5t + 2\pi/3)$〔V〕である。電源から見た合成インピーダンス $\dot{Z}$ を求めよ。

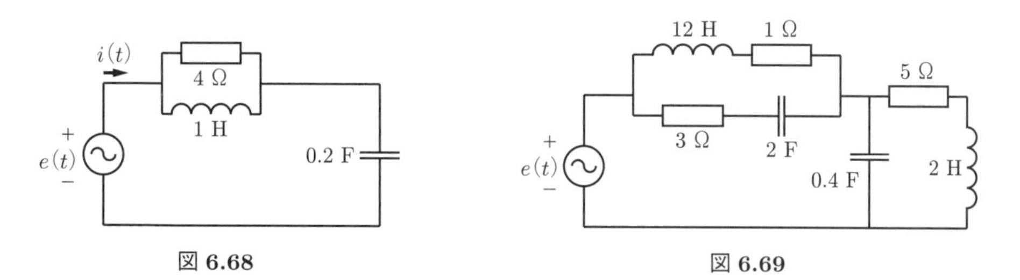

図 **6.68**　　　　図 **6.69**

【6】 図 **6.69** の回路において $e(t)$ は角周波数 0.5 rad/s の交流電源である。電源から見た合成インピーダンス $\dot{Z}$ を求めよ。

【7】 図 **6.70** の回路において $e(t) = 10\sin(2t + \pi/6)$〔V〕である。ポート 1-1′，2-2′，3-3′ の右側の回路の合成インピーダンス $\dot{Z}_{1-1'}$，$\dot{Z}_{2-2'}$，$\dot{Z}_{3-3'}$ を求めよ。

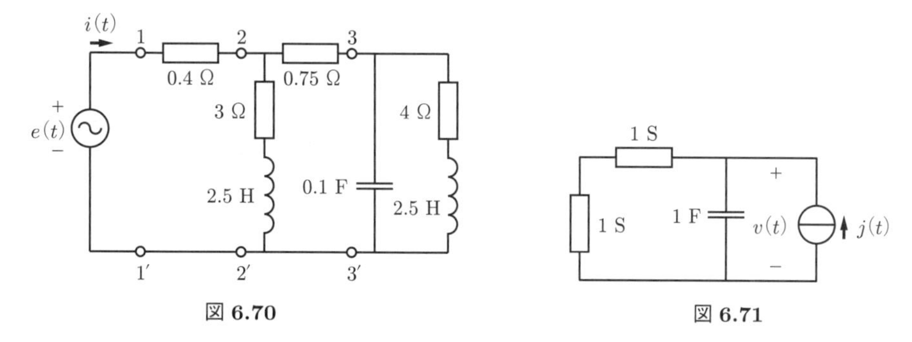

図 **6.70**　　　　図 **6.71**

【8】 図 **6.71** の回路において，$j(t) = \sin(t/2 + \pi/4)$〔A〕である。定常状態における電圧 $v(t)$ を求めよ。

【9】 図 **6.72** の回路において，$e(t) = \sin(0.5t - \pi/4)$〔V〕である。定常状態における電圧 $v(t)$ を求めよ。

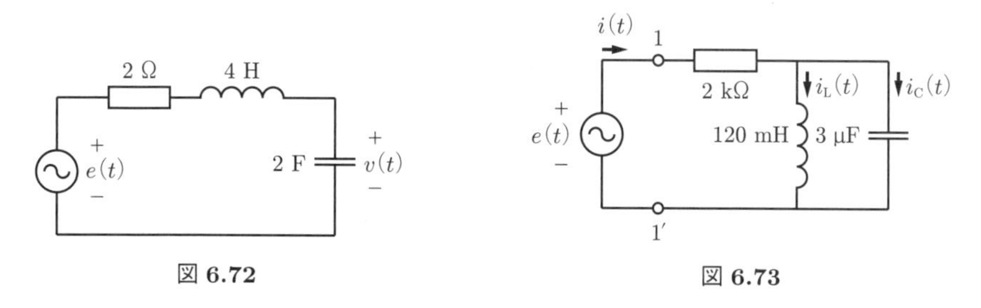

図 **6.72**　　　　図 **6.73**

【10】 図 **6.73** の回路において $e(t) = 3\sin(\omega t)$〔V〕，$\omega = 5\,\mathrm{krad/s}$ である。ポート 1-1′ の右側の回路の合成インピーダンス $\dot{Z}$ を求めよ。さらに，定常状態における電流 $i(t)$，$i_{\mathrm{L}}(t)$，$i_{\mathrm{C}}(t)$ を求めよ。

【11】 図 **6.74** の回路において $e(t) = 10\sin(\omega t)$〔V〕，$\omega = 0.2\,\mathrm{Mrad/s}$ である。定常状態における電圧 $v(t)$ を求めよ。

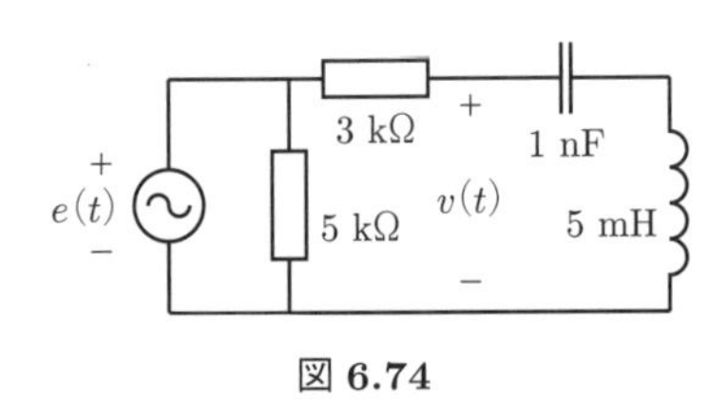

図 **6.74**

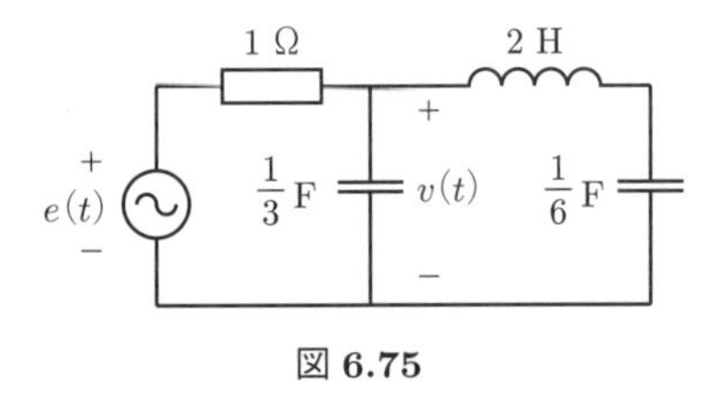

図 **6.75**

【**12**】 図 **6.75** の回路において，$e(t) = 2\sin(3t)$〔V〕である。定常状態における電圧 $v(t)$ を求めよ。

【**13**】 図 **6.76** の回路において $e(t)$ は角周波数 ω〔rad/s〕の交流電圧源で，$R_1 = 3\,\mathrm{k\Omega}$，$R_2 = 12\,\mathrm{k\Omega}$，$L_1 = 2\,\mathrm{mH}$，$L_2 = 2\,\mathrm{mH}$ である。定常状態において，電流 $i(t)$ の位相が交流電圧源 $e(t)$ より $\pi/2$〔rad〕遅れる角周波数 ω を求めよ。

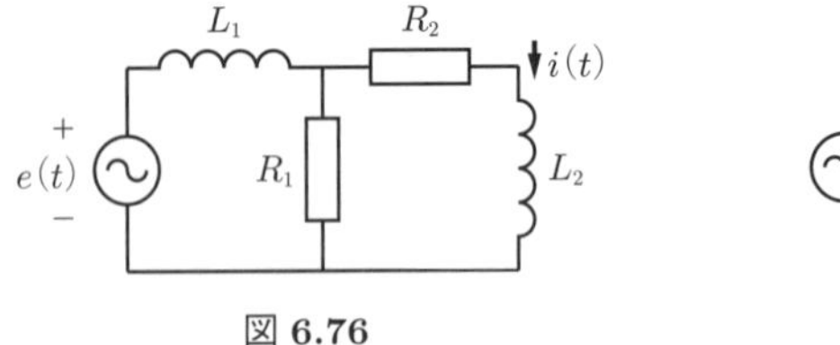

図 **6.76**

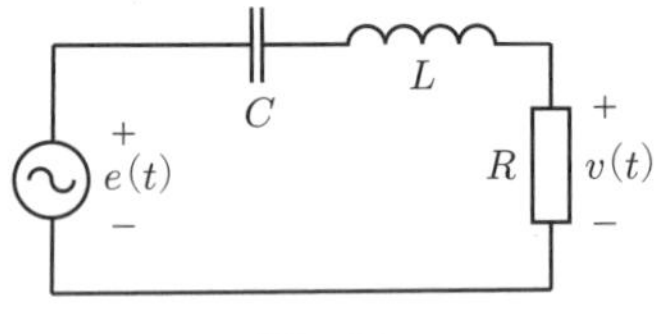

図 **6.77**

【**14**】 図 **6.77** の回路において $e(t)$ は角周波数 ω〔rad/s〕の交流電圧源で，$R = 9\,\Omega$ である。定常状態において，$\omega = 1\,\mathrm{rad/s}$ のとき $v(t)$ の位相は $e(t)$ より $\pi/4$〔rad〕進み，$\omega = 10\,\mathrm{rad/s}$ のとき $v(t)$ と $e(t)$ は同位相となる。インダクタンス L およびキャパシタンス C を求めよ。

【**15**】 図 **6.78** の回路では任意の角周波数 ω〔rad/s〕において，$\dot{I} = 0$ となる。平衡条件からインダクタンス L を求めよ。

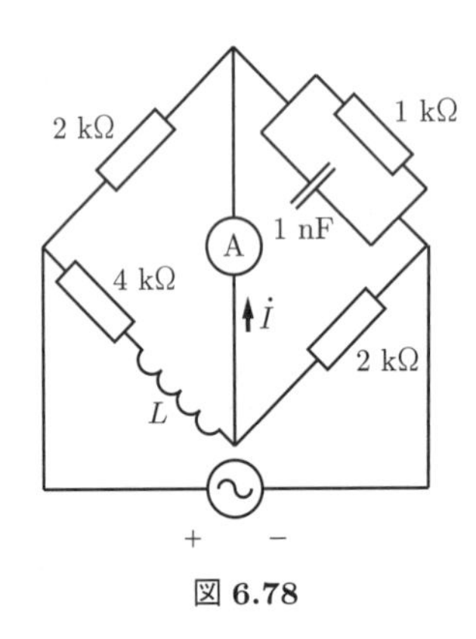

図 **6.78**

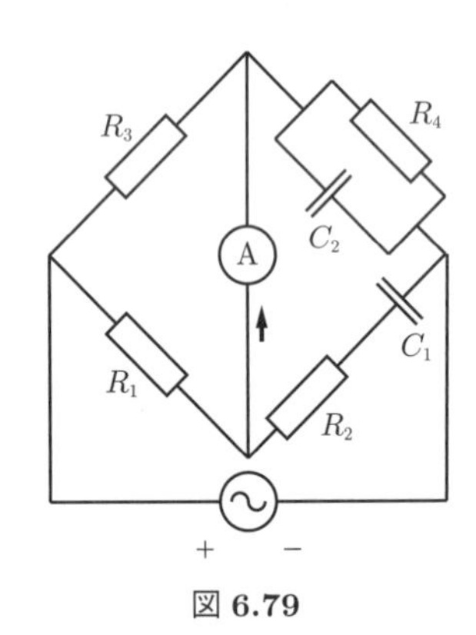

図 **6.79**

【**16**】 図 **6.79** の回路はウィーンブリッジ（Wien bridge）と呼ばれる。平衡条件（R_1，R_2，R_3，R_4，L，C，ω の関係式）を求めよ。ただし，交流電圧源の角周波数を ω〔rad/s〕とする。

【**17**】 図 **6.80** の交流回路において，複素数領域での節点方程式を求めよ。また，節点 a，b，c の電位フェーザ $\dot{U}_\mathrm{a}$，$\dot{U}_\mathrm{b}$，$\dot{U}_\mathrm{c}$ を求めよ。

【**18**】 図 **6.81** の回路において，$j_1(t) = \sin(2t)$〔A〕，$j_2(t) = 2\sin(2t)$〔A〕である。複素数領域での節点方程式を求めよ。また，定常状態における時間領域での節点電位 $u_\mathrm{b}(t)$ を求めよ。

【**19**】 図 **6.82** の交流回路において，節点解析により節点 a，b の電位フェーザ $\dot{U}_\mathrm{a}$，$\dot{U}_\mathrm{b}$ を求めよ。

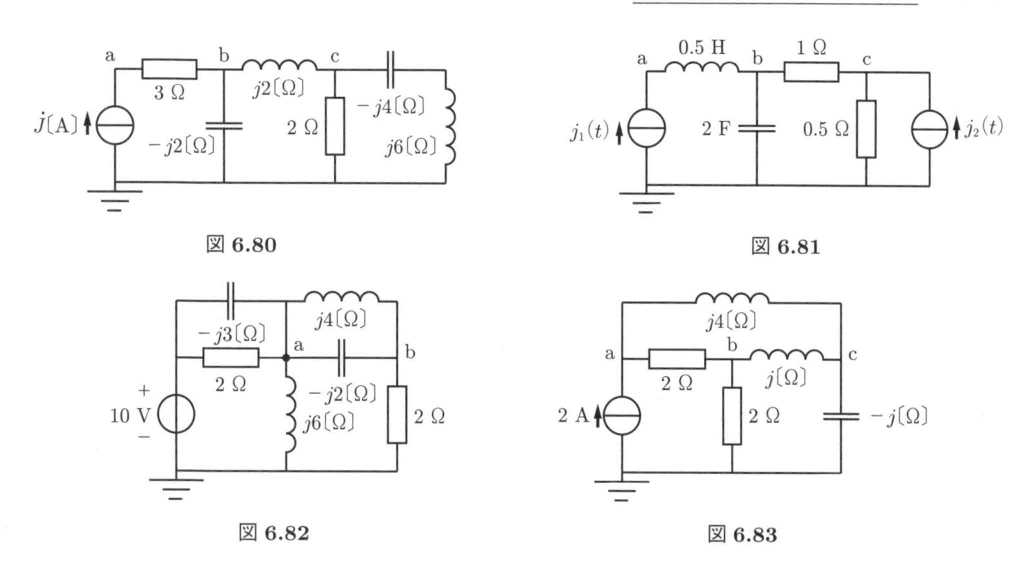

図 **6.80**　　図 **6.81**

図 **6.82**　　図 **6.83**

【20】 図 **6.83** の交流回路において，節点解析により節点 a，b，c の電位フェーザ $\dot{U}_\mathrm{a}$，$\dot{U}_\mathrm{b}$，$\dot{U}_\mathrm{c}$ を求めよ。

【21】 図 **6.84** の交流回路において，節点解析により節点 a，b，c の電位フェーザ $\dot{U}_\mathrm{a}$，$\dot{U}_\mathrm{b}$，$\dot{U}_\mathrm{c}$ を求めよ。

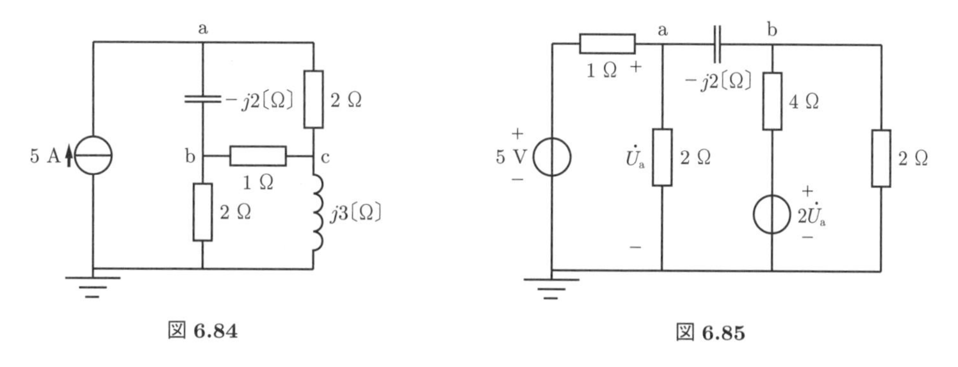

図 **6.84**　　図 **6.85**

【22】 図 **6.85** の交流回路において，節点解析により節点 a，b の電位フェーザ $\dot{U}_\mathrm{a}$，$\dot{U}_\mathrm{b}$ を求めよ。

【23】 図 **6.86** の交流回路において，節点解析により節点 a，b の電位フェーザ $\dot{U}_\mathrm{a}$，$\dot{U}_\mathrm{b}$ を求めよ。

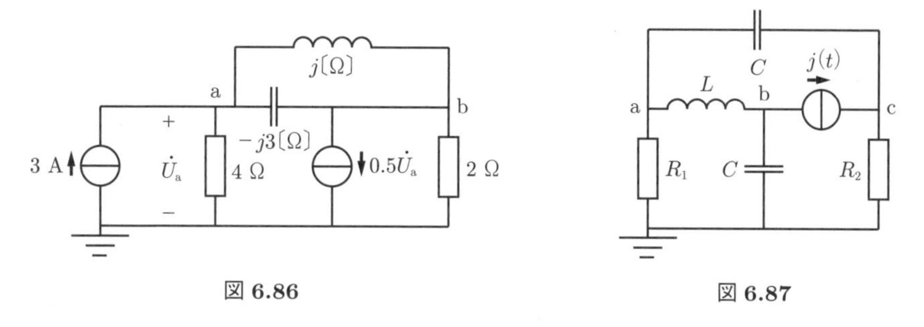

図 **6.86**　　図 **6.87**

【24】 図 **6.87** の回路において，$j(t) = J\sin(\omega t)$ である。$\omega^2 LC = 1$ の場合について，定常状態における節点 a の節点電位 $u_\mathrm{a}(t)$ を求めよ。

【25】 図 **6.88** の交流回路において，節点解析により節点 a，b の電位フェーザ $\dot{U}_{\mathrm{a}}$，$\dot{U}_{\mathrm{b}}$ を求めよ。

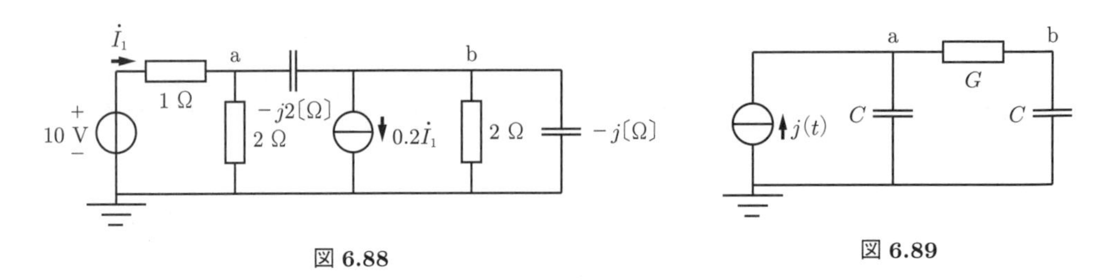

図 **6.88**　　図 **6.89**

【26】 図 **6.89** の回路において $j(t) = J\sin(\omega t)$ である。ただし，G はコンダクタンスであり，G，C ともに正である。以下の問に答えよ。

(1) 節点解析により，節点 b の節点電位フェーザ $\dot{U}_{\mathrm{b}}$ を求めよ。

(2) 角周波数 ω を 0 から ∞ まで変化させたとき，$\dot{U}_{\mathrm{b}}$ の偏角はどのように変化するか説明せよ。

【27】 図 **6.90** の交流回路において，複素数領域での閉路方程式を求めよ。また，閉路 o，p の電流フェーザ $\dot{L}_{\mathrm{o}}$，$\dot{L}_{\mathrm{p}}$ を求めよ。

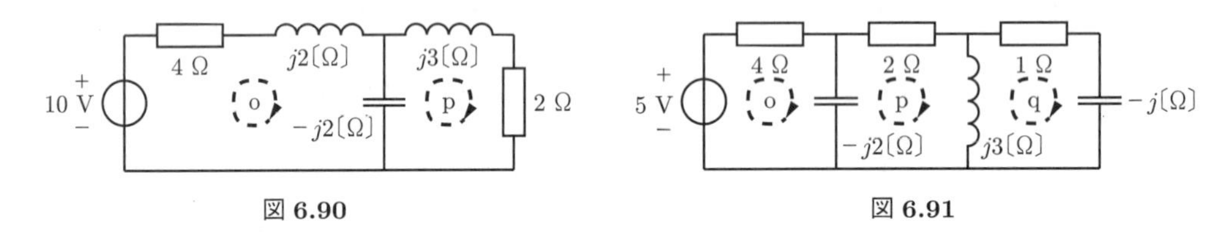

図 **6.90**　　図 **6.91**

【28】 図 **6.91** の交流回路において，複素数領域での閉路方程式を求めよ。また，閉路 o，p，q の電流フェーザ $\dot{L}_{\mathrm{o}}$，$\dot{L}_{\mathrm{p}}$，$\dot{L}_{\mathrm{q}}$ を求めよ。

【29】 図 **6.92** の交流回路において，網目解析により閉路 o，p，q の電流フェーザ $\dot{L}_{\mathrm{o}}$，$\dot{L}_{\mathrm{p}}$，$\dot{L}_{\mathrm{q}}$ を求めよ。

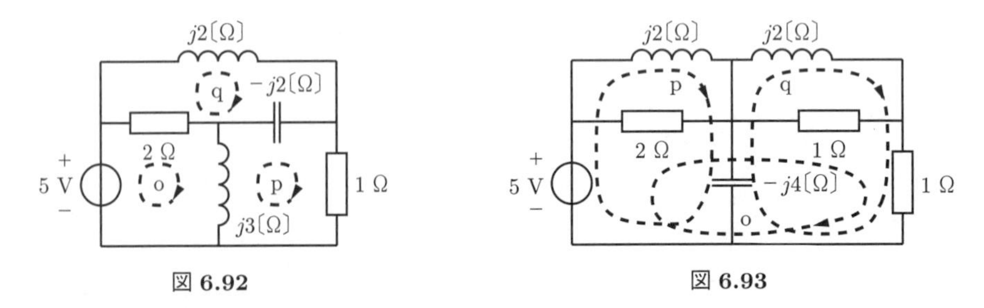

図 **6.92**　　図 **6.93**

【30】 図 **6.93** の交流回路において，網目解析により閉路 o，p，q の電流フェーザ $\dot{L}_{\mathrm{o}}$，$\dot{L}_{\mathrm{p}}$，$\dot{L}_{\mathrm{q}}$ を求めよ。

【31】 図 **6.94** の交流回路において，網目解析により閉路 o，p の電流フェーザ $\dot{L}_{\mathrm{o}}$，$\dot{L}_{\mathrm{p}}$ を求めよ。また，電圧フェーザ $\dot{V}_{\mathrm{a}}$ を求めよ。

【32】 図 **6.95** の交流回路において，網目解析により閉路 o，p，q の電流フェーザ $\dot{L}_{\mathrm{o}}$，$\dot{L}_{\mathrm{p}}$，$\dot{L}_{\mathrm{q}}$ を求めよ。

【33】 図 **6.96** の交流回路において，網目解析により閉路 o，p，q の電流フェーザ $\dot{L}_{\mathrm{o}}$，$\dot{L}_{\mathrm{p}}$，$\dot{L}_{\mathrm{q}}$ を求めよ。

【34】 図 **6.97** の交流回路において，網目解析により閉路 o，p，q の電流フェーザ $\dot{L}_{\mathrm{o}}$，$\dot{L}_{\mathrm{p}}$，$\dot{L}_{\mathrm{q}}$ を求

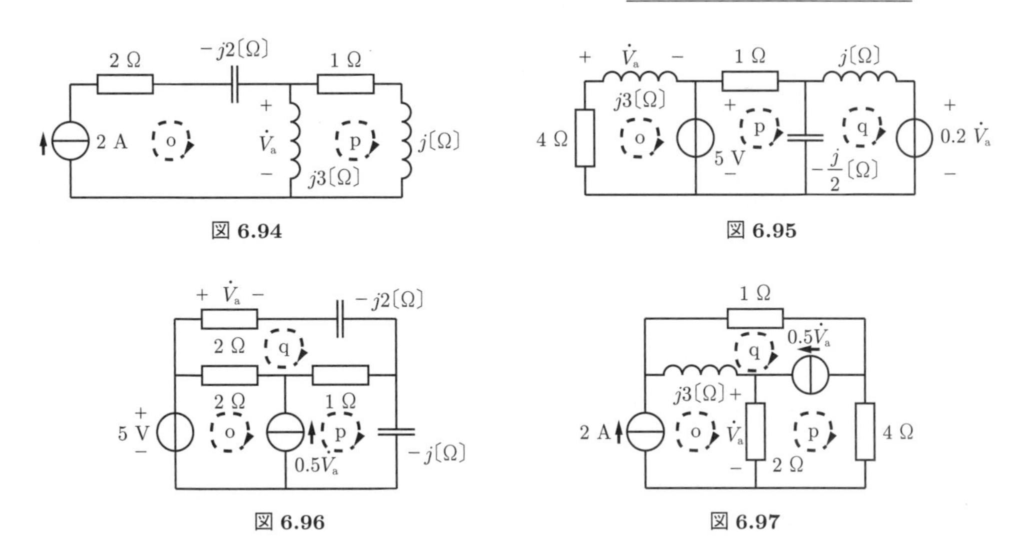

図 6.94　　図 6.95

図 6.96　　図 6.97

めよ。

【35】 図 **6.98** の回路において，$e_1(t) = \sin(t)$〔V〕，$e_2(t) = \sin(2t+\pi/2)$〔V〕，$R_1 = 1\,\Omega$，$R_2 = 2\,\Omega$，$C = 1/2\,\mathrm{F}$ である。定常状態における電流 $i(t)$ を求めよ。

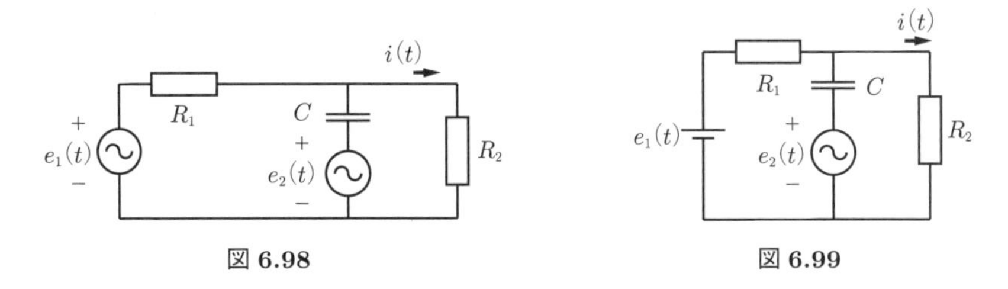

図 6.98　　図 6.99

【36】 図 **6.99** の回路において，$e_1(t) = E_1$，$e_2(t) = \sqrt{2}E_2\sin(\omega t)$ である。また，R_1，R_2，C，ω，E_1，E_2 はすべて正の定数である。定常状態における電流 $i(t)$ を求めよ。

【37】 図 **6.100** の回路において，$e(t) = 2\sin(t+\pi/4)$〔V〕，$j(t) = \sin(t/2)$〔A〕である。定常状態における電流 $i(t)$ を求めよ。

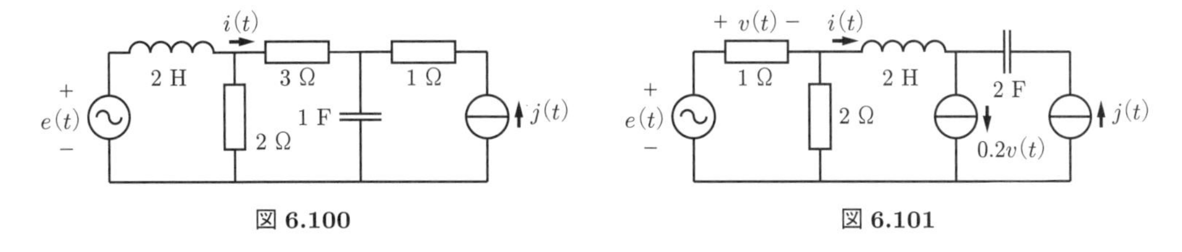

図 6.100　　図 6.101

【38】 図 **6.101** の回路において，$e(t) = 3\sin(t/2)$〔V〕，$j(t) = 2\sin(t+3\pi/4)$〔A〕である。定常状態における電流 $i(t)$ を求めよ。

【39】 図 **6.102** の交流回路において，ポート 1-1′ から見た複素数領域におけるテブナンの等価回路を求めよ。

【40】 図 **6.103** の回路において $e(t) = 3\sin(5t+\pi/4)$〔V〕である。ポート 1-1′ から見た複素数領域におけるノートンの等価回路を求めよ。

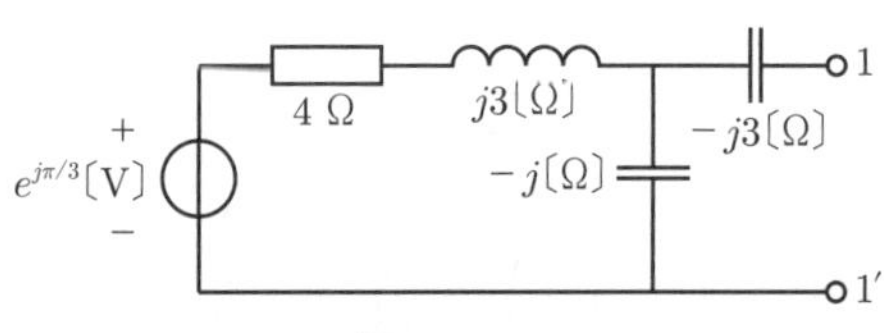
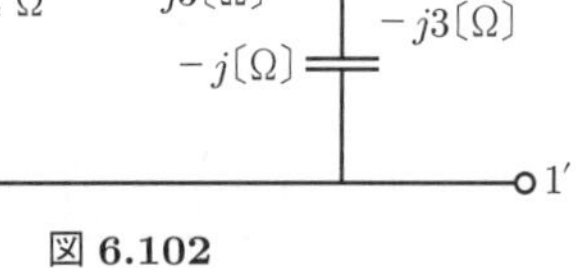

図 6.102

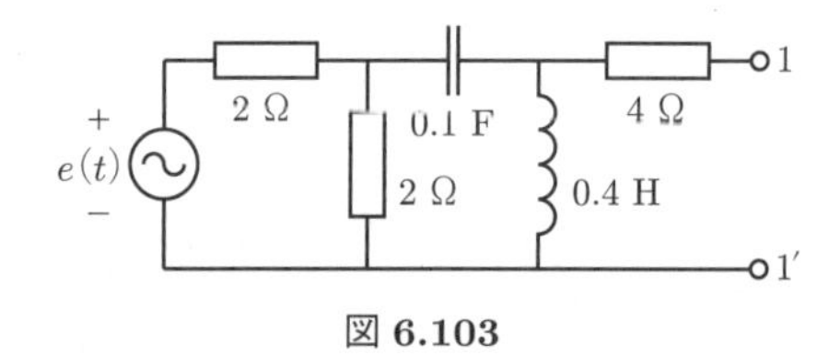

図 6.103

【41】 図 **6.104** の回路において $e(t) = 2\sin(5t - \pi/4)$〔mV〕である。ポート 1-1′ から見た複素数領域におけるテブナンの等価回路を求めよ。

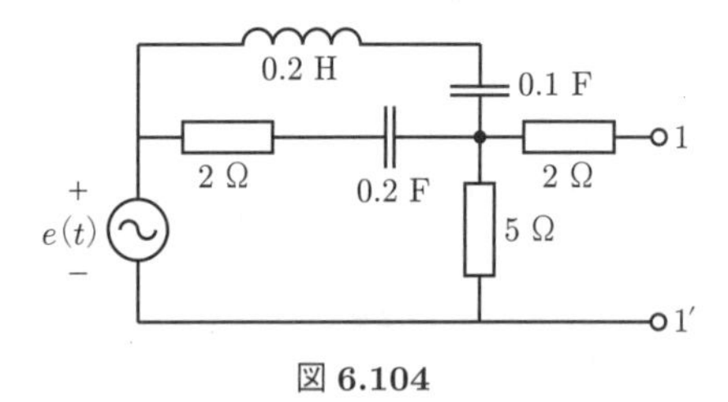

図 6.104

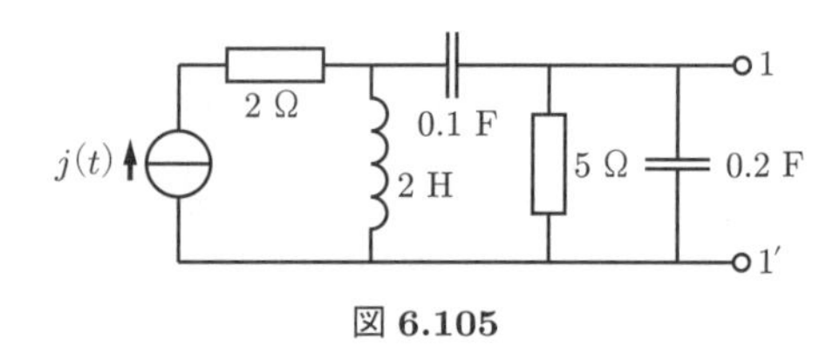

図 6.105

【42】 図 **6.105** の回路において $j(t) = 10\cos(2t)$〔mA〕である。ポート 1-1′ から見た複素数領域におけるノートンの等価回路を求めよ。

【43】 図 **6.106** の回路において $e(t) = 5\sin(5t + 3\pi/4)$〔V〕である。ポート 1-1′ から見た複素数領域におけるテブナンの等価回路を求めよ。

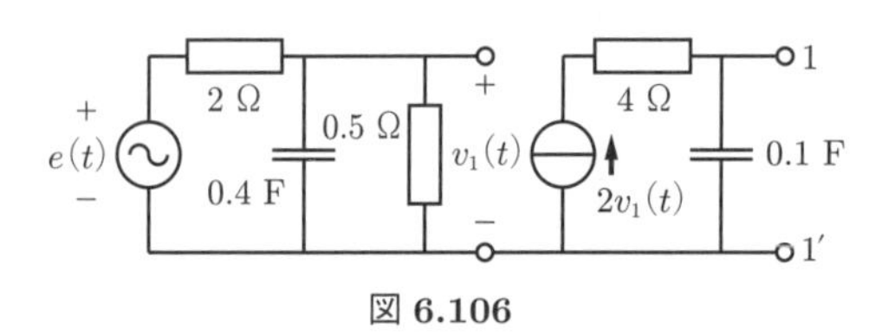

図 6.106

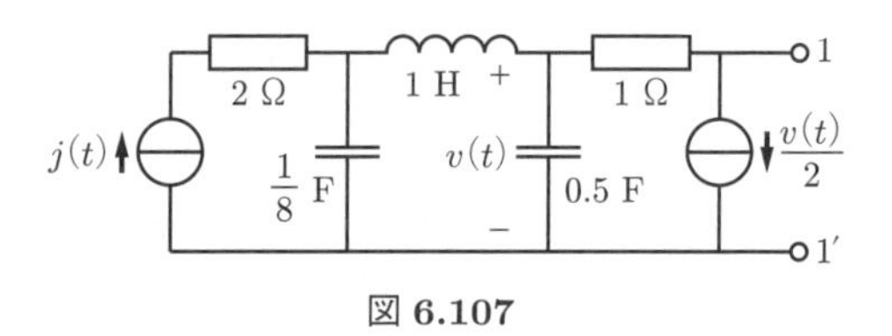

図 6.107

【44】 図 **6.107** の回路において $j(t) = 10\sin(2t)$〔A〕である。ポート 1-1′ から見た複素数領域におけるノートンの等価回路を求めよ。

【45】 図 **6.108** の回路において，$e(t) = \sin(\omega t)$〔V〕，$R = 1\,\Omega$，$L = 1\,\mathrm{H}$ である。$\omega = 1$，$\sqrt{2}\,\mathrm{rad/s}$ としたときの，$i(t)$ の振幅および電源電圧に対する位相をそれぞれ求めよ。

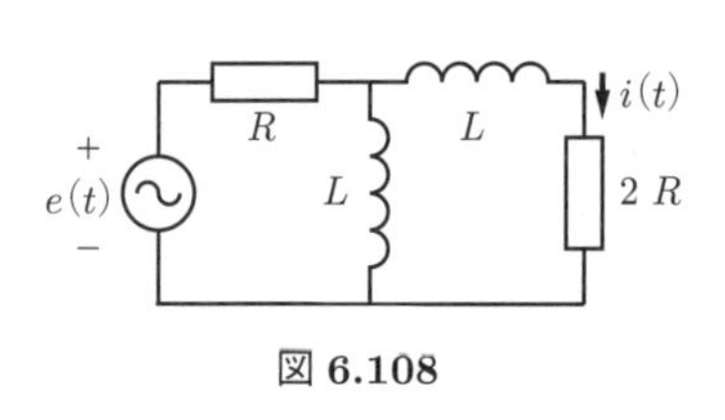

図 6.108

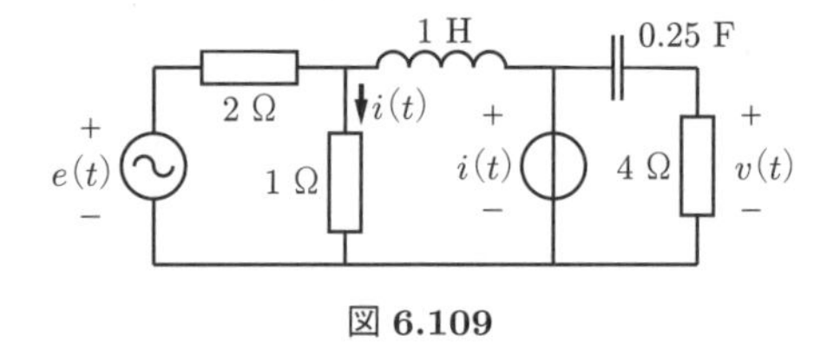

図 6.109

【46】 図 **6.109** の回路において $e(t) = 2\sin(2t)$〔V〕である。また，従属電圧源の値は $i(t)$〔V〕である。定常状態における $v(t)$ を求めよ。

【47】 図 **6.110** に示す回路において，$e(t) = \sin(\omega t)$〔V〕，$L > 0$，$C > 0$，$R > 0$ である。以下の問に答えよ。

(1) ポート 1-1′ から右側を見たインピーダンス $\dot{Z}$ が角周波数にかかわらず定抵抗 R，すなわち $\dot{Z} = R$ であるための条件（L，C，R の関係式）を求めよ。

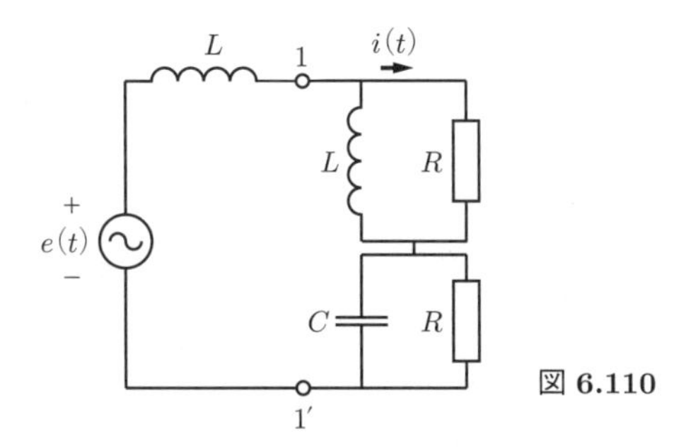

図 6.110

(2) (1) に加えて，$\omega = 1\,\mathrm{rad/s}$ であるとき，定常状態において電流 $i(t)$ が電圧源 $e(t)$ と同位相となるための条件（L，C，R の関係式）を求めよ。

【48】 図 **6.111** に示す回路において，$\dot{E}$ は角周波数 ω の交流電圧フェーザである。以下の問に答えよ。

(1) 電源から見たインピーダンス $\dot{Z} = \dot{E}/\dot{I}$ を求めよ。

(2) $\dot{Z}_\mathrm{a} = \dot{Z}_\mathrm{b} = j\omega L$ とする。このとき，$\angle\dot{I} - \angle\dot{E}$ を求めよ。

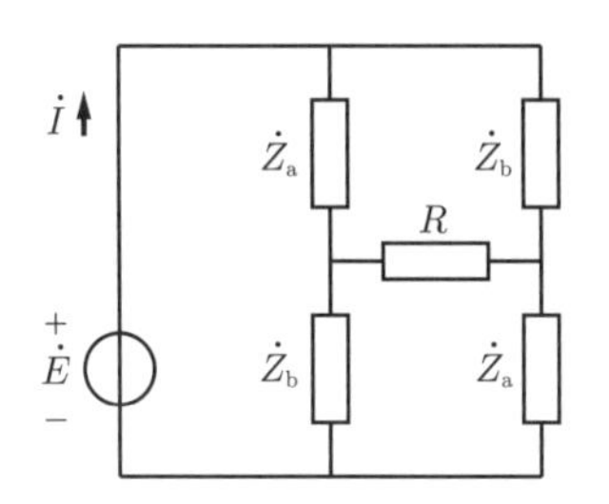

図 6.111

【49】 図 **6.112** の回路において，$e(t) = E\sin(\omega t)$ である。以下の問に答えよ。

(1) ポート 1-1′ の左側の回路の複素数領域におけるテブナンの等価回路を求めよ。

(2) 定常状態において電流 $i(t)$ の位相が $e(t)$ から $\pi/4$〔rad〕進むための ω，R，C に関する条件を求めよ。

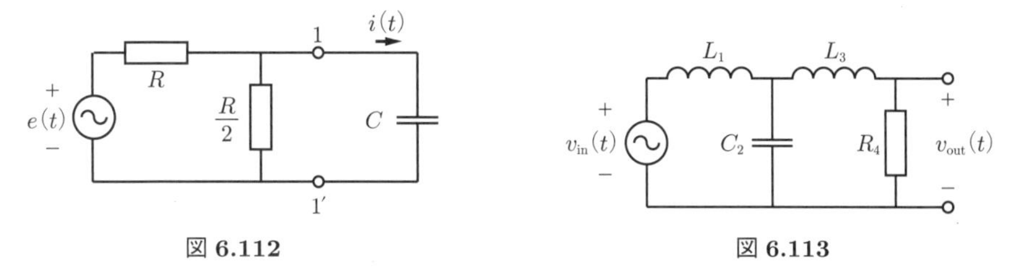

図 6.112　　図 6.113

【50】 図 **6.113** に示す回路（Cauer 型バターワースフィルタ回路）において，$v_\mathrm{in}(t)$ は角周波数 ω〔rad/s〕の交流電源，$L_1 = 3/2\,\mathrm{H}$，$C_2 = 4/3\,\mathrm{F}$，$L_3 = 1/2\,\mathrm{H}$，$R_4 = 1\,\Omega$ である。以下の問に答えよ。

(1) 出力電圧フェーザ $\dot{V}_\mathrm{out}$ を求めよ。ただし，電圧源電圧のフェーザを $\dot{V}_\mathrm{in}$ とする。

(2) ω を 0 から ∞ まで変化させたとき，定常状態における $v_\mathrm{out}(t)$ の振幅がどのように変化するか説明せよ。

7 交流電力

本章では交流電力について記述する。1 ポート素子に時刻 t にかかる電圧 $v(t)$ と流れる電流 $i(t)$ の積は，その時刻における瞬時消費電力となる。正弦波交流回路においては，瞬時消費電力の 1 周期当りの平均が消費電力としての意味を持つ。これを平均電力あるいは有効電力という。負荷で消費されずに電源と負荷の間を往復するだけの電力を無効電力といい，有効電力を実部に無効電力を虚部に持つ複素数を複素電力という。まず，電圧・電流フェーザと有効電力，無効電力，複素電力，力率との関係を記述する。つぎに，交流電源から負荷への電力伝送に関する整合（マッチング）条件について記述する。

7.1 有効電力と無効電力

図 7.1 の回路 N（負荷）は内部に独立電源を持たず，ポート 1-1′ から見たインピーダンスは $\dot{Z} = Ze^{j\theta}$ である。

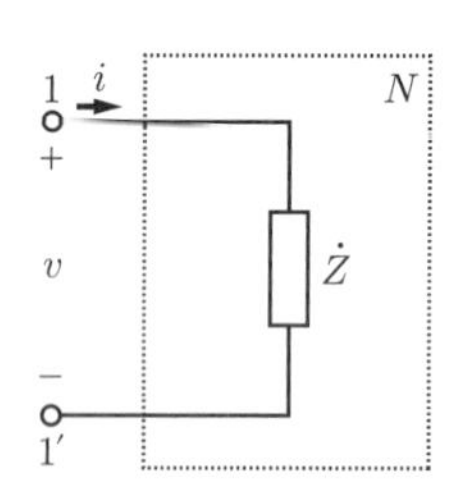

図 **7.1**　回路 N

正弦波定常状態において端子 1 から流れ込む電流の瞬時値が $i(t) = I\sin(\omega t)$ ならば，ポートにかかる電圧の瞬時値は $v(t) = V\sin(\omega t + \theta)$ となる。ただし，$V = ZI$ である。このとき，負荷で消費される瞬時電力は式 (7.1) で与えられる。

$$p(t) = VI\sin(\omega t + \theta)\sin(\omega t) = \frac{1}{2}VI(\cos(\theta) - \cos(2\omega t + \theta)) \tag{7.1}$$

式 (7.1) 最右辺の第 1 項 $(1/2)VI\cos(\theta)$ は定数なので，$p(t)$ は**図 7.2** のように $(1/2)VI\cos(\theta)$ を中心に角周波数 2ω で周期的に変化する。また，周期 $T = 2\pi/\omega$ での平均電力は式 (7.2) となる。

$$P = \frac{1}{T}\int_0^T p(t)\mathrm{d}t = \frac{1}{2}VI\cos(\theta) \tag{7.2}$$

負荷が抵抗器，キャパシタ，インダクタのみである場合の瞬時電力は，偏角 θ がそれぞれ 0，$-\pi/2$〔rad〕，$\pi/2$〔rad〕になるので式 (7.3)〜(7.5) となる（**図 7.3**）。

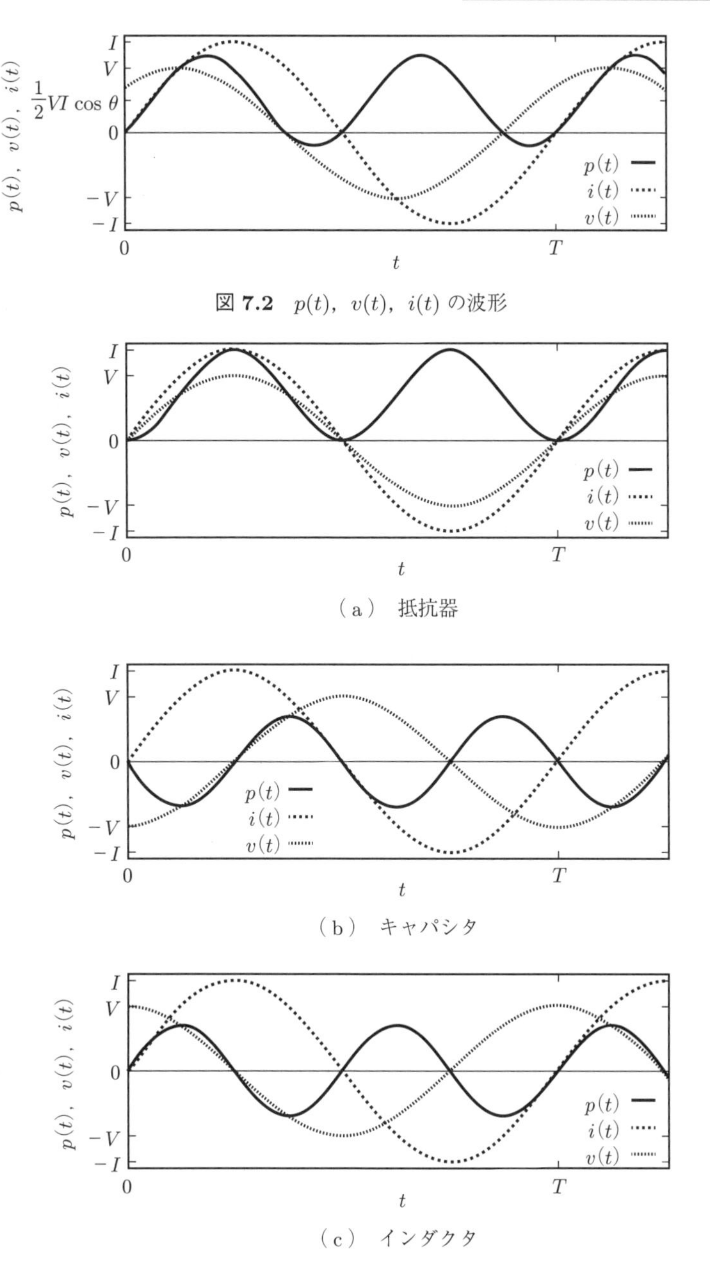

図 **7.2**　$p(t)$，$v(t)$，$i(t)$ の波形

（a）　抵抗器

（b）　キャパシタ

（c）　インダクタ

図 **7.3**　抵抗器，キャパシタ，インダクタでの瞬時電力，電圧，電流

$$\text{抵抗器：}\quad p(t) = \frac{1}{2}VI(1 - \cos(2\omega t)) \tag{7.3}$$

$$\text{キャパシタ：}\quad p(t) = -\frac{1}{2}VI\cos\left(2\omega t - \frac{\pi}{2}\right) = -\frac{1}{2}VI\sin(2\omega t) \tag{7.4}$$

$$\text{インダクタ：}\quad p(t) = -\frac{1}{2}VI\cos\left(2\omega t + \frac{\pi}{2}\right) = \frac{1}{2}VI\sin(2\omega t) \tag{7.5}$$

抵抗器では，$p(t)$ は $VI/2$ を中心に周期的変化し，任意の時刻 t において 0 もしくは正となる。また，周期 $T = 2\pi/\omega$ での平均電力は $VI/2$ となる。すなわち，抵抗器は電力を消費して

いる。これに対し，キャパシタやインダクタ（リアクティブ素子という）では，$p(t)$ は 0 を中心に周期的に変化し，正となる期間と負となる期間があり，平均電力は 0 となる。リアクティブ素子は $p(t) > 0$ となる期間に電力を蓄積し，$p(t) < 0$ となる期間に蓄えた電力を放出している。すなわち，リアクティブ素子では電力は消費されず，電力は電源と素子の間を往復する。

負荷のインピーダンスが $\dot{Z} = Ze^{j\theta}$ である場合に式 (7.1) をさらに書き換える。

$$
\begin{aligned}
p(t) &= \frac{1}{2}VI(\cos(\theta) - \cos(2\omega t + \theta)) = \frac{1}{2}VI\{\cos(\theta) - \cos(2(\omega t + \theta) - \theta)\} \\
&= \frac{1}{2}VI\cos(\theta)\{1 - \cos(2(\omega t + \theta))\} - \frac{1}{2}VI\sin(\theta)\sin(2(\omega t + \theta))
\end{aligned}
\tag{7.6}
$$

式 (7.6) の第 1 項は $(1/2)\,VI\cos(\theta)$ を中心に振幅 $(1/2)\,VI\cos(\theta)$，角周波数 2ω で周期的に変化する電力である。これが負荷で消費される瞬時電力であり，振幅

$$
P = \frac{1}{2}VI\cos(\theta) \tag{7.7}
$$

を**平均電力**（average power）あるいは**有効電力**（real power）という。有効電力の単位はワットであり，記号は W である。また，$\cos(\theta)$ を**力率**（power factor）という。

式 (7.6) の第 2 項は 0 を中心に振幅 $(1/2)\,VI\sin(\theta)$，角周波数 2ω で周期的に変化する電力である。これは電源と負荷の間を往復して仕事とならない瞬時電力であり，振幅

$$
Q = \frac{1}{2}VI\sin(\theta) \tag{7.8}
$$

を**無効電力**（reactive power）という。無効電力の単位は**バール**（volt-ampere reactive，記号は var）である。

有効電力が正ならば負荷は平均すると電力を消費している。逆に有効電力が負ならば負荷は平均において電力を供給している。

位相差 θ が $-\pi/2$〔rad〕から $\pi/2$〔rad〕の間（$-\pi/2 < \theta < \pi/2$）にあれば $\cos(\theta) > 0$ となり，負荷は電力を消費する。位相差 θ が $\pi/2$〔rad〕から $3\pi/2$〔rad〕の間（$\pi/2 < \theta < 3\pi/2$）にあれば，$\cos(\theta) < 0$ となり，負荷は電力を供給する。位相差 $\theta = -\pi/2$〔rad〕または $\pi/2$〔rad〕ならば，$\cos(\theta) = 0$ となり，負荷の有効電力は 0 となる。このように，力率 $\cos(\theta)$ は電源から提供される電力と負荷で消費される電力の関係を表す量である。

無効電力の符号は電圧と電流の位相差 θ の取り方により決まる。式 (7.8) の位相差 θ は負荷インピーダンスの偏角であり，電流に対する電圧の位相差である。したがって，電圧に対する電流の位相は $-\theta$ となる。位相差 θ が $0 < \theta \leqq \pi/2$ となる負荷を**誘導性負荷**（inductive load）という。誘導性負荷では，電圧に対して電流の位相は遅れる。これを**遅れ位相**（lagging phase）という。また，$-\pi/2 \leqq \theta < 0$ となる負荷を**容量性負荷**（capacitive load）という。容量性負荷では，電圧に対して電流の位相は進む。これを**進み位相**（leading phase）という。式 (7.8) より，無効電力は遅れ位相のときに正，進み位相のときに負となる†。

† 本書では，遅れ位相のときに無効電力が正となる方式を採用しているが，進み位相のときに無効電力が正となる方式を採用している文献もあるので注意が必要である。

7.2 実 効 値

交流回路において電圧，電流の振幅の $1/\sqrt{2}$ 倍を**実効値**（rooted mean square（rms）値）といい，V_{eff}，I_{eff} で表す。

$$v(t) = V\sin(\omega t + \theta) = \sqrt{2}V_{\mathrm{eff}}\sin(\omega t + \theta) \tag{7.9}$$

$$i(t) = I\sin(\omega t) = \sqrt{2}I_{\mathrm{eff}}\sin(\omega t) \tag{7.10}$$

$$P = V_{\mathrm{eff}}I_{\mathrm{eff}}\cos(\theta) \tag{7.11}$$

$$Q = V_{\mathrm{eff}}I_{\mathrm{eff}}\sin(\theta) \tag{7.12}$$

このように，実効値を使えば電力を電圧と電流の積で表すことができ，式 (7.7)，(7.8) のように 2 で除する必要がない。そのため，交流では実効値で電圧，電流を表すことが多い。例えば，家庭用電圧は 100 V とされているが，これは振幅ではなく実効値である。

本書では，実効値には V_{eff}，I_{eff} のように添字（eff）をつけることにより振幅と実効値を区別する。

7.3 複 素 電 力

交流電力はフェーザを使ってどのように表されるのであろうか。電圧 $v(t)$，電流 $i(t)$ が

$$v(t) = \sqrt{2}V_{\mathrm{eff}}\sin(\omega t + \theta_v), \qquad i(t) = \sqrt{2}I_{\mathrm{eff}}\sin(\omega t + \theta_i) \tag{7.13}$$

であるとき，有効電力 P，無効電力 Q は式 (7.14) となる。

$$P = V_{\mathrm{eff}}I_{\mathrm{eff}}\cos(\theta_v - \theta_i), \qquad Q = V_{\mathrm{eff}}I_{\mathrm{eff}}\sin(\theta_v - \theta_i) \tag{7.14}$$

実効値電圧フェーザは $\dot{V}_{\mathrm{eff}} = V_{\mathrm{eff}}e^{j\theta_v}$，実効値電流フェーザは $\dot{I}_{\mathrm{eff}} = I_{\mathrm{eff}}e^{j\theta_i}$ なので，実効値電流フェーザの共役複素数 $\dot{I}^*_{\mathrm{eff}} = I_{\mathrm{eff}}e^{-j\theta_i}$ を使って $\dot{S} = \dot{V}_{\mathrm{eff}}\dot{I}^*_{\mathrm{eff}}$ とすれば

$$\begin{aligned}\dot{S} &= \dot{V}_{\mathrm{eff}}\dot{I}^*_{\mathrm{eff}} \\ &= V_{\mathrm{eff}}I_{\mathrm{eff}}e^{j(\theta_v - \theta_i)} = V_{\mathrm{eff}}I_{\mathrm{eff}}\cos(\theta_v - \theta_i) + jV_{\mathrm{eff}}I_{\mathrm{eff}}\sin(\theta_v - \theta_i) \\ &= P + jQ\end{aligned} \tag{7.15}$$

となる。このように有効電力を実部に無効電力を虚部に持つ複素数 $\dot{S}$ を**複素電力**（complex power）という（図 **7.4**）†。

† 進み位相のときに無効電力を正とする場合は，複素電力を $\dot{S} = \dot{V}^*_{\mathrm{eff}}\dot{I}_{\mathrm{eff}}$ とする。すなわち $\theta = \theta_i - \theta_v$ とすれば，$\dot{S} = \dot{V}^*_{\mathrm{eff}}\dot{I}_{\mathrm{eff}} = P + jQ$ である。

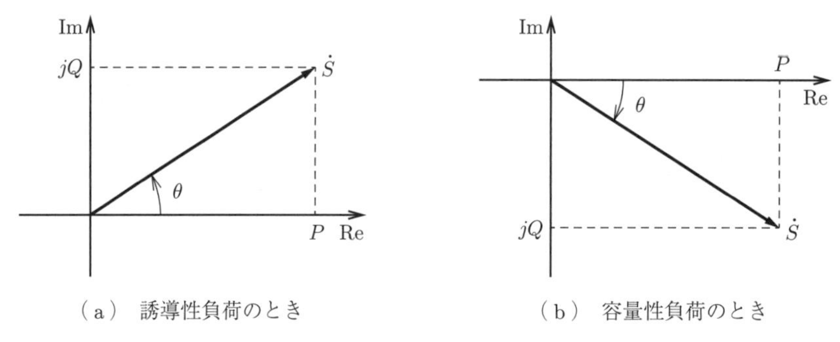

（a）誘導性負荷のとき　　　（b）容量性負荷のとき

図 7.4　複素平面における有効電力，無効電力，複素電力

複素電力の大きさ

$$S = |\dot{S}| = \sqrt{P^2 + Q^2} \tag{7.16}$$

を**皮相電力**（apparent power）という。複素電力および皮相電力の単位は**ボルトアンペア**（volt-ampere，記号は V·A）である。

有効電力は複素電力の実部または皮相電力と力率の積で，無効電力は複素電力の虚部となる。

$$P = \mathrm{Re}(\dot{S}) = S\cos(\theta), \qquad Q = \mathrm{Im}(\dot{S}) = S\sin(\theta) \tag{7.17}$$

また，皮相電力と電圧，電流，有効電力，無効電力，力率の間には式 (7.18) の関係が成り立つ。

$$S = V_{\mathrm{eff}} I_{\mathrm{eff}} = \frac{P}{\cos(\theta)} = \frac{Q}{\sin\theta} \tag{7.18}$$

例題 7.1　負荷にかかる電圧が $v(t) = 120\sin(2\pi 60t + 2\pi/3)$〔V〕，電流が $i(t) = 5\sin(2\pi 60t + \pi/3)$〔A〕であるとき，複素電力 $\dot{S}$，皮相電力 S，有効電力 P，無効電力 Q，力率 $\cos(\theta)$ を求めよ。

【解答】　実効値電圧フェーザ $\dot{V}_{\mathrm{eff}}$ と実効値電流フェーザ $\dot{I}_{\mathrm{eff}}$ は

$$\dot{V}_{\mathrm{eff}} = \frac{120}{\sqrt{2}} e^{j2\pi/3}\,〔\mathrm{V}〕, \qquad \dot{I}_{\mathrm{eff}} = \frac{5}{\sqrt{2}} e^{j\pi/3}\,〔\mathrm{A}〕$$

となる。よって複素電力 $\dot{S}$ は

$$\dot{S} = \dot{V}_{\mathrm{eff}} \dot{I}^*_{\mathrm{eff}} = 300 e^{j\pi/3}\,〔\mathrm{V{\cdot}A}〕$$

となる。皮相電力は $S = |\dot{S}| = 300\,\mathrm{V{\cdot}A}$ であり，有効電力は $P = \mathrm{Re}(\dot{S}) = 150\,\mathrm{W}$，無効電力は $Q = \mathrm{Im}(\dot{S}) = 150\sqrt{3}\,\mathrm{var}$，力率は $\cos(\theta) = 0.5$ となる。　◇

例題 7.2　力率が 0.95 の誘導性負荷における有効電力が 34.4 kW であった。負荷での無効電力 Q と複素電力 $\dot{S}$ を求めよ。

【解答】 誘導性負荷の無効電力は正であるので，無効電力 Q は

$$Q = \sqrt{S^2 - P^2} = \sqrt{\left(\frac{P}{\cos(\theta)}\right)^2 - P^2} = \sqrt{\left(\frac{34.4}{0.95}\right)^2 - (34.4)^2} \approx 11.3\,\mathrm{kvar}$$

となる。よって，複素電力は $\dot{S} = 34.4 + j11.3$〔kV·A〕となる。 ◇

インピーダンス $\dot{Z} = R + jX$ やアドミタンス $\dot{Y} = G + jB$ での消費電力を考える。かかる電圧を $\dot{V}_{\mathrm{eff}} = V_{\mathrm{eff}}e^{j\theta_v}$，流れる電流を $\dot{I}_{\mathrm{eff}} = I_{\mathrm{eff}}e^{j\theta_i}$ とすると，オームの法則より

$$\dot{V}_{\mathrm{eff}} = \dot{Z}\dot{I}_{\mathrm{eff}}$$

$$\dot{I}_{\mathrm{eff}} = \dot{Y}\dot{V}_{\mathrm{eff}}$$

が成り立つので，式 (7.19)，(7.20) が得られる。

$$\begin{aligned}\dot{S} &= \dot{Z}\dot{I}_{\mathrm{eff}}\dot{I}^*_{\mathrm{eff}} = (R + jX)I_{\mathrm{eff}}e^{j\theta_i}I_{\mathrm{eff}}e^{-j\theta_i} = (R + jX)I^2_{\mathrm{eff}} \\ &= RI^2_{\mathrm{eff}} + jXI^2_{\mathrm{eff}} \qquad (7.19) \\ &= \dot{V}_{\mathrm{eff}}\dot{Y}^*\dot{V}^*_{\mathrm{eff}} = GV^2_{\mathrm{eff}} - jBV^2_{\mathrm{eff}} \qquad (7.20)\end{aligned}$$

よって，有効電力，無効電力はそれぞれ式 (7.21)，(7.22) で与えられる。

$$P = RI^2_{\mathrm{eff}} = GV^2_{\mathrm{eff}} \qquad (7.21)$$

$$Q = XI^2_{\mathrm{eff}} = -BV^2_{\mathrm{eff}} \qquad (7.22)$$

また，$\dot{I}_{\mathrm{eff}} = \dot{V}_{\mathrm{eff}}/\dot{Z}$，$\dot{V}_{\mathrm{eff}} = \dot{I}_{\mathrm{eff}}/\dot{Y}$ なので，複素電力は式 (7.23) や式 (7.24) で与えられる。

$$\begin{aligned}\dot{S} &= \dot{V}_{\mathrm{eff}}\left(\frac{\dot{V}_{\mathrm{eff}}}{\dot{Z}}\right)^* = \frac{\dot{V}_{\mathrm{eff}}\dot{V}^*_{\mathrm{eff}}}{\dot{Z}^*} = \frac{\dot{V}_{\mathrm{eff}}\dot{V}^*_{\mathrm{eff}}\dot{Z}}{\dot{Z}^*\dot{Z}} = \frac{V^2_{\mathrm{eff}}(R + jX)}{R^2 + X^2} \\ &= \frac{V^2_{\mathrm{eff}}R}{R^2 + X^2} + j\frac{V^2_{\mathrm{eff}}X}{R^2 + X^2} \qquad (7.23) \\ &= \frac{I^2_{\mathrm{eff}}G}{G^2 + B^2} - j\frac{I^2_{\mathrm{eff}}B}{G^2 + B^2} \qquad (7.24)\end{aligned}$$

よって，有効電力，無効電力は式 (7.25) や式 (7.26) でも与えられる。

$$P = \frac{V^2_{\mathrm{eff}}R}{R^2 + X^2} = \frac{I^2_{\mathrm{eff}}G}{G^2 + B^2} \qquad (7.25)$$

$$Q = \frac{V^2_{\mathrm{eff}}X}{R^2 + X^2} = -\frac{I^2_{\mathrm{eff}}B}{G^2 + B^2} \qquad (7.26)$$

例題 7.3 **図 7.5** の回路において $j(t) = \sqrt{2}\sin(2t)$〔A〕である。ポート 1-1′ の右側の回路における複素電力 $\dot{S}$，皮相電力 S，有効電力 P，無効電力 Q，力率 $\cos(\theta)$ を求めよ。

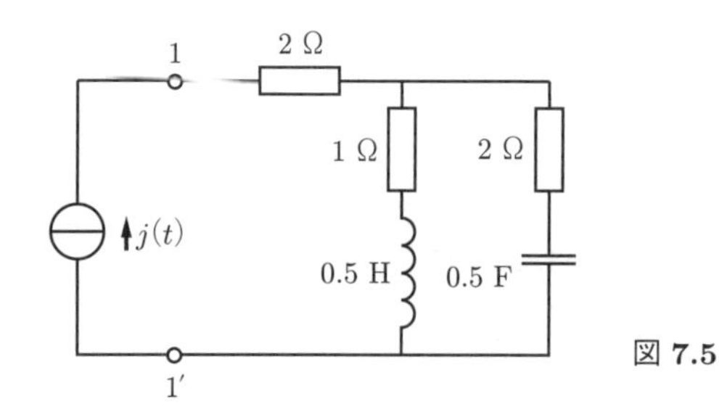

図 7.5

【解答】 ポートから見たインピーダンス $\dot{Z}$ は

$$\dot{Z} = 2 + \frac{(1+j)\left(2+\frac{1}{j}\right)}{(1+j)+\left(2+\frac{1}{j}\right)} = 2 + \frac{3+j}{3} = 3 + \frac{1}{3}j\,〔\Omega〕$$

である。電流の実効値は 1 A なので，有効電力 P と無効電力 Q は

$$P = 3I_{\mathrm{eff}}^2 = 3\,〔\mathrm{W}〕, \qquad Q = \frac{1}{3}I_{\mathrm{eff}}^2 = \frac{1}{3}\,\mathrm{var}$$

となる。また，複素電力は $\dot{S} = 3 + j/3$〔V·A〕であり，皮相電力は $S = \sqrt{3^2 + (1/3)^2} \approx 3.0$ V·A，力率は $\cos(\theta) = \cos(\tan^{-1}((1/3)/3)) \approx 0.9$ である。　◇

力率が 1 に近いことを「力率がよい」といい，小さいことを「力率が悪い」という。力率が悪いと無効電力が多くなるため，負荷に電力を送るために電源はより多くの電力を供給しなければならない。力率をよくするために負荷インピーダンスを調整することを**力率改善**（power factor correction）という。

多くの負荷は誘導性であり，誘導性負荷の力率改善のためには負荷に並列でコンデンサ（キャパシタ）が挿入される。このコンデンサを**進相コンデンサ**（phase advance capacitor）という。

例題 7.4　**図 7.6** に示す角周波数 ω の交流回路において，負荷インピーダンス $\dot{Z}_{\mathrm{L}} = R + j\omega L$，$L > 0$ とする。力率改善のため，キャパシタンスが C のキャパシタを負荷と並列に挿入するとき，ポート 1-1′ の右側の回路の力率を pf とするための C を求めよ。

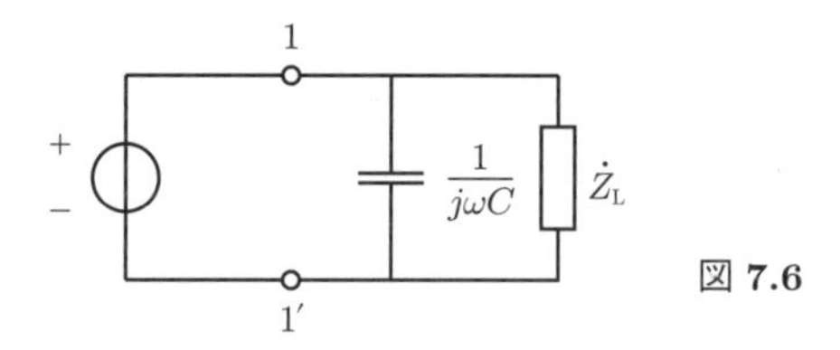

図 7.6

【解答】 ポートから見たインピーダンス $\dot{Z}$ は

$$\dot{Z} = \frac{\frac{1}{j\omega C}(R + j\omega L)}{\frac{1}{j\omega C} + R + j\omega L} = \frac{R(1-\omega^2 LC) + \omega^2 RLC + j\{\omega L(1-\omega^2 LC) - \omega R^2 C\}}{(1-\omega^2 LC)^2 + (\omega RC)^2}$$

$$= \frac{R + j\omega(L - \omega^2 L^2 C - R^2 C)}{(1 - \omega^2 LC)^2 + (\omega RC)^2}$$

となる。力率角 θ はインピーダンスの偏角なので $\mathrm{Re}(\dot{Z})/|\dot{Z}|$ で与えられる。よって

$$pf = \frac{R}{\sqrt{R^2 + \omega^2(L - \omega^2 L^2 C - R^2 C)^2}}$$

が成り立つ。これを解くと

$$C = \frac{L - \dfrac{R}{\omega}\sqrt{\dfrac{1}{pf^2} - 1}}{R^2 + \omega^2 L^2}$$

となる。 ◇

7.4 最大電力伝送

図 7.7 の回路において電源 $\dot{E}_{\mathrm{eff}}$ から負荷に電力を供給する。ただし，線路上にはインピーダンス $\dot{Z}_1$ が存在する。このとき，負荷インピーダンス $\dot{Z}_2$ を調整することによって，負荷で消費される電力が最大となるようにすることを**最大電力伝送**（maximum power transfer）という。ただし，$R_2 \geqq 0$ である。

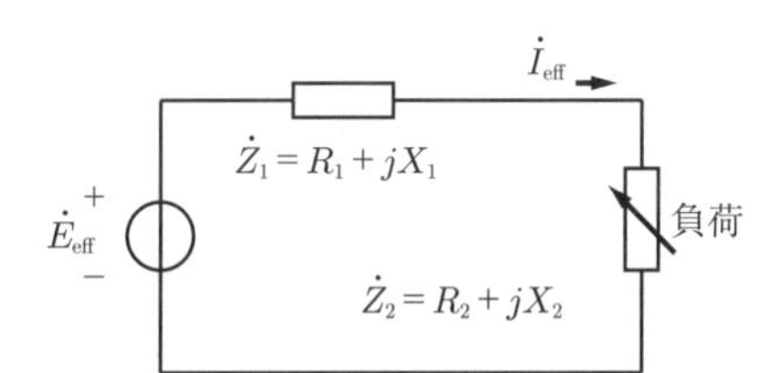

図 7.7 最大電力転送

回路を流れる電流 $\dot{I}_{\mathrm{eff}} = \dot{E}_{\mathrm{eff}}/(\dot{Z}_1 + \dot{Z}_2)$ なので，負荷での消費有効電力 P_2 は

$$P_2 = R_2 \dot{I}_{\mathrm{eff}} \dot{I}^*_{\mathrm{eff}} = \frac{R_2 E^2_{\mathrm{eff}}}{(R_1 + R_2)^2 + (X_1 + X_2)^2} \tag{7.27}$$

となる。R_2 を定数として，P_2 を X_2 で微分すると

$$\frac{\mathrm{d}P_2}{\mathrm{d}X_2} = \frac{R_2 E^2_{\mathrm{eff}} \{-2(X_1 + X_2)\}}{\{(R_1 + R_2)^2 + (X_1 + X_2)^2\}^2}$$

となる。P_2 が最大となるための必要条件が $\mathrm{d}P_2/\mathrm{d}X_2 = 0$ なので式 (7.28) を得る。

$$X_2 = -X_1 \tag{7.28}$$

式 (7.28) を式 (7.27) に代入すると $P_2 = R_2 E^2_{\mathrm{eff}}/(R_1 + R_2)^2$ となり，これを R_2 で微分する。

$$\frac{\mathrm{d}P_2}{\mathrm{d}R_2} = \frac{E^2_{\mathrm{eff}}(R_1 + R_2)^2 - R_2 E^2_{\mathrm{eff}} 2(R_1 + R_2)}{(R_1 + R_2)^4} = \frac{E^2_{\mathrm{eff}}(R_1 - R_2)}{(R_1 + R_2)^3}$$

$\mathrm{d}P_2/\mathrm{d}R_2 = 0$ となることが P_2 を最大にするための必要条件なので式 (7.29) を得る。

$$R_2 = R_1 \tag{7.29}$$

以上より，式 (7.28)，式 (7.29) を満たすことが負荷で消費する電力を最大化するための条件となる。すなわち

$$\dot{Z}_2 = \dot{Z}_1^{\,*} \tag{7.30}$$

が条件であり，これを**インピーダンス整合**（impedance matching）という。

例題 7.5　**図 7.8** の交流回路において，$e(t) = \sin(t)$〔V〕，$R_1 = 1\,\Omega$，$L = 1\,\mathrm{H}$ とする。負荷（ポート 1-1′ の右側）で消費される有効電力を最大とする R_2，C を求めよ。

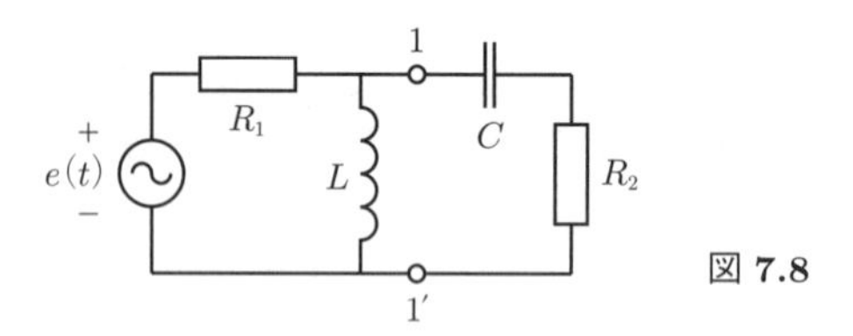

図 7.8

【解答】　複素数領域等価回路を**図 7.9** に示す。ポート 1-1′ の左側のインピーダンス $\dot{Z}_\mathrm{S}$ と右側のインピーダンス $\dot{Z}_\mathrm{L}$ は

$$\dot{Z}_\mathrm{S} = 1 \parallel j = \frac{j}{1+j} = \frac{1}{2} + j\frac{1}{2}$$

$$\dot{Z}_\mathrm{L} = R_2 - j\frac{1}{C}$$

となる。整合条件より R_2 および C は

$$R_2 = \frac{1}{2}\,\Omega, \qquad C = 2\,\mathrm{F}$$

となる。

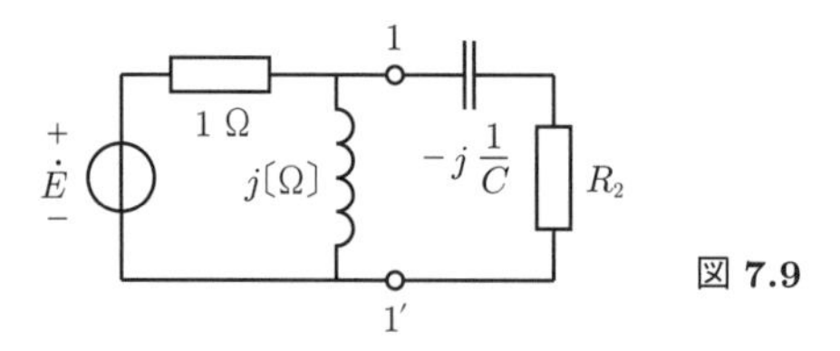

図 7.9

◇

章　末　問　題

【1】 負荷にかかる電圧が $v(t) = 100\sqrt{2}\sin(2\pi 60t + 3\pi/4)$〔V〕，電流が $i(t) = 2\sqrt{2}\sin(2\pi 60t + \pi/2)$〔A〕であるとき，複素電力 $\dot{S}$，皮相電力 S，有効電力 P，無効電力 Q，力率 $\cos(\theta)$ を求めよ。

【2】 負荷にかかる電圧が $v(t) = 10\sin(2\pi 60t + 7\pi/9)$〔V〕，電流が $i(t) = 3\sin(2\pi 60t + 11\pi/18)$〔A〕であるとき，複素電力 $\dot{S}$，皮相電力 S，有効電力 P，無効電力 Q，力率 $\cos(\theta)$ を求めよ。

【3】 力率が $\cos(\theta) = 0.8$ の容量性負荷での無効電力が $Q = -5.4\,\mathrm{kvar}$ であった。負荷での有効電力 P と複素電力 $\dot{S}$ を求めよ。

【4】 力率が $\cos(\theta)=0.95$ の容量性負荷での皮相電力が $S=20.5\,\mathrm{kV{\cdot}A}$ であった。負荷での有効電力 P と無効電力 Q を求めよ。

【5】 誘導性負荷での皮相電力が $S=34.8\,\mathrm{kV{\cdot}A}$，有効電力が $P=31.3\,\mathrm{kW}$ であった。負荷での無効電力 Q および力率 $\cos(\theta)$ を求めよ。

【6】 負荷での複素電力が $\dot{S}=20.5-j3.8$〔kV·A〕であった。有効電力 P，無効電力 Q，皮相電力 S および力率 $\cos(\theta)$ を求めよ。

【7】 図 **7.10** の負荷に実効値 100 V，角周波数 10 rad/s の電圧を印加したとき，負荷での複素電力 $\dot{S}$，皮相電力 S，有効電力 P，無効電力 Q，力率 $\cos(\theta)$ を求めよ。

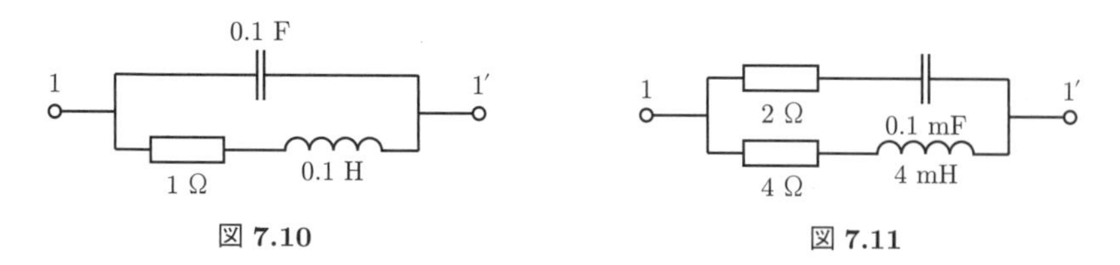

図 **7.10**　　図 **7.11**

【8】 図 **7.11** の負荷に振幅 100 V，角周波数 1 krad/s の電圧を印加したとき，負荷での複素電力 $\dot{S}$，皮相電力 S，有効電力 P，無効電力 Q，力率 $\cos(\theta)$ を求めよ。

【9】 図 **7.12** の負荷に実効値 1 A，角周波数 5 krad/s の電流を流したとき，負荷での複素電力 $\dot{S}$，皮相電力 S，有効電力 P，無効電力 Q，力率 $\cos(\theta)$ を求めよ。

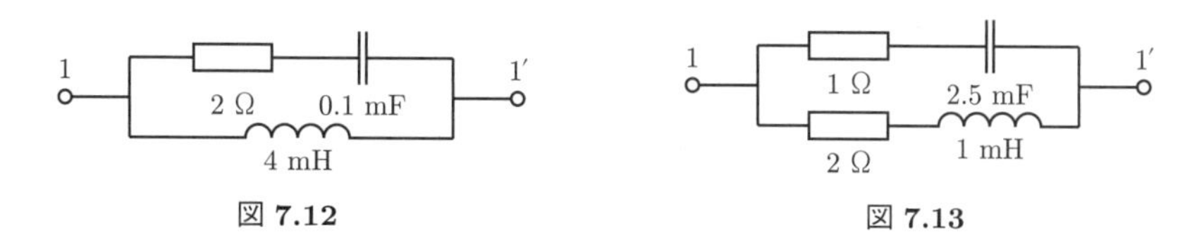

図 **7.12**　　図 **7.13**

【10】 図 **7.13** の負荷に実効値 1 A，周波数 100 Hz の電流を流したとき，負荷での複素電力 $\dot{S}$，皮相電力 S，有効電力 P，無効電力 Q，力率 $\cos(\theta)$ を求めよ。

【11】 図 **7.14** の交流回路において，$L=1/2\,\mathrm{H}$，$C=1/2\,\mathrm{F}$，$R_1=R_2=1\,\Omega$，$e(t)=\sqrt{2}\sin(2t)$〔V〕とする。負荷（ポート 1-1′ の右側）における複素電力 $\dot{S}$，皮相電力 S，有効電力 P，無効電力 Q，力率 $\cos(\theta)$ を求めよ。

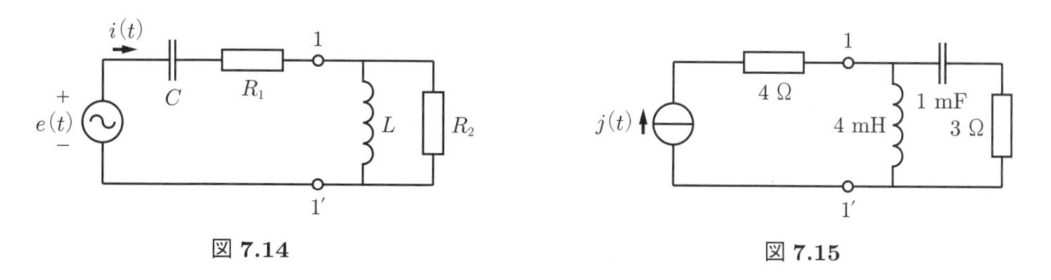

図 **7.14**　　図 **7.15**

【12】 図 **7.15** の交流回路において，$j(t)=10\sqrt{2}\sin(\omega t)$〔A〕，$\omega=1\,\mathrm{krad/s}$ とする。負荷（ポート 1-1′ の右側）における複素電力 $\dot{S}$，皮相電力 S，有効電力 P，無効電力 Q，力率 $\cos(\theta)$ を求めよ。

【13】 図 **7.16** の回路において，$e(t)$ は実効値 100 V，角周波数 60 rad/s の正弦波電圧源である。回路の力率は 80 %，電流 $i(t)$ の実効値は 2 A であった。以下の問に答えよ。必要ならば $\tan^{-1}(3/4)=0.64$

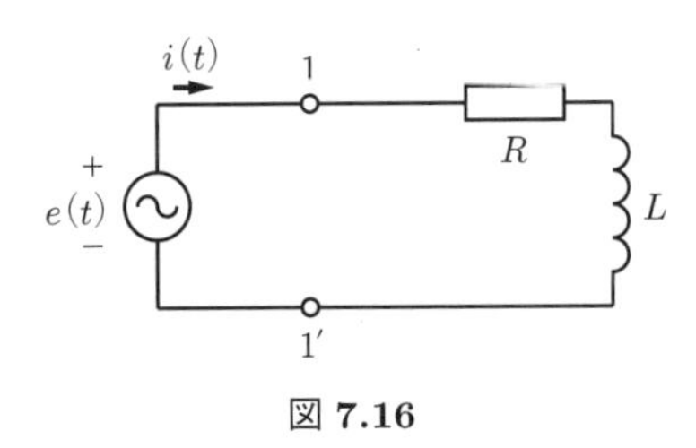

図 7.16

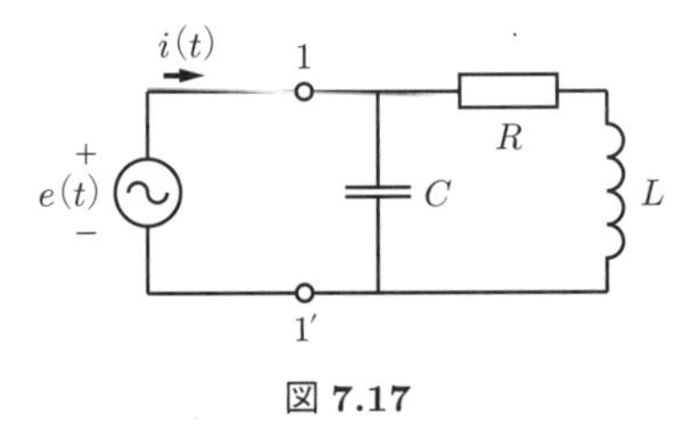

図 7.17

を用いてよい。

(1) 電圧 $e(t)$ に対する電流 $i(t)$ の位相を求めよ。

(2) 負荷（ポート 1-1′ の右側）で消費される有効電力 P および無効電力 Q を求めよ。

(3) 抵抗 R およびインダクタンス L を求めよ。

つぎに，力率改善のために，**図 7.17** のように 1-1′ 間にキャパシタを挿入した。

(4) 力率が 100 % となるキャパシタンス C を求めよ。

【14】 **図 7.18** の交流回路において，$e(t) = \sin(0.5t)$〔V〕，$R_1 = 0.5\,\Omega$，$L = 1\,\mathrm{H}$ とする。負荷（ポート 1-1′ の右側）で消費される有効電力を最大とする R_2，C を求めよ。

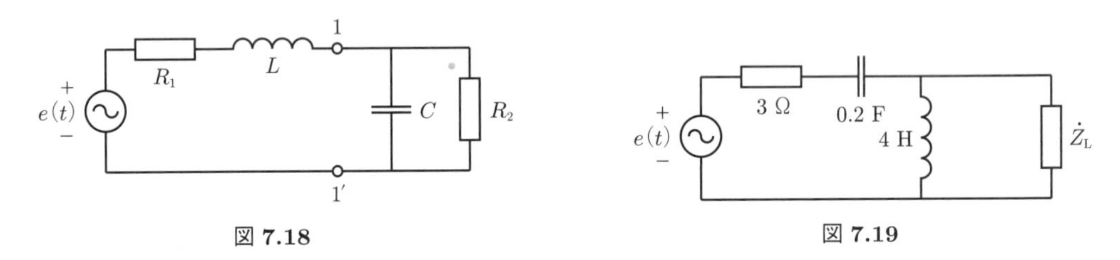

図 7.18　　図 7.19

【15】 **図 7.19** の交流回路において，$e(t) = \sin(2t)$〔V〕とする。負荷で消費される有効電力を最大とする負荷インピーダンス $\dot{Z}_{\mathrm{L}}$ を求めよ。

【16】 **図 7.20** の交流回路において，$j(t) = \sin(0.5t)$〔A〕とする。負荷で消費される有効電力を最大とする負荷インピーダンス $\dot{Z}_{\mathrm{L}}$ を求めよ。

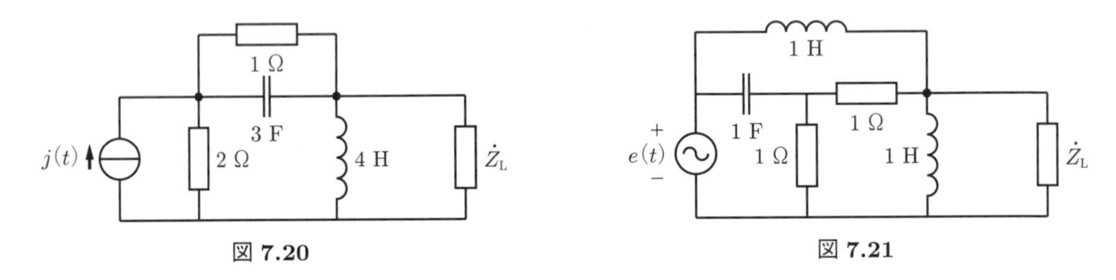

図 7.20　　図 7.21

【17】 **図 7.21** の交流回路において，$e(t) = 10\sin(t)$〔V〕とする。負荷で消費される有効電力を最大とする負荷インピーダンス $\dot{Z}_{\mathrm{L}}$ を求めよ。

【18】 **図 7.22**(a) の交流回路において，$e(t) = \sqrt{2}\sin(8t)$〔V〕，$R_1 = 2\,\Omega$，$L = 0.5\,\mathrm{H}$ である。以下の問に答えよ。

(1) $R_2 = 2\,\Omega$ のとき，電源から回路全体に供給される複素電力 $\dot{S}$，有効電力 P，無効電力 Q を求めよ。

(2) 図 (b) のようにキャパシタを挿入する，負荷（ポート 1-1′ の右側）で消費される有効電力を最大とする R_2 および C を求めよ。

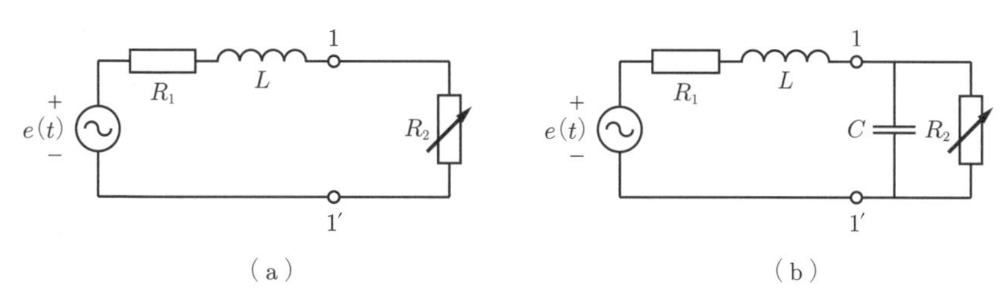

図 7.22

【19】 図 7.23 の交流回路において，$e(t) = \sqrt{2}\sin(\omega t)$〔V〕，$R_1 = 2\,\Omega$，$R_2 = 1\,\Omega$，$L = 1\,\mathrm{H}$，$C = 1\,\mathrm{F}$ である。以下の問に答えよ。

(1) 電流 $i(t)$ の実効値フェーザ $\dot{I}_{\mathrm{eff}}$ を求めよ。

(2) 抵抗 R_2 で消費される有効電力 P を求めよ。

(3) 定常状態において電流 $i(t)$ の位相が $e(t)$ から $\pi/2$〔rad〕遅れる角周波数 ω を求めよ。

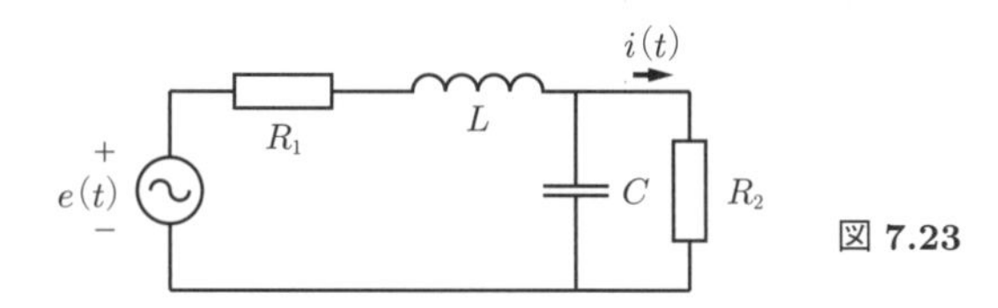

図 7.23

【20】 図 7.24 の回路は角周波数 ω の正弦波定常状態にある。以下の問に答えよ。

(1) 電源側（ポート 1-1′ の左側）のテブナンの等価回路を求めよ。ただし，電源のフェーザを $\dot{E}$ とする。

(2) 負荷側の有効電力を最大とする R_2 および L を，R_1，C，ω を用いて表せ。

(3) 電圧 $v(t)$ と電源電圧 $e(t)$ が同位相になるための条件を求めよ。

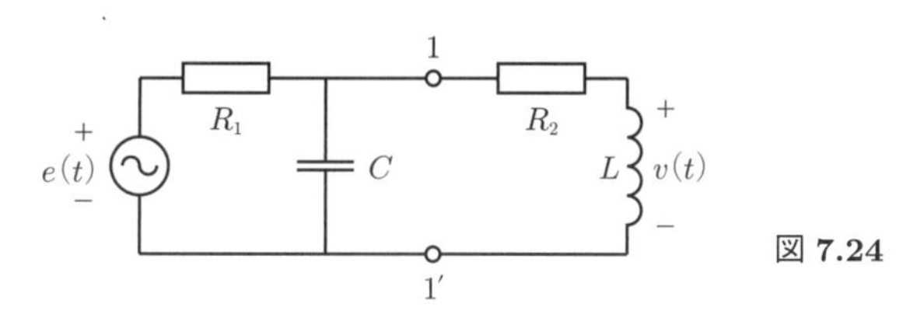

図 7.24

【21】 図 7.25(a) に示す回路は角周波数 1 rad/s の正弦波定常状態にあり，$L = 2\,\mathrm{H}$，$R = 1\,\Omega$，$C = 1\,\mathrm{F}$，電圧源の実効値電圧フェーザは $\dot{E}_{\mathrm{eff}} = j/\sqrt{2}$〔V〕である。以下の問に答えよ。

(1) ポート 1-1′ に現れる実効値電圧フェーザ $\dot{V}_{\mathrm{eff}}$ を求めよ。

(2) 実効値電流フェーザ $\dot{I}_{\mathrm{eff}}$ を求めよ。

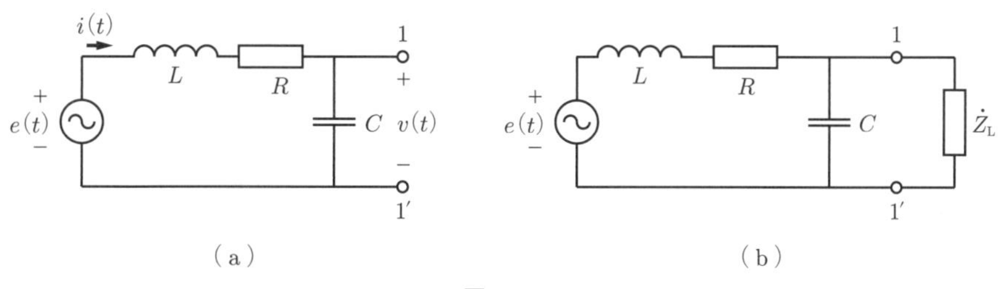

図 7.25

(3) ポート 1-1′ から見たテブナンの等価回路を求めよ。

(4) 図 7.25(b) のようにポート 1-1′ に複素インピーダンス $\dot{Z}_{\mathrm{L}}$ の負荷を接続した。この負荷で消費される有効電力を最大とする $\dot{Z}_{\mathrm{L}}$ およびそのときの有効電力 P を求めよ。

(5) (4) で求めた $\dot{Z}_{\mathrm{L}}$ を二つの受動素子で構成し，その回路図と素子値を示せ。

【22】 図 **7.26** に示す交流回路は角周波数 ω の正弦波定常状態にあり，電圧源電圧の実効値電圧フェーザを $\dot{E}_{\mathrm{eff}}$ とする。以下の問に答えよ。

(1) 電源から見たインピーダンス $\dot{Z}$ を求めよ。

(2) 電流 $i(t)$ の実効値電流フェーザ $\dot{I}_{\mathrm{eff}}$ を求めよ。

(3) 電源から供給される有効電力 P を求めよ。

(4) (3) で求めた有効電力 P を最大とするような抵抗 R を求めよ。

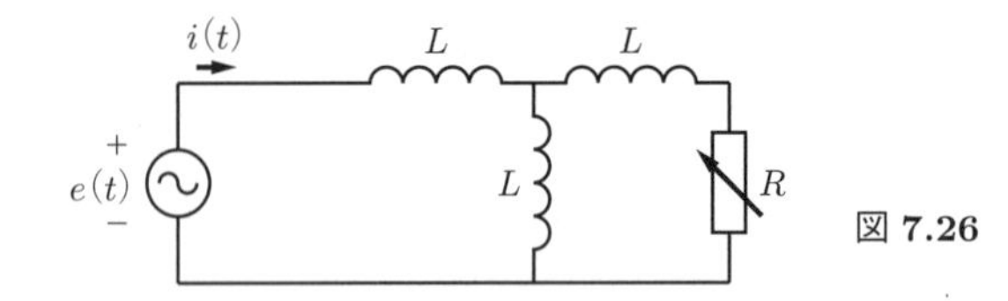

図 **7.26**

【23】 図 **7.27** の交流回路において，$e(t) = \sin(t)$〔V〕，$R_1 = R_2 = 1\,\Omega$，$L = 1\,\mathrm{H}$，$C_1 = 0.5\,\mathrm{F}$ である。R_2 で消費される有効電力を最大とするキャパシタンス C_2 を求めよ。

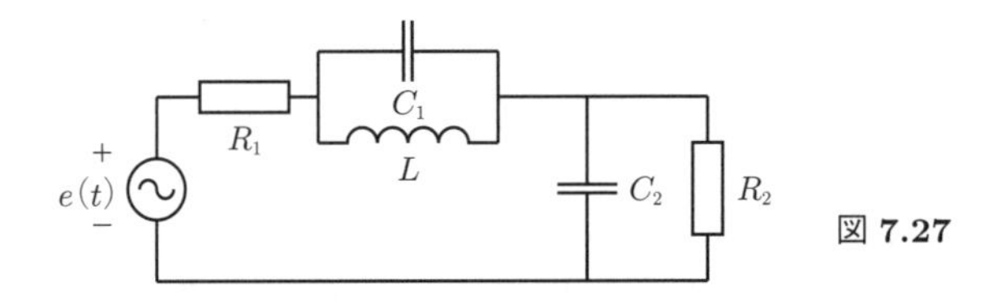

図 **7.27**

8 共振回路

本章では共振について記述する。前章までは電源の角周波数 ω を一定としていた。キャパシタとインダクタのイミタンスは角周波数に依存するため，角周波数を変化させるとイミタンスも変化する。共振回路では共振周波数においてイミタンスが極大もしくは極小となる。直列共振回路と並列共振回路における共振角周波数，遮断角周波数，帯域幅，Q 値について記述する。

8.1 直列共振回路

図 **8.1** の回路は**直列共振回路**（series resonant circuit）と呼ばれる。直列共振回路では，**共振**（resonance）により特定の周波数においてインピーダンスが極小（アドミタンスが極大）となり，電圧が一定ならば電流が極大となる。図 8.1 の回路において，$E_{\mathrm{eff}} = 1\,\mathrm{V}$，$L = 10\,\mathrm{nH}$，$C = 10\,\mathrm{nF}$ とし，抵抗 R と角周波数 ω を変化させた場合の電流実効値 $|\dot{I}_{\mathrm{eff}}|$ の変化の様子（**周波数特性**（frequency response）という）を図 **8.2** に示す。いずれの R においても角周波数が $10^8\,\mathrm{rad/s}$ のときに電流が極大となっており，その形状は R の値によって違っている。なお周波数特性は，横軸を角周波数の対数軸とし，縦軸をプロットする値のデシベル値（コーヒーブレイク「デシベル」参照）により図示する。

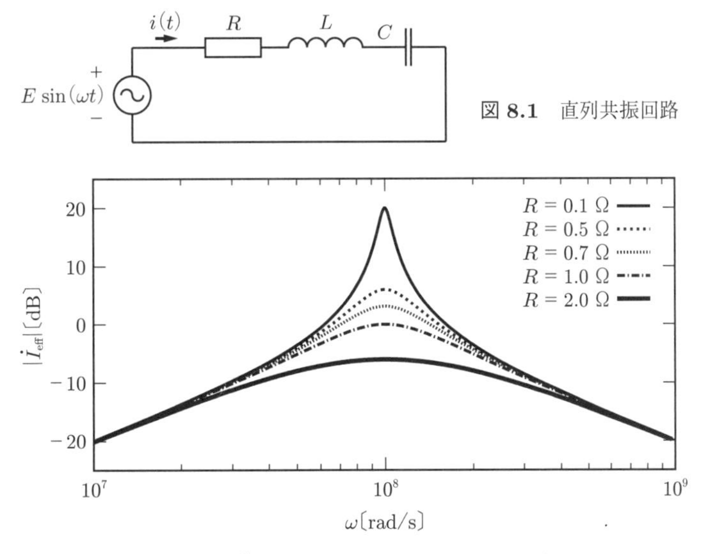

図 **8.1**　直列共振回路

図 **8.2**　$|\dot{I}_{\mathrm{eff}}|$ の周波数特性（基準量は 1 A）

共振が起こることはフェーザを使うと以下のように説明される。図 8.1 の回路において電源から見たインピーダンスは

$$\dot{Z} = R + j\omega L + \frac{1}{j\omega C} = R + j\left(\omega L - \frac{1}{\omega C}\right) \tag{8.1}$$

となる。回路を流れる電流実効値フェーザ $\dot{I}_{\mathrm{eff}}$ および実効値 $|\dot{I}_{\mathrm{eff}}|$ は

$$\dot{I}_{\mathrm{eff}} = \frac{\dot{E}_{\mathrm{eff}}}{\dot{Z}} = \frac{\dot{E}_{\mathrm{eff}}}{R + j\left(\omega L - \dfrac{1}{\omega C}\right)} \tag{8.2}$$

$$|\dot{I}_{\mathrm{eff}}| = \frac{E_{\mathrm{eff}}}{\sqrt{R^2 + \left(\omega L - \dfrac{1}{\omega C}\right)^2}} \tag{8.3}$$

となる。式 (8.3) において，$\omega L - 1/\omega C = 0$ を満たす角周波数（ω_0 とする）において分母が極小となるため，電流実効値は ω_0 において極大となる。ω_0 を**共振角周波数**（resonant angular frequency），f_0 を**共振周波数**（resonant frequency）といい，式 (8.4) で与えられる。

$$\omega_0 = \frac{1}{\sqrt{LC}}, \qquad f_0 = \frac{1}{2\pi\sqrt{LC}} \tag{8.4}$$

共振角周波数での電流実効値は式 (8.5) で与えられる。

$$|\dot{I}_{\mathrm{eff}}| = \frac{E_{\mathrm{eff}}}{\sqrt{R^2}} = \frac{E_{\mathrm{eff}}}{R} \tag{8.5}$$

インピーダンス $\dot{Z}$ の実部と虚部の大きさが等しい，すなわち

$$R = \left|\omega L - \frac{1}{\omega C}\right| \tag{8.6}$$

を満たす角周波数を ω_1，ω_2（$\omega_1 < \omega_2$）とすると，これらの角周波数では

$$|\dot{I}_{\mathrm{eff}}| = \frac{E_{\mathrm{eff}}}{\sqrt{2R^2}} = \frac{E_{\mathrm{eff}}}{\sqrt{2}R} \tag{8.7}$$

デ シ ベ ル

デシベル（decibel，記号は dB）とは，電圧や音などの物理量の大きさを基準量に対する比の対数で表すときに使われる単位で，無次元量である。x_0 を基準量とすると物理量 x のデシベル値は $10\log_{10}(x/x_0)$ となる。ただし，回路では電力の比によりデシベル値を計算する。例えば，基準電圧を V_0 として電圧 V のデシベル値を計算するとき，その電力の比は V^2/V_0^2 になるので，$10\log_{10}(V^2/V_0^2) = 20\log_{10}(V/V_0)$ となる。すなわち，物理量 x が電圧や電流の場合は $20\log_{10}(x/x_0)$ により計算し，電力の場合は $10\log_{10}(x/x_0)$ により計算する。

デシベル値が 0 とは基準量との比が 1 であることを意味し，電圧や電流の場合には 20 dB は基準量の 10 倍，−20 dB は基準量の 10 分の 1 を意味する。また，$\log_{10}(2) \approx 0.3$ より，3 dB は基準量の $\sqrt{2}$ 倍，−3 dB は基準量の $1/\sqrt{2}$ 倍である。

となり，電流の極大値に比べて $1/\sqrt{2}$ 倍になる。この ω_1，ω_2 を**遮断角周波数**（cutoff angular frequency）という。共振角周波数での電流実効値のデシベル値を A_0 とする。

$$A_0 = 20\log\left(\frac{E_{\text{eff}}}{R}\right) \tag{8.8}$$

遮断角周波数での電流実効値のデシベル値は

$$20\log\left(\frac{E_{\text{eff}}}{\sqrt{2}R}\right) = 20\left(\log\left(\frac{E_{\text{eff}}}{R}\right) - \log\left(\sqrt{2}\right)\right) = A_0 - 10\log(2) \approx A_0 - 3\,[\text{dB}] \tag{8.9}$$

となる。すなわち，遮断角周波数でのデシベル値は共振角周波数 ω_0 でのデシベル値より 3 dB 下がる。**図 8.3** に $R = 0.1\,\Omega$ の場合の図 8.2 の拡大図を示す。共振角周波数 ω_0 でのデシベル値は 20 dB であり，遮断角周波数 ω_1，ω_2 でのデシベル値は 17 dB である。

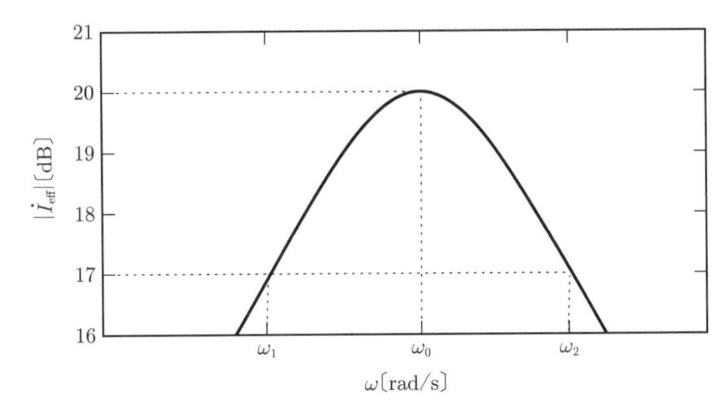

図 8.3　$R = 0.1\,\Omega$ の場合の図 8.2 の拡大図

また

$$\Delta\omega = \omega_2 - \omega_1, \qquad \Delta f = 2\pi\Delta\omega \tag{8.10}$$

とすると，Δf を**帯域幅**（bandwidth），$\Delta\omega$ を**角周波数帯域幅**（angular bandwidth）という。なお，角周波数帯域幅を単に帯域幅と呼ぶこともある。

共振周波数の帯域幅に対する比

$$Q = \frac{f_0}{\Delta f} = \frac{\omega_0}{\Delta\omega} \tag{8.11}$$

は **Q 値**（quality factor）といわれ，共振の鋭さを表す。式 (8.6) を解くと

$$\omega_1 = \sqrt{\frac{R^2}{4L^2} + \frac{1}{LC}} - \frac{R}{2L}, \qquad \omega_2 = \sqrt{\frac{R^2}{4L^2} + \frac{1}{LC}} + \frac{R}{2L} \tag{8.12}$$

なので，式 (8.13) に示す関係を得る。

$$\Delta\omega = \frac{R}{L}, \qquad Q = \frac{L}{R}\frac{1}{\sqrt{LC}} = \frac{1}{R}\sqrt{\frac{L}{C}} = \frac{\omega_0 L}{R} = \frac{1}{\omega_0 RC}, \qquad \omega_0^2 = \omega_1\omega_2 \tag{8.13}$$

例 8.1　図 8.1 の回路において，$E_{\mathrm{eff}}=1\,\mathrm{V}$，$L=10\,\mathrm{nH}$，$C=10\,\mathrm{nF}$ とする。

式 (8.4) に $L=10\,\mathrm{nH}$，$C=10\,\mathrm{nF}$ を代入すると共振角周波数は $\omega_0=10^8\,\mathrm{rad/s}$ となる。また，$R=1\,\Omega$ ならば共振角周波数において $|\dot{I}_{\mathrm{eff}}|=1\,\mathrm{A}$ なので，基準量を 1 A とするとデシベル値は $20\log(1/1)=0$ となり，$R=0.1\,\Omega$ ならば共振角周波数において $|\dot{I}_{\mathrm{eff}}|=10\,\mathrm{A}$ なので，デシベル値は $20\log(10/1)=20\,\mathrm{dB}$ となる。したがって，$|\dot{I}_{\mathrm{eff}}|$ の基準量を 1 A とするデシベル値は図 8.2 のように $10^8\,\mathrm{rad/s}$ において極大となり，$R=1\,\Omega$ ならば 0 となり，$R=0.1\,\Omega$ ならば 20 dB となる。

$R=1$，$0.1\,\Omega$ の場合について式 (8.12) から遮断角周波数を求めると

$$R=1\,\Omega：\quad \omega_1\approx 0.62\times 10^8\,\mathrm{rad/s},\qquad \omega_2\approx 1.62\times 10^8\,\mathrm{rad/s}$$

$$R=0.1\,\Omega：\quad \omega_1\approx 0.95\times 10^8\,\mathrm{rad/s},\qquad \omega_2\approx 1.05\times 10^8\,\mathrm{rad/s}$$

となる。また，式 (8.10) より角周波数帯域幅は

$$R=1\,\Omega：\quad \Delta\omega=1\times 10^8\,\mathrm{rad/s}$$

$$R=0.1\,\Omega：\quad \Delta\omega=0.1\times 10^8\,\mathrm{rad/s}$$

となる。よって，式 (8.11) より Q 値は

$$R=1\,\Omega：\ Q=1,\qquad R=0.1\,\Omega：\ Q=10 \tag{8.14}$$

となる。式 (8.13) より $Q=1/R$ であり，式 (8.14) と合致する。

上記を複素平面上でのインピーダンスの軌跡（**図 8.4**，**ナイキスト線図**（Nyquist plot）と呼ばれる）で考えてみる。インピーダンス $\dot{Z}$ は虚軸に平行で実部が R の直線（図の破線）上を移動する。$\omega\to 0$ とすると $\mathrm{Im}(\dot{Z})\to -\infty$ となり，$\omega\to\infty$ とすると $\mathrm{Im}(\dot{Z})\to\infty$ となる。インピーダンスは $\mathrm{Im}(\dot{Z})=0$ のときに極小となり，このときの角周波数が共振角周波数 ω_0 となる。遮断角周波数になるのは $\mathrm{Re}(\dot{Z})=|\mathrm{Im}(\dot{Z})|$ のときであり，このときのインピーダンスは極小値の $\sqrt{2}$ 倍になるので，電流は極大値の $1/\sqrt{2}$ 倍になる。

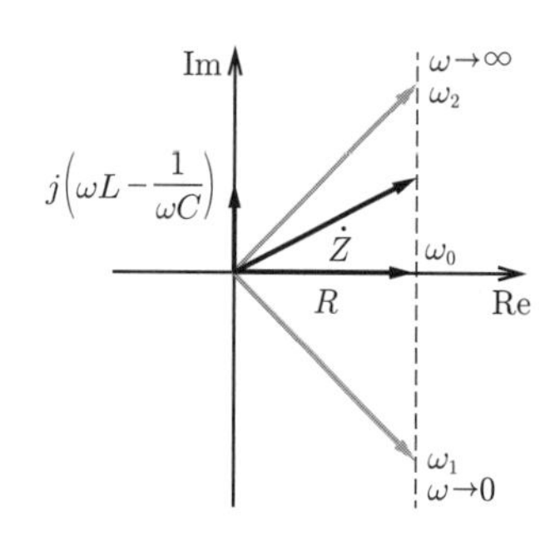

図 8.4　複素平面上でのインピーダンスの軌跡

8.2 並列共振回路

図 8.5 の回路は**並列共振回路**（parallel resonant circuit）と呼ばれ，共振周波数においてインピーダンスが極大（アドミタンスが極小）となり電流が極小となる。

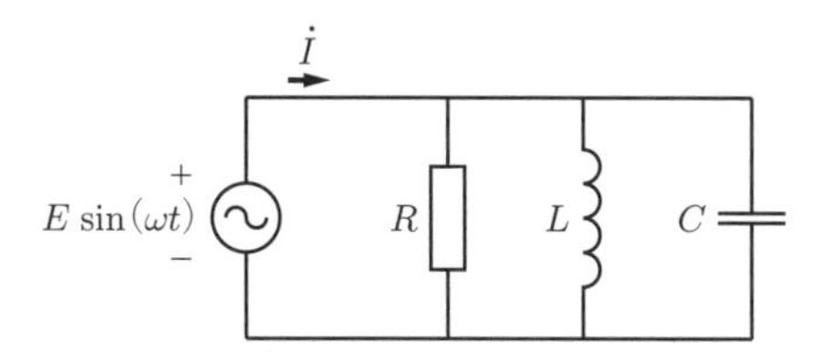

図 8.5　並列共振回路

図 8.5 の回路において，$E_{\text{eff}} = 1\,\text{V}$，$L = 10\,\text{nH}$，$C = 10\,\text{nF}$ とし，抵抗 R と角周波数 ω を変化させた場合の電流実効値の周波数特性は**図 8.6** のようになる。

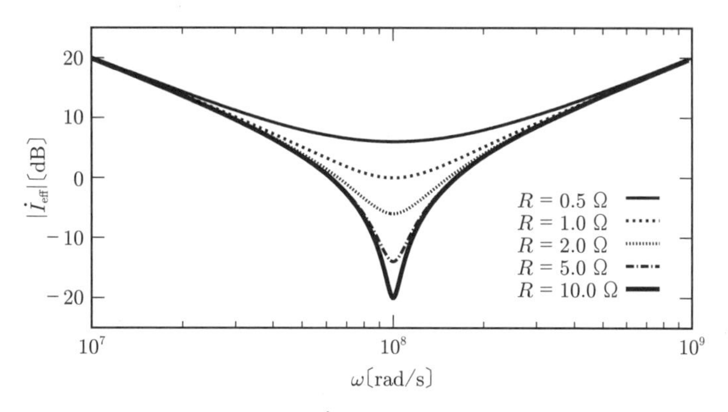

図 8.6　$|\dot{I}_{\text{eff}}|$ の周波数特性

図 8.5 の回路において電源から見たアドミタンスは

$$\dot{Y} = \frac{1}{R} + \frac{1}{j\omega L} + j\omega C = \frac{1}{R} + j\left(\omega C - \frac{1}{\omega L}\right)$$

なので，回路を流れる電流実効値フェーザ $\dot{I}_{\text{eff}}$ および実効値 $|\dot{I}_{\text{eff}}|$ は

$$\dot{I}_{\text{eff}} = \dot{E}_{\text{eff}}\dot{Y} = \dot{E}_{\text{eff}}\left\{\frac{1}{R} + j\left(\omega C - \frac{1}{\omega L}\right)\right\}$$

$$|\dot{I}_{\text{eff}}| = E_{\text{eff}}\sqrt{\left(\frac{1}{R}\right)^2 + \left(\omega C - \frac{1}{\omega L}\right)^2}$$

で与えられる。

共振角周波数 ω_0，共振周波数 f_0，遮断角周波数 ω_1，ω_2 は

$$\omega_0 = \frac{1}{\sqrt{LC}}, \qquad f_0 = \frac{1}{2\pi\sqrt{LC}}$$

$$\omega_1 = \sqrt{\frac{1}{4R^2C^2} + \frac{1}{LC}} - \frac{1}{2RC}, \qquad \omega_2 = \sqrt{\frac{1}{4R^2C^2} + \frac{1}{LC}} + \frac{1}{2RC}$$

で与えられる。

並列共振回路では，共振角周波数において電流実効値は極小となり，遮断角周波数における電流実効値は極小値の $\sqrt{2}$ 倍となる。また，角周波数帯域幅，Q 値に関連して

$$\Delta\omega = \frac{1}{RC}, \qquad Q = \frac{RC}{\sqrt{LC}} = R\sqrt{\frac{C}{L}} = \omega_0 RC = \frac{R}{\omega_0 L}, \qquad \omega_0^2 = \omega_1\omega_2$$

が成り立つ。

章　末　問　題

【1】 直列共振回路において，$R = 100\,\Omega$，$L = 5\,\mathrm{mH}$，$C = 2\,\mu\mathrm{F}$ である。共振角周波数 ω_0，遮断角周波数 ω_1，ω_2，角周波数帯域幅 $\Delta\omega$，Q 値を求めよ。

【2】 並列共振回路において，$R = 4\,\Omega$，$L = 2\,\mu\mathrm{H}$，$C = 8\,\mu\mathrm{F}$ である。共振角周波数 ω_0，遮断角周波数 ω_1，ω_2，角周波数帯域幅 $\Delta\omega$，Q 値を求めよ。

【3】 直列共振回路に電圧実効値 $E_{\mathrm{eff}} = 10\,\mathrm{V}$ の交流電圧を印加する。共振角周波数が 1 krad/s，角周波数帯域幅が 50 rad/s，共振角周波数における電流実効値が 2 A となる R，L，C を求めよ。

【4】 並列共振回路に電圧実効値 $E_{\mathrm{eff}} = 1\,\mathrm{V}$ の交流電圧を印加する。共振角周波数が 100 krad/s，角周波数帯域幅が 20 krad/s，共振角周波数における電流実効値が 1 A となる R，L，C を求めよ。

【5】 **図 8.7** の交流回路において，共振角周波数での電圧 $v(t)$ の振幅が 10 mV であった。インダクタンス L を求めよ。

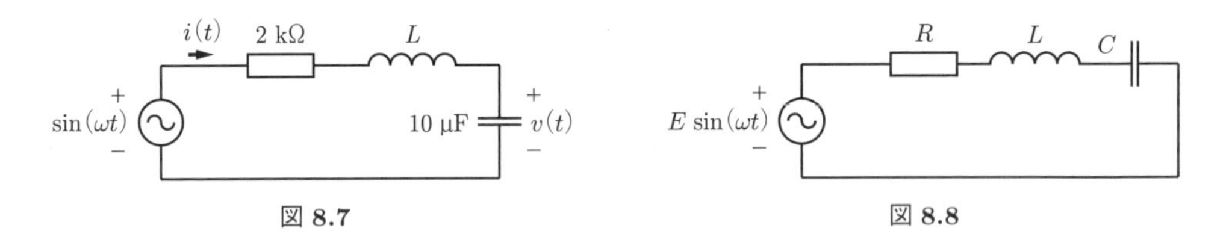

図 8.7　　　　図 8.8

【6】 **図 8.8** の交流回路において，異なる角周波数 ω_a と ω_b で電源から見たインピーダンスの大きさが同じであるとき，$\omega_\mathrm{a}\cdot\omega_\mathrm{b}$ を求めよ。ただし，ω_a，ω_b は遮断角周波数とは限らない。

【7】 **図 8.9**(a) の回路の共振角周波数を ω_a とする。図 (b) および図 (c) の回路の共振角周波数 ω_b と ω_c を ω_a を用いて表せ。

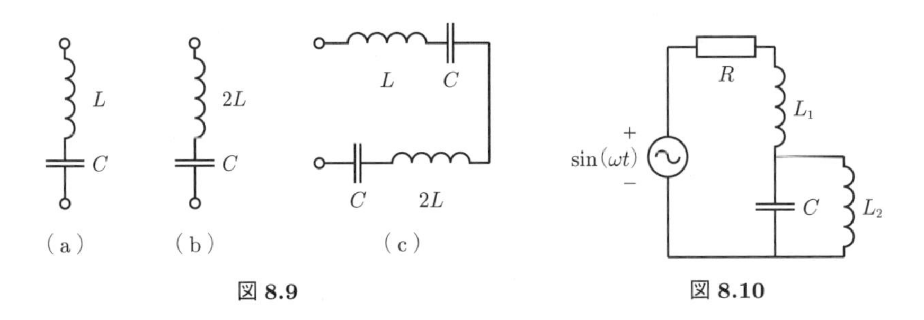

図 8.9　　　　図 8.10

【8】 **図 8.10** の交流回路において，電源から見たインピーダンスが極大になる角周波数 ω_{max} と極小になる角周波数 ω_{min} を求めよ。

9　結合インダクタ

複数のインダクタが近接して配置されると，おたがいの磁束が影響を及ぼす。これを積極的に利用したものが結合インダクタである。本章では，結合インダクタ，結合インダクタの等価回路表現，理想変圧器について記述する。

9.1　結合インダクタのモデル

インダクタに電流が流れると磁束が生じ，その結果として電圧が生じる。複数のインダクタが近接して配置されると，おたがいの磁束が影響を及ぼす。これを積極的に利用したものが**結合インダクタ**（coupled inductor）である。

結合インダクタは**図 9.1**，**図 9.2** のような構造を持つ。結合インダクタは 2 ポート素子であり，それぞれのポートにはインダクタが接続されている。二つのインダクタの間には鉄心のような透磁率が高い材料を挿入してある。なお，図 9.1 と図 9.2 の結合インダクタの違いは 2 次側の巻線の方向である。

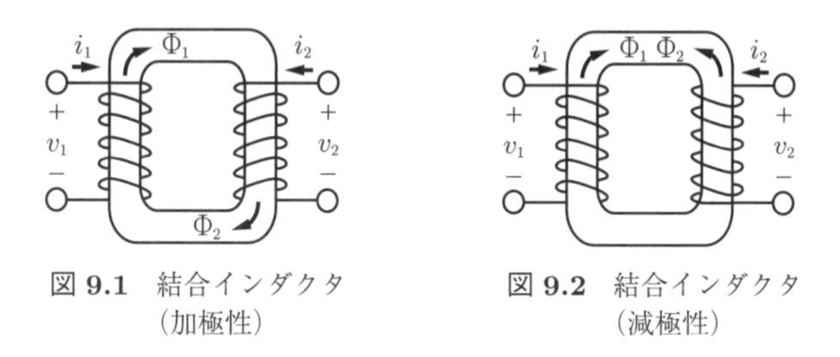

図 9.1　結合インダクタ（加極性）

図 9.2　結合インダクタ（減極性）

結合インダクタにおいて k（$k = 1, 2$）次側の電流 i_k によって生ずる磁束を Φ_k とする。電流によって生ずる磁束の向きは右ねじの法則に従うので，図 9.1，図 9.2 中の矢印の向きに磁束が生ずる。

1 次側の電流 i_1 によって生ずる磁束 Φ_1 の一部は 2 次側コイルと鎖交する。同様に，2 次側の電流 i_2 によって生ずる磁束 Φ_2 の一部は 1 次側コイルと鎖交する。そのため，電圧 v_1 および v_2 は電流 i_1 と i_2 によって誘導される起電力の代数和となる。図 9.1 の結合インダクタでは磁束 Φ_1 と Φ_2 が強め合うため，k 次巻線に誘導される起電力は

$$v_1 = L_1 \frac{\mathrm{d}i_1}{\mathrm{d}t} + M \frac{\mathrm{d}i_2}{\mathrm{d}t}, \qquad v_2 = M \frac{\mathrm{d}i_1}{\mathrm{d}t} + L_2 \frac{\mathrm{d}i_2}{\mathrm{d}t} \tag{9.1}$$

となる（詳細については付録 A.4 を参照されたい）。ここで，L_1，L_2 はそれぞれのインダクタが持っているインダクタンスで**自己インダクタンス**（self inductance）といわれ，M は相手のインダクタからの影響を表すインダクタンスで**相互インダクタンス**（mutual inductance）といわれる。自己インダクタンス，相互インダクタンスともに単位はヘンリーである。

図 9.2 のように磁束が弱め合う場合に，k 次巻線に誘導される起電力は

$$v_1 = L_1\frac{\mathrm{d}i_1}{\mathrm{d}t} - M\frac{\mathrm{d}i_2}{\mathrm{d}t}, \qquad v_2 = L_2\frac{\mathrm{d}i_2}{\mathrm{d}t} - M\frac{\mathrm{d}i_1}{\mathrm{d}t} \tag{9.2}$$

となる。図 9.1 のように鎖交磁束が強め合う場合を**加極性**（additive）といい，図 9.2 のように弱め合う場合を**減極性**（subtractive）という。

加極性か減極性かは電流の基準向きにも依存する。図 9.2 の結合インダクタでも，電流 i_2 の向きを逆にとると加極性となる。図記号では**図 9.3** のようにドット（●）を使って極性を表示する。「● 印に向けて 1 次および 2 次側から電流がともに流入するか，ともに流出する場合に加極性になる」と解釈する。よって，図 9.3(a)，(d) は加極性で，図 (b)，(c) は減極性である。また，図 9.1 と図 9.2 の図記号はそれぞれ図 (a)，図 (b) である。

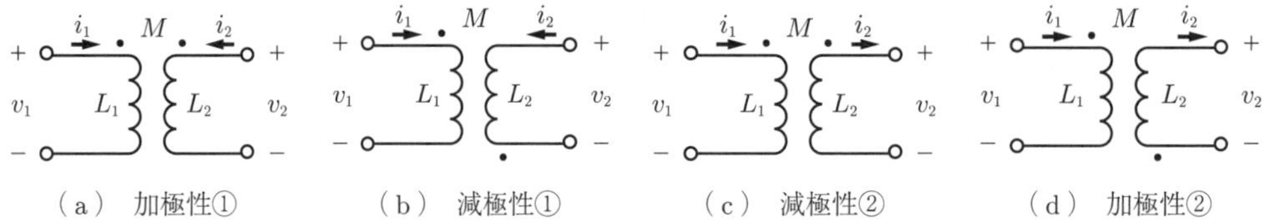

（a） 加極性①　（b） 減極性①　（c） 減極性②　（d） 加極性②

図 9.3　結合インダクタの図記号

相互インダクタンス M と自己インダクタンス L_1，L_2 の幾何平均 $\sqrt{L_1L_2}$ の比

$$k = \frac{M}{\sqrt{L_1L_2}} \tag{9.3}$$

を**結合係数**（coupling coefficient）という。$0 \leqq k \leqq 1$ であり，結合係数が 1 に近いとき，すなわち $M \approx \sqrt{L_1L_2}$ のときを**密結合**（tight coupling）という。

回路が角周波数 ω の交流回路であるとして，式 (9.1)，(9.2) をフェーザを使って書き換えると，それぞれ式 (9.4)，(9.5) となる。

$$\dot{V}_1 = j\omega L_1\dot{I}_1 + j\omega M\dot{I}_2, \qquad \dot{V}_2 = j\omega M\dot{I}_1 + j\omega L_2\dot{I}_2 \tag{9.4}$$

$$\dot{V}_1 = j\omega L_1\dot{I}_1 - j\omega M\dot{I}_2, \qquad \dot{V}_2 = -j\omega M\dot{I}_1 + j\omega L_2\dot{I}_2 \tag{9.5}$$

また，図 9.3(a) の回路の関係式は式 (9.4)，図 (b) の回路の関係式は式 (9.5) であり，図 (c)，(d) の回路の関係式は，それぞれ式 (9.6)，(9.7) となる。

$$\dot{V}_1 = j\omega L_1\dot{I}_1 - j\omega M\dot{I}_2, \qquad \dot{V}_2 = j\omega M\dot{I}_1 - j\omega L_2\dot{I}_2 \tag{9.6}$$

$$\dot{V}_1 = j\omega L_1\dot{I}_1 + j\omega M\dot{I}_2, \qquad \dot{V}_2 = -j\omega M\dot{I}_1 - j\omega L_2\dot{I}_2 \tag{9.7}$$

9.2 結合インダクタの等価回路表現

結合インダクタを含む回路の解析は等価回路に変換して行えばよい。

図 9.4 は，結合インダクタの **T 型等価回路**（T-equivalent circuit）といわれる。

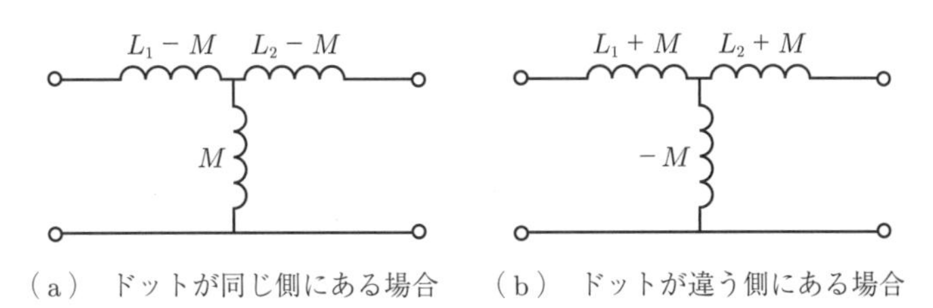

（a） ドットが同じ側にある場合　（b） ドットが違う側にある場合

図 **9.4**　T 型等価回路

T 型等価回路は結合インダクタの 1 次・2 次側の片側の電位が同電位となる場合にのみ適用可能である。等電位となる節点から見てドットが同じ側にある場合は図 9.4(a) を用い，ドットが違う側にある場合は図 (b) を用いる。図 9.3 の結合インダクタにおいて − 端子の電位が等しいとすると，図 9.3(a)，(c) の等価回路は図 9.4(a) であり，図 9.3(b)，(d) の等価回路は図 9.4(b) である。

例題 9.1　**図 9.5** に示す回路の T 型等価回路を用いた等価回路を示せ。また，複素数領域における閉路方程式を示せ。なお，電源の角周波数を ω とする。

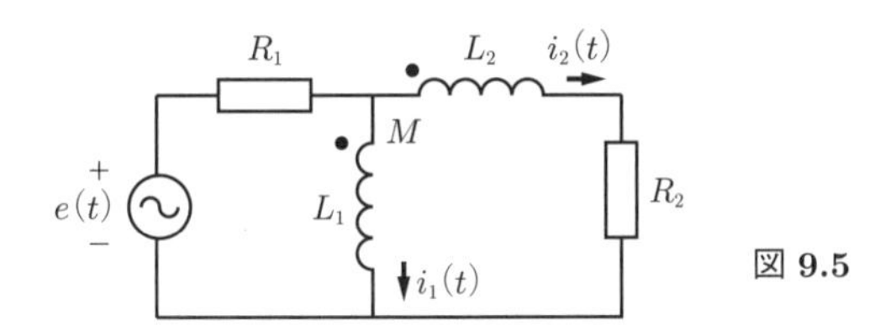

図 **9.5**

【解答】　等電位となる節点に対してドットが同じ側にあるので，図 9.4(a) の等価回路を使う。よって，等価回路は**図 9.6** となる。枝電流 i_1，i_2 が閉路電流となるように図のように閉路を定めると閉路方程式は式 (9.8) となる。

$$
\begin{bmatrix} R_1 + j\omega L_1 & R_1 + j\omega M \\ R_1 + j\omega M & R_1 + j\omega L_2 + R_2 \end{bmatrix} \begin{bmatrix} \dot{I}_1 \\ \dot{I}_2 \end{bmatrix} = \begin{bmatrix} \dot{E} \\ \dot{E} \end{bmatrix} \tag{9.8}
$$

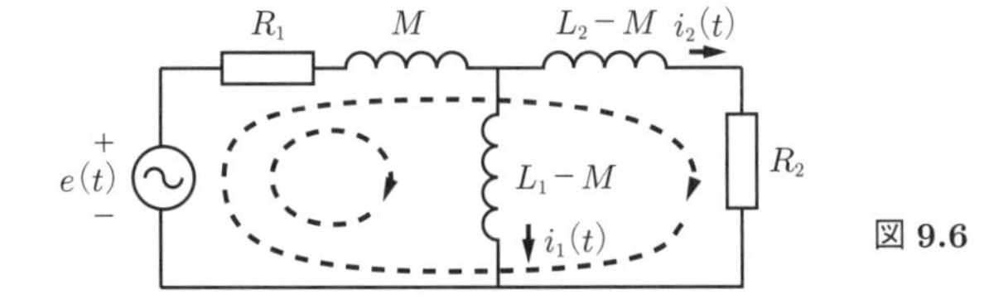

図 **9.6**

例題 9.2　**図 9.7** に示す回路の T 型等価回路を用いた等価回路を示せ。また，複素数領域における閉路方程式を示せ。なお，電源の角周波数を ω とする。

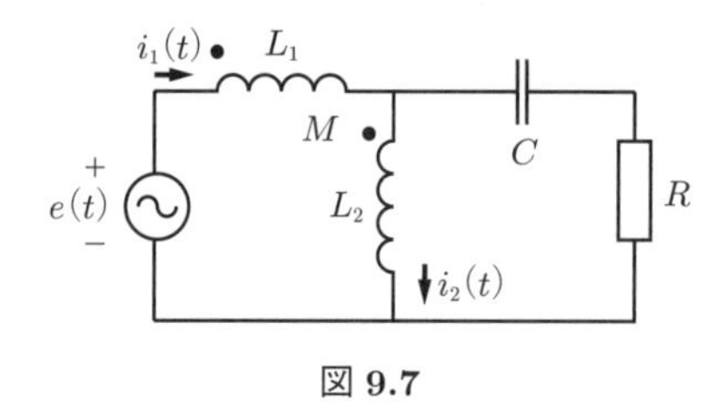

図 9.7

【解答】　等電位となる節点に対してドットが違う側にあるので，図 9.4(b) の等価回路を使う。よって，等価回路は**図 9.8** となる。枝電流 i_1，i_2 が閉路電流となるように図のように閉路を定めると閉路方程式は式 (9.9) となる。

$$\begin{bmatrix} j\omega L_1 + \dfrac{1}{j\omega C} + R & j\omega M - \dfrac{1}{j\omega C} - R \\ j\omega M - \dfrac{1}{j\omega C} - R & j\omega L_2 + \dfrac{1}{j\omega C} + R \end{bmatrix} \begin{bmatrix} \dot{I}_1 \\ \dot{I}_2 \end{bmatrix} = \begin{bmatrix} \dot{E} \\ 0 \end{bmatrix} \tag{9.9}$$

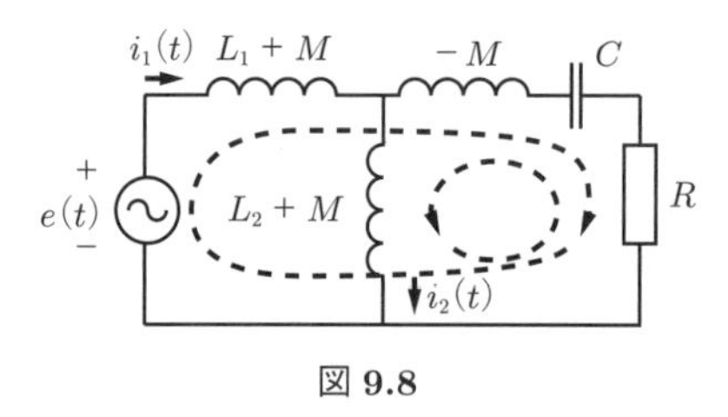

図 9.8

◇

T 型等価回路は結合インダクタの 1 次・2 次側の片側の電位が同電位となる場合にのみ適用可能である。つぎに示す従属電源を用いた等価回路にはこのような制約はない。

図 9.9 は，電流制御型従属電圧源を用いた等価回路である。それぞれの回路で従属電源の極性が異なることに注意してほしい。

加極性なら電流に沿って電圧が下がる方向に，減極性ならば電流に沿って電圧が上がる方向に従属電源の極性を決定する。例えば，図 9.9(a) は図 9.3(a) の等価回路であるが，可極性であるため電流に沿って電圧が下がる方向に極性を決定する。よって，1 次側では電流 i_1 が流れる方向に（すなわち図の右側が正となるように）従属電圧源 $M(\mathrm{d}i_2/\mathrm{d}t)$ を挿入する。2 次側では電流 i_2 が流れる方向に（すなわち図の左側が正となるように）従属電圧源 $M(\mathrm{d}i_1/\mathrm{d}t)$ を挿入する。

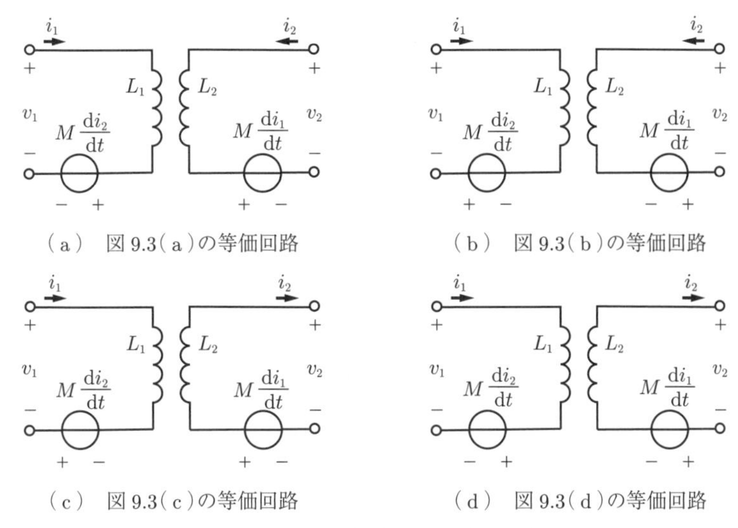

図 9.9　従属電源を用いた等価回路

例題 9.3　図 9.5 に示す回路の従属電源を用いた等価回路を示せ。また，複素数領域における閉路方程式を示せ。なお，電源の角周波数を ω とする。

【解答】　加極性なので，電流に沿って電圧が下がる方向に従属電圧源が入る。よって，等価回路は**図 9.10** となる。

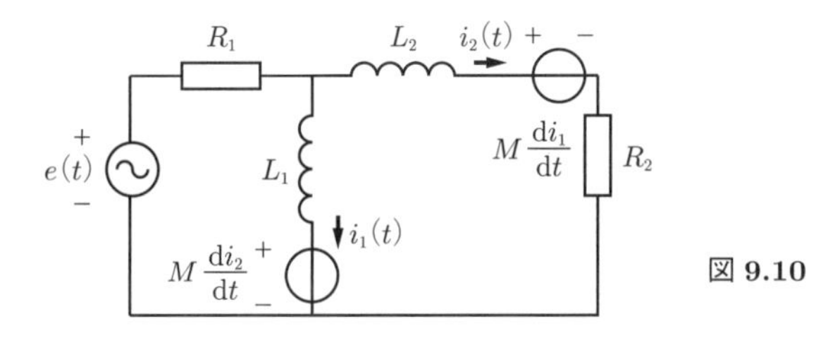

図 9.10

複素数領域等価回路は**図 9.11** となり，図のように枝電流 $\dot{I}_1$，$\dot{I}_2$ が閉路電流となるように閉路を定めると，閉路方程式は

$$
\begin{bmatrix} R_1 + j\omega L_1 & R_1 \\ R_1 & R_1 + j\omega L_2 + R_2 \end{bmatrix} \begin{bmatrix} \dot{I}_1 \\ \dot{I}_2 \end{bmatrix} = \begin{bmatrix} \dot{E} - j\omega M \dot{I}_2 \\ \dot{E} - j\omega M \dot{I}_1 \end{bmatrix}
$$

となる。右辺にある従属電圧源の項を左辺に移項すると式 (9.8) となる。

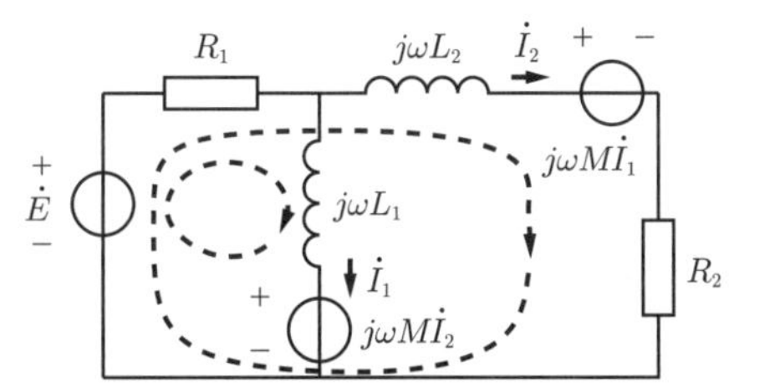

図 9.11

◇

例題 9.4　図 9.7 に示す回路の従属電源を用いた等価回路を示せ。また，複素数領域における閉路方程式を示せ。なお，電源の角周波数を ω とする。

【解答】　加極性なので，電流に沿って電圧が下がる方向に従属電圧源が入る。よって，等価回路は**図 9.12** となる。

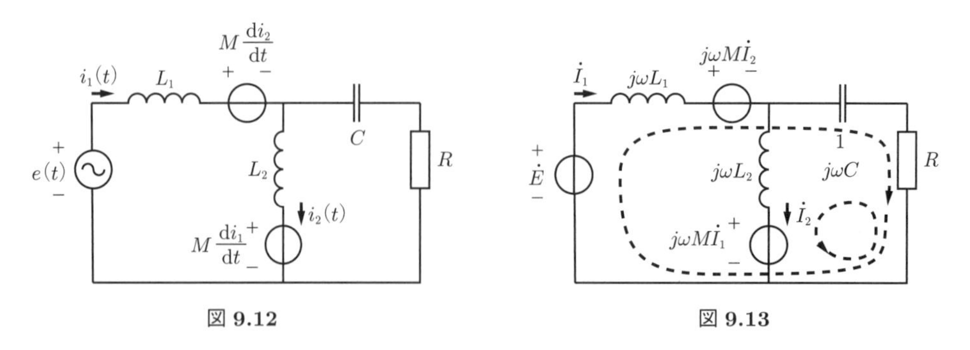

図 **9.12**　　　　図 **9.13**

複素数領域等価回路は**図 9.13** となり，図のように枝電流 $\dot{I}_1$，$\dot{I}_2$ が閉路電流となるように閉路を定めると，閉路方程式は

$$\begin{bmatrix} j\omega L_1 + \dfrac{1}{j\omega C} + R & -\dfrac{1}{j\omega C} - R \\ -\dfrac{1}{j\omega C} - R & j\omega L_2 + \dfrac{1}{j\omega C} + R \end{bmatrix} \begin{bmatrix} \dot{I}_1 \\ \dot{I}_2 \end{bmatrix} = \begin{bmatrix} \dot{E} - j\omega M\dot{I}_2 \\ -j\omega M\dot{I}_1 \end{bmatrix}$$

となる。右辺にある従属電圧源の項を左辺に移項すると式 (9.9) となる。　◇

例題 9.5　**図 9.14** に示す回路の複素数領域における従属電源を用いた等価回路を示せ。また，閉路方程式を示せ。なお，電源の角周波数を ω とする。

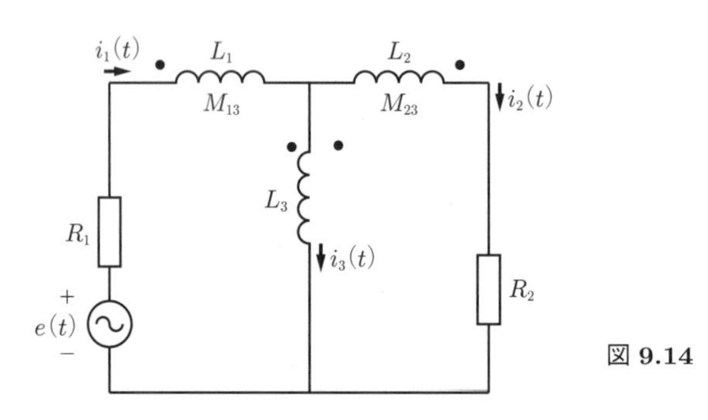

図 **9.14**

【解答】　図 9.14 のように電流 i_1，i_2，i_3 をとると，結合インダクタ M_{13} は加極性，M_{23} は減極性となる。よって複素数領域における従属電源を用いた等価回路は**図 9.15** となる。

電流フェーザ $\dot{I}_1$，$\dot{I}_2$ が閉路電流となるように閉路をとると，閉路方程式は

$$\begin{bmatrix} R_1 + j\omega L_1 + j\omega L_3 & -j\omega L_3 \\ -j\omega L_3 & R_2 + j\omega L_2 + j\omega L_3 \end{bmatrix} \begin{bmatrix} \dot{I}_1 \\ \dot{I}_2 \end{bmatrix} = \begin{bmatrix} \dot{E} - j\omega M_{13}\dot{I}_3 - j\omega M_{13}\dot{I}_1 + j\omega M_{23}\dot{I}_2 \\ j\omega M_{23}\dot{I}_3 + j\omega M_{13}\dot{I}_1 - j\omega M_{23}\dot{I}_2 \end{bmatrix}$$

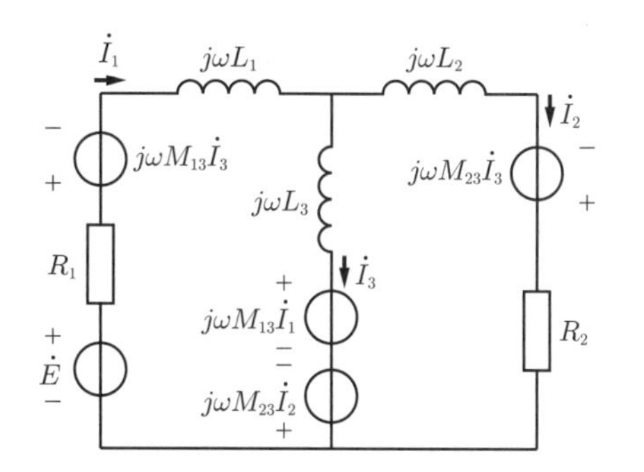

図 **9.15**

となる。$\dot{I}_3 = \dot{I}_1 - \dot{I}_2$ を代入すると

$$\begin{bmatrix} R_1 + j\omega L_1 + j\omega L_3 & -j\omega L_3 \\ -j\omega L_3 & R_2 + j\omega L_2 + j\omega L_3 \end{bmatrix} \begin{bmatrix} \dot{I}_1 \\ \dot{I}_2 \end{bmatrix} = \begin{bmatrix} \dot{E} - j2\omega M_{13}\dot{I}_1 + j\omega(M_{13} + M_{23})\dot{I}_2 \\ j\omega(M_{13} + M_{23})\dot{I}_1 - j2\omega M_{23}\dot{I}_2 \end{bmatrix}$$

となる。右辺にある従属電圧源の項を左辺に移項すると

$$\begin{bmatrix} R_1 + j\omega L_1 + j\omega L_3 + j2\omega M_{13} & -j\omega L_3 - j\omega(M_{13} + M_{23}) \\ -j\omega L_3 - j\omega(M_{13} + M_{23}) & R_2 + j\omega L_2 + j\omega L_3 + j2\omega M_{23} \end{bmatrix} \begin{bmatrix} \dot{I}_1 \\ \dot{I}_2 \end{bmatrix} = \begin{bmatrix} \dot{E} \\ 0 \end{bmatrix}$$

となる。

なお，この回路の T 型等価回路を求めようとしても，どちらか一方の結合インダクタを T 型等価回路に置き換えた時点で残った結合インダクタについては T 型等価回路に置き換えるための条件「1 次側・2 次側の片側の電位が等電位になる」を満足しなくなる。そのため，T 型等価回路を用いた等価回路を求めることはできない。　◇

9.3 理 想 変 圧 器

結合係数 $k = 1$ である密結合インダクタ $(M = \sqrt{L_1 L_2})$ において，比 $\sqrt{L_2/L_1} = M/L_1 = L_2/M = n$ の値を一定に保ちながら，L_1，L_2，$M \to \infty$ とする。図 9.3(c) のように電流の向きを定めると，電圧と電流の関係は式 (9.6) で与えられるので，これを変形して式 (9.10)，(9.11) を得る。

$$\dot{I}_1 = \frac{\dot{V}_1}{j\omega L_1} + \frac{j\omega M\dot{I}_2}{j\omega L_1} \to n\dot{I}_2 \tag{9.10}$$

$$\dot{V}_2 = j\omega n L_1 \dot{I}_1 - j\omega n M \dot{I}_2 = n(j\omega L_1 \dot{I}_1 - j\omega M \dot{I}_2) = n\dot{V}_1 \tag{9.11}$$

すなわち，電圧を n 倍，電流を $1/n$ 倍する変換器となる。このような素子を**理想変圧器**（ideal transformer）（図 **9.16**）といい，n を**変成比**（transformation ratio）という。

理想変圧器の用途として**インピーダンス変換**（impedance conversion）がある。図 **9.17** のように負荷インピーダンス $\dot{Z}_L$ の前に変成比が n の理想変圧器を挿入すると 1 次側から見たインピーダンス $\dot{Z}$ は

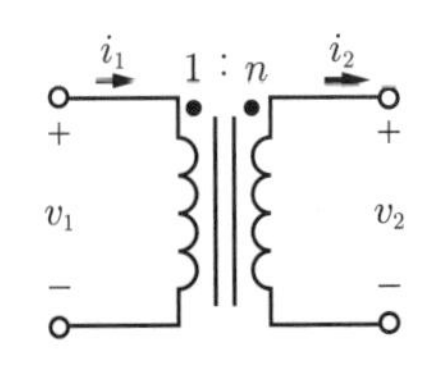

図 **9.16**　理想変圧器

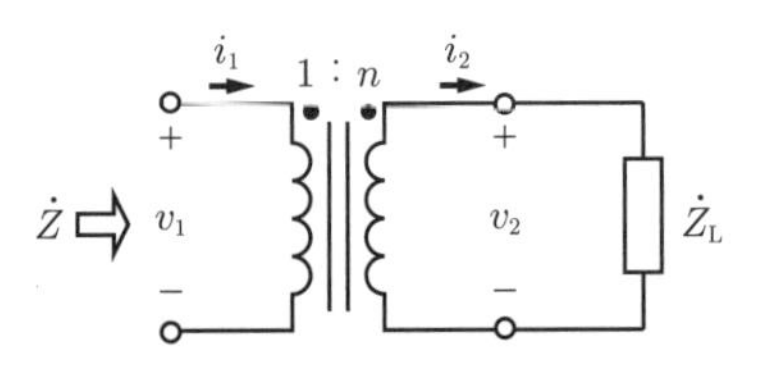

図 **9.17**　インピーダンス変換

$$\dot{Z} = \frac{\dot{V}_1}{\dot{I}_1} = \frac{\frac{\dot{V}_2}{n}}{n\dot{I}_2} = \frac{1}{n^2}\dot{Z}_L \tag{9.12}$$

となり，インピーダンスが $1/n^2$ 倍になる。

例題 9.6　図 **9.18** の回路において $e(t) = \sin(2t)$〔V〕，$R_1 = 1\,\Omega$，$R_2 = 4\,\Omega$，$L = 2\,\mathrm{H}$，$C = 1/4\,\mathrm{F}$，$n = \sqrt{2}$ とし，回路は正弦波定常状態にあるとする。ポート 1-1′ の右側の回路のインピーダンス $\dot{Z}_{\mathrm{in}}$，電流 $i_1(t)$ のフェーザ $\dot{I}_1$，電流 $i_1(t)$，$i_2(t)$，電圧 $v_1(t)$ のフェーザ $\dot{V}_1$，電圧 $v_1(t)$，$v_2(t)$ を求めよ。

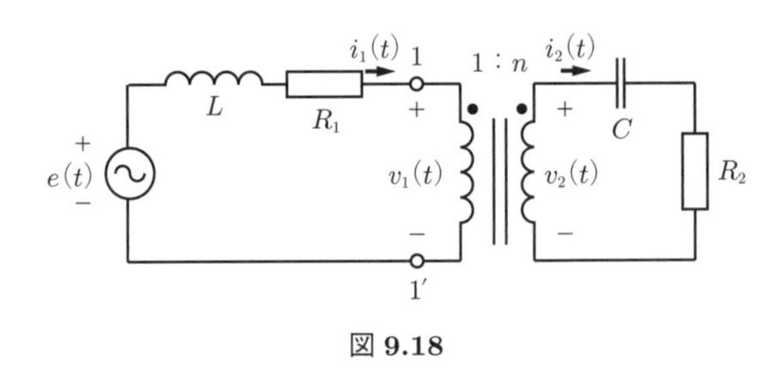

図 **9.18**

【解答】

$$\dot{Z}_{\mathrm{in}} = \frac{\frac{1}{j\omega C} + R_2}{n^2} = 2 - j\,〔\Omega〕, \qquad \dot{I}_1 = \frac{1}{j\omega L + R_1 + \dot{Z}_{\mathrm{in}}} = \frac{1}{6} - j\frac{1}{6}\,〔\mathrm{A}〕,$$

$$i_1(t) = \frac{\sqrt{2}}{6}\sin\left(2t - \frac{\pi}{4}\right)〔\mathrm{A}〕, \qquad i_2(t) = \frac{i_1(t)}{n} = \frac{1}{6}\sin\left(2t - \frac{\pi}{4}\right)〔\mathrm{A}〕,$$

$$\dot{V}_1 = \dot{Z}_{\mathrm{in}}\dot{I}_1 = \frac{1}{6} - j\frac{1}{2}\,〔\mathrm{V}〕, \qquad v_1(t) = \frac{\sqrt{10}}{6}\sin(2t - \tan^{-1}(3))\,〔\mathrm{V}〕,$$

$$v_2(t) = nv_1(t) = \frac{\sqrt{5}}{3}\sin(2t - \tan^{-1}(3))\,〔\mathrm{V}〕$$

◇

章　末　問　題

【１】　図 **9.19** に示す回路の T 型等価回路を用いた等価回路を示せ。また，電源の角周波数を ω として複素数領域における閉路方程式を示せ。

【２】　図 **9.20** に示す回路の T 型等価回路を用いた等価回路を示せ。また，電源の角周波数を ω とし

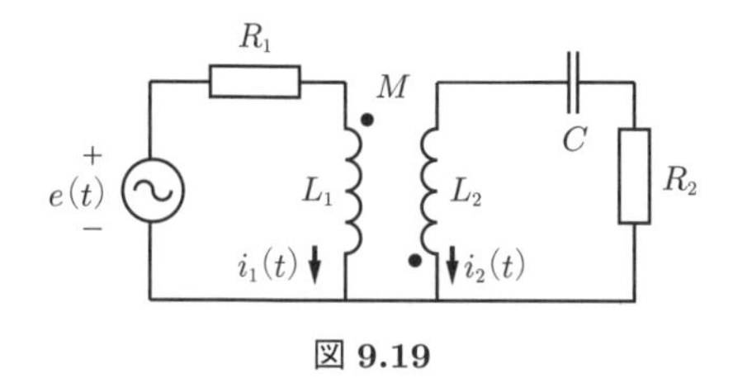

図 9.19

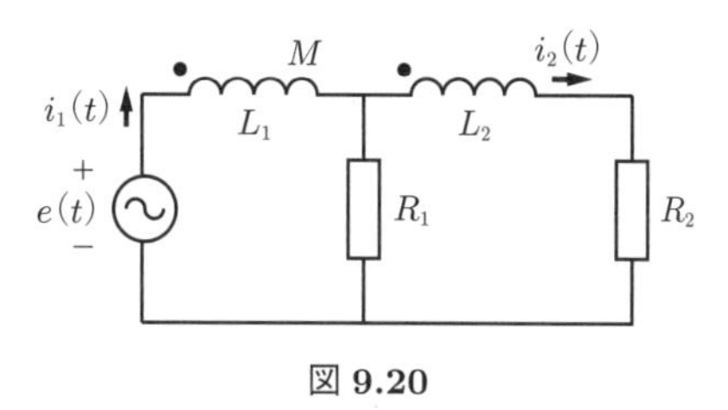

図 9.20

て複素数領域における閉路方程式を示せ。

【3】 **図 9.21** に示す回路の T 型等価回路を用いた等価回路を示せ。また，電源の角周波数を ω として複素数領域における閉路方程式を示せ。

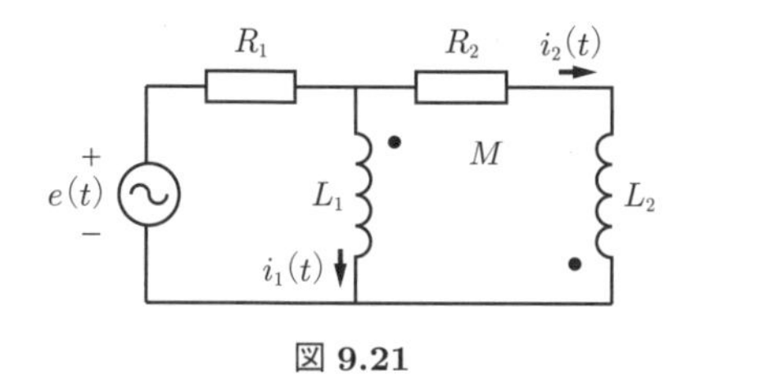

図 9.21

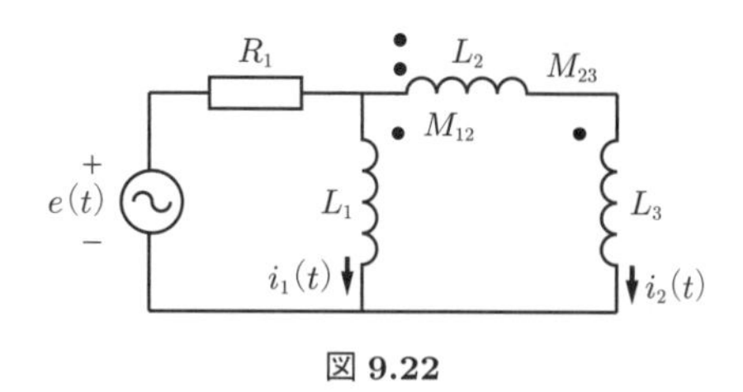

図 9.22

【4】 **図 9.22** に示す回路の T 型等価回路を用いた等価回路を示せ。また，電源の角周波数を ω として複素数領域における閉路方程式を示せ。

【5】 図 9.19 に示す回路の従属電源を用いた等価回路を示せ。また，電源の角周波数を ω として複素数領域における閉路方程式を示せ。

【6】 図 9.20 に示す回路の従属電源を用いた等価回路を示せ。また，電源の角周波数を ω として複素数領域における閉路方程式を示せ。

【7】 図 9.21 に示す回路の従属電源を用いた等価回路を示せ。また，電源の角周波数を ω として複素数領域における閉路方程式を示せ。

【8】 図 9.22 に示す回路の従属電源を用いた等価回路を示せ。また，電源の角周波数を ω として複素数領域における閉路方程式を示せ。

【9】 **図 9.23** に示す回路において $e(t) = \sin(2t)$〔V〕，$R_1 = 1\,\Omega$，$R_2 = 2\,\Omega$，$L_1 = 1\,\mathrm{H}$，$L_2 = 3\,\mathrm{H}$，$M = 1\,\mathrm{H}$ とする。$i_1(t)$ および $i_2(t)$ を求めよ。

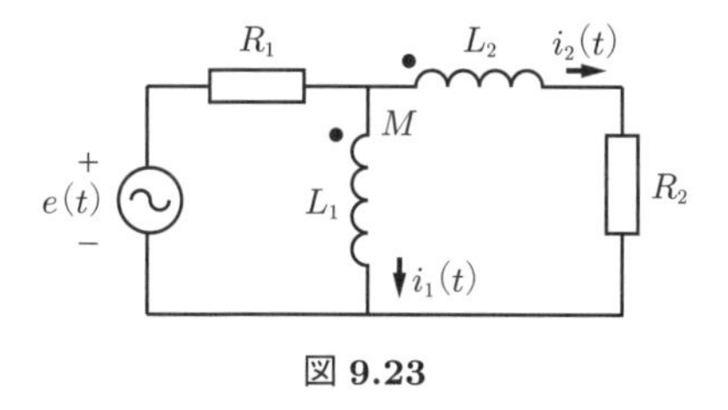

図 9.23

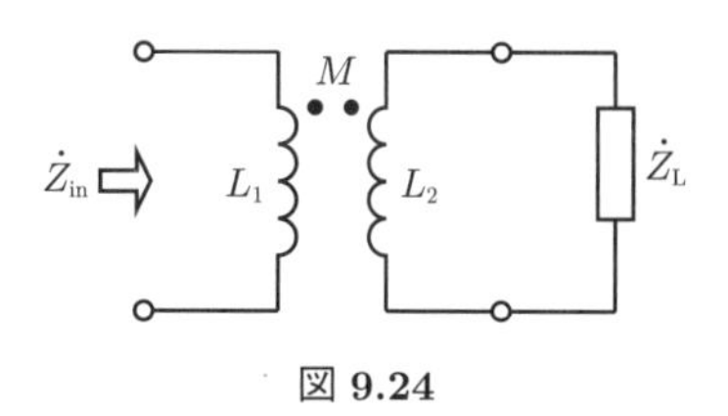

図 9.24

【10】 **図 9.24** の回路は角周波数 ω の正弦波定常状態にある。図に示すように 2 次側ポートにインピーダンス $\dot{Z}_\mathrm{L}$ の負荷をつないだとき，1 次側ポートから見たインピーダンス $\dot{Z}_\mathrm{in}$ を求めよ。

【11】 **図 9.25** の回路で $\dot{E}$ は角周波数 ω の正弦波交流電圧源であり，回路は正弦波定常状態にあるものとする。以下の問に答えよ。

(1) 枝電流フェーザ $\dot{I}_1$ および $\dot{I}_2$ を求めよ。

(2) $\dot{E}$ と $\dot{I}_2$ の偏角が等しくなるための条件を求めよ。

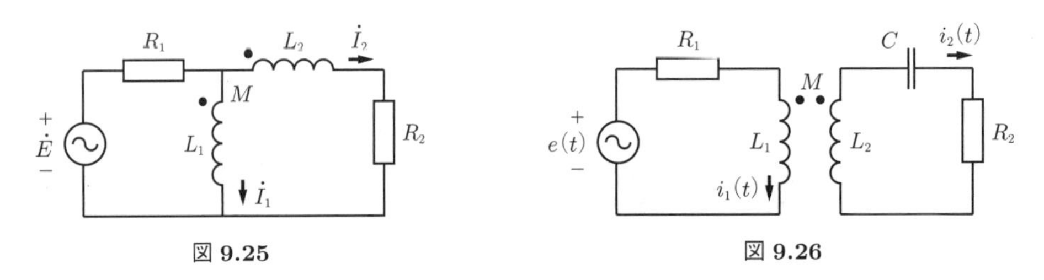

図 9.25　　　　図 9.26

(3) 結合インダクタが密結合（$M = \sqrt{L_1 L_2}$）のとき，$\dot{E}$ と $\dot{I}_1$ の偏角を等しくするには R_1 と R_2 の比をどのようにすればよいか。L_1，L_2 を用いて表せ。

【12】 図 **9.26** の回路において，$e(t) = \sin(t)$〔V〕，$R_1 = 1\,\Omega$，$R_2 = 3\,\Omega$，$L_1 = 2\,\mathrm{H}$，$L_2 = 3\,\mathrm{H}$，$M = 1\,\mathrm{H}$ とする。以下の問に答えよ。

(1) $i_2(t)$ と $e(t)$ が同位相になる C を求めよ。

(2) (1) の条件を満たすとして $i_2(t)$ を求めよ。

【13】 図 **9.27** の回路において $e(t) = \sin(100t)$〔V〕，$R_1 = 5\,\Omega$，$R_2 = 605\,\Omega$ とし，回路は正弦波定常状態にあるとする。負荷 R_2 で消費される電力が最大となる n を求めよ。

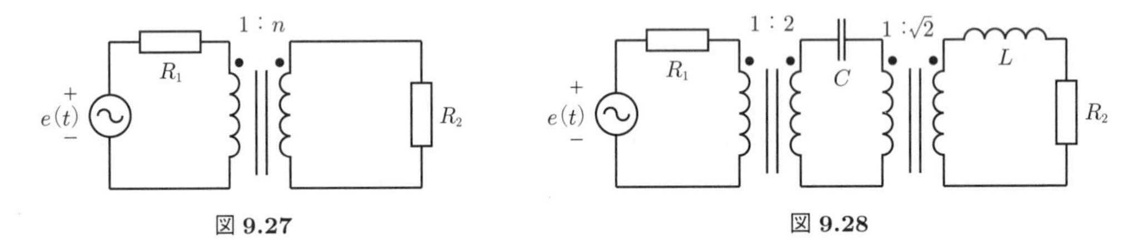

図 9.27　　　　図 9.28

【14】 図 **9.28** の回路において $e(t) = \sin(100t)$〔V〕, $R_1 = 0.3\,\mathrm{k\Omega}$, $R_2 = 1.6\,\mathrm{k\Omega}$, $L = 2\,\mathrm{H}$, $C = 0.1\,\mathrm{mF}$ とし，回路は正弦波定常状態にあるとする。電源から見たインピーダンス $\dot{Z}$ を求めよ。

【15】 図 **9.29** の回路は角周波数 ω の正弦波定常状態にある。ポート 1-1′ から見たアドミタンス $\dot{Y}$ を求めよ。

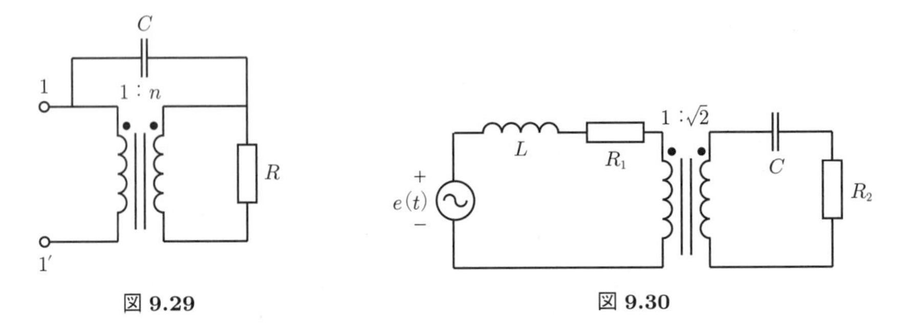

図 9.29　　　　図 9.30

【16】 変成比が $\sqrt{2}$ の理想変圧器を含む図 **9.30** の交流回路で, $e(t) = \sin(2t)$〔V〕, $R_1 = 1\,\Omega$, $R_2 = 1\,\Omega$, $L = 0.5\,\mathrm{H}$ とする。負荷 R_2 の有効電力を最大にするキャパシタンス C を以下の手順により求めよ。

(1) 電源から見たインピーダンス $\dot{Z}$ を求めよ。

(2) 負荷 R_2 を流れる電流のフェーザ $\dot{I}_{R_2}$ を $\dot{E}$ と $\dot{Z}$ を用いて表せ。

(3) 負荷 R_2 の有効電力を最大にするキャパシタンス C を求めよ。

付　　　録

A.1 単 位 記 号

国際単位系（International System of Units; SI）とはメートル法の後継として国際的に定められた単位系である[6]。SI では，基本単位と呼ばれる少数の単位によって単位系を定義し，そのほかすべての量の単位は，組立単位と呼ばれる基本単位のべき乗の積として定義される。SI 接頭語とは，SI の 10 進の倍量および分量に対する名称と記号を与える。**表 A.1**，**表 A.2**，**表 A.3** に，SI 基本単位，SI 接頭語，本書で用いる組立単位をまとめる。

表 A.1　SI 基本単位

基本量	名称	記号
長さ	メートル	m
質量	キログラム	kg
時間	秒	s
電流	アンペア	A
熱力学温度	ケルビン	K
物質量	モル	mol
光度	カンデラ	cd

表 A.2　SI 接頭語

乗数	名称	記号
10^{12}	テラ	T
10^{9}	ギガ	G
10^{6}	メガ	M
10^{3}	キロ	k
10^{-1}	デシ	d
10^{-3}	ミリ	m
10^{-6}	マイクロ	μ
10^{-9}	ナノ	n
10^{-12}	ピコ	P

表 A.3　回路関係の組立単位

組立量	名称	記号	ほかの SI 単位による表し方	SI 基本単位による表し方
周期	秒	s	–	s
位相角	ラジアン	rad	1	m/m
角速度	ラジアン毎秒	rad/s	1	s^{-1}
周波数	ヘルツ	Hz	–	s^{-1}
エネルギー，仕事	ジュール	J	N·m	$m^2 \cdot kg \cdot s^{-2}$
エネルギー，電力量	ワット秒	W·s	N·m	$m^2 \cdot kg \cdot s^{-2}$
エネルギー，電力量	ワット時	W·h	N·m	$m^2 \cdot kg \cdot s^{-2}$
仕事率，電力	ワット	W	J/s	$m^2 \cdot kg \cdot s^{-3}$
電荷，電気量	クーロン	C	–	s·A
電位差，電圧，起電力	ボルト	V	W/A	$m^2 \cdot kg \cdot s^{-3} \cdot A^{-1}$
キャパシタンス	ファラド	F	C/V	$m^{-2} \cdot kg^{-1} \cdot s^4 \cdot A^{-2}$
抵抗	オーム	Ω	V/A	$m^2 \cdot kg \cdot s^{-3} \cdot A^{-2}$
コンダクタンス	ジーメンス	S	A/V	$m^{-2} \cdot kg^{-1} \cdot s^3 \cdot A^2$
磁束	ウェーバ	Wb	V·s	$m^2 \cdot kg \cdot s^{-2} \cdot A^{-1}$
インダクタンス	ヘンリー	H	Wb/A	$m^2 \cdot kg \cdot s^{-2} \cdot A^{-2}$
有効電力	ワット	W	J/s	$m^2 \cdot kg \cdot s^{-3}$
無効電力	バール	var	J/s	$m^2 \cdot kg \cdot s^{-3}$
複素電力，皮相電力	ボルトアンペア	V·A	J/s	$m^2 \cdot kg \cdot s^{-3}$

A.2　電気用図記号

回路図に用いる電気用図記号は，日本では JIS C 0301 が長らく使われていたが，1997 年と 1999 年に国際規格 IEC 60617 に合わせて JIS C 0617 に改正された。本書執筆時点でも，書籍や回路シミュレータによって異なる図記号が使われており，紛らわしい状況が続いている。

本書で用いる図記号および本書以外でしばしば用いられる図記号を**表 A.4** にまとめるので，参考にされたい。

表 A.4　本書で用いる図記号と本書以外でしばしば用いられる図記号

名称	本書で用いる図記号	その他図記号
理想電圧源（定電圧源）		
理想電流源（定電流源）		
直流電源		
交流電源		
従属電圧源		
従属電流源		
抵抗器		
キャパシタ		
インダクタ		
結合インダクタ		

A.3　過　渡　解　析

A.3.1　直　流　回　路

図 A.1（図 1.18 を再掲載）の回路において，電圧源は直流電圧源であり，$t < 0$ では $e(t) = 0$，$t \geqq 0$ では $e(t) = 1\,\mathrm{V}$ とする。また，時刻 $t = 0^-$ におけるキャパシタ，インダクタの電圧・電流はともに 0 とする。ここで，0^- は 0 に限りなく近い負の数である。この回路の $t \geqq 0$ における $v(t)$ および $i(t)$ を

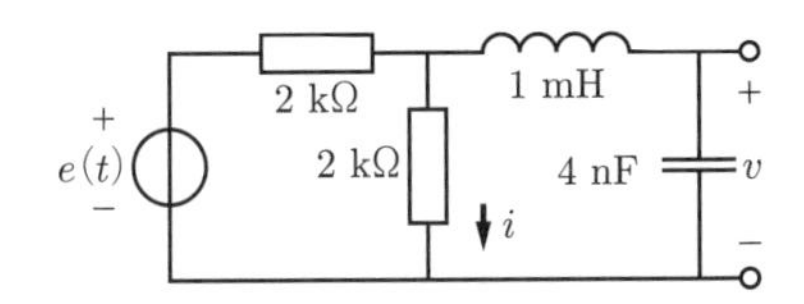

図 **A.1**　RLC からなる回路

微分方程式を解くことにより求めてみる。

ここで，0^+ を 0 に限りなく近い正の数とする。一般に $t = 0^-$ における電圧や電流の値と $t = 0^+$ における電圧や電流の値が等しくなるとは限らない。よって，$t > 0$ における $v(t)$ および $i(t)$ から求める。

図の回路の左側をテブナンの等価回路に置き換えると図 **A.2** となる。$E(t) = e(t)/2$，$R = 1\,\mathrm{k\Omega}$，$L = 1\,\mathrm{mH}$，$C = 4\,\mathrm{nF}$ とおき，回路を流れる電流を $l(t)$ とする。KVL より

$$-E(t) + Rl(t) + L\frac{\mathrm{d}l(t)}{\mathrm{d}t} + v(t) = 0$$

である。また，キャパシタの素子特性より

$$l(t) = C\frac{\mathrm{d}v(t)}{\mathrm{d}t}$$

なので，2 階線形微分方程式 (A.1) を得る。

$$LC\frac{\mathrm{d}^2v(t)}{\mathrm{d}t^2} + RC\frac{\mathrm{d}v(t)}{\mathrm{d}t} + v(t) = E(t) \tag{A.1}$$

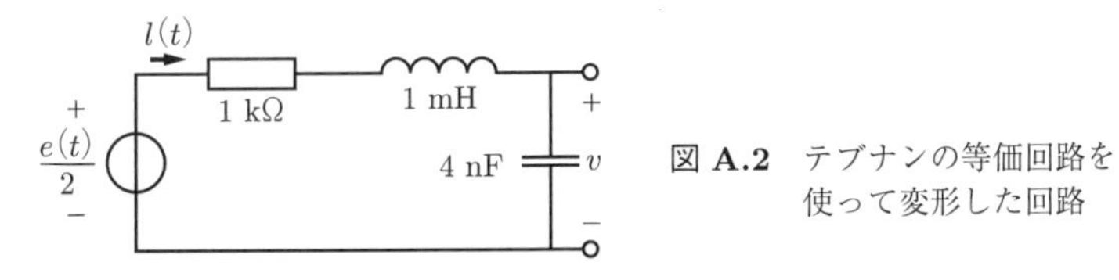

図 **A.2**　テブナンの等価回路を使って変形した回路

この微分方程式の特殊解を $v_p(t)$，余関数を $v_c(t)$ とすると，一般解は $v(t) = v_p(t) + v_c(t)$ となる。

特殊解は微分方程式の右辺の関数で決まる。$t \geqq 0$ では $E(t)$ は定数 $E(t) = 1/2\,\mathrm{V}$ なので特殊解も定数と考えられる。$v_p(t) = K$ として，式 (A.1) に代入して解くと，$K = E(t) = 1/2\,\mathrm{V}$ となる。よって，特殊解は $v_p(t) = 1/2\,\mathrm{V}$ となる。

つぎに，一般解を求める。特性方程式

$$LC\lambda^2 + RC\lambda + 1 = 0$$

の判別式を D とすると，$D = R^2C^2 - 4LC$ であり，数値を代入すると

$$D = (1 \times 10^3)^2 \times (4 \times 10^{-9})^2 - 4 \times (1 \times 10^{-3}) \times (4 \times 10^{-9}) = 0$$

となる。すなわち，特性方程式は $(\lambda + R/2L)^2 = 0$ と書き換えられる。この場合，余関数は

$$v_c(t) = (K_1 + K_2t)\exp(-\alpha t) \tag{A.2}$$

の形で与えられる。ここで，K_1，K_2 は初期条件から求まる定数であり，$\alpha = R/2L$ である。

定数 K_1，K_2 を求めるには $t = 0^+$ における値が必要である。図の回路では $t = 0^-$ から 0^+ に移る過程でキャパシタの電圧，電流が変化することはない。よって初期条件は以下のようになる。ただし，$i_c(t)$ をキャパシタを流れる電流とする。

$$
\begin{aligned}
v(0^+) &= v(0^-) = \frac{1}{2} + K_1 = 0 \\
i_c(0^+) &= i_c(0^-) = C\frac{\mathrm{d}v(t)}{\mathrm{d}t}\bigg|_{t=0^-} \\
&= C\{K_2 \exp(-\alpha t) - \alpha(K_1 + K_2 t)\exp(-\alpha t)\}|_{t=0^-} \\
&= C(K_2 - \alpha K_1) = 0
\end{aligned}
$$

これを解いて，定数 K_1，K_2 は

$$
K_1 = -\frac{1}{2}, \qquad K_2 = -\frac{\alpha}{2}
$$

となる。よって，$v(t)$ は

$$
v(t) = \frac{1}{2} - \frac{1}{2}\left(1 + \frac{R}{2L}t\right)\exp\left(-\frac{R}{2L}t\right)〔\mathrm{V}〕 \tag{A.3}
$$

となる。前述のように $t = 0^-$ から 0^+ に移る過程でキャパシタの電圧，電流が変化することはない。したがって，式 (A.3) は $t \geqq 0$ における関数となる。

つぎに，$i(t)$ を求める。図 A.1 の回路においてインダクタの左側端子の電圧は $v(t) + L(\mathrm{d}i_c/\mathrm{d}t) = v(t) + LC(\mathrm{d}^2 v(t)/\mathrm{d}t^2)$ となるので

$$
i(t) = \frac{1}{2R}\left(v(t) + LC\frac{\mathrm{d}^2 v(t)}{\mathrm{d}t^2}\right)
$$

である。ここで

$$
\begin{aligned}
\frac{\mathrm{d}^2 v(t)}{\mathrm{d}t^2} &= \frac{\mathrm{d}}{\mathrm{d}t}\left\{-\frac{1}{2}\alpha\exp(-\alpha t) + \frac{1}{2}(1+\alpha t)\alpha\exp(-\alpha t)\right\} \\
&= \frac{\mathrm{d}}{\mathrm{d}t}\left(\frac{1}{2}\alpha^2 t\exp(-\alpha t)\right) = \frac{1}{2}\alpha^2\exp(-\alpha t) - \frac{1}{2}\alpha^3 t\exp(-\alpha t) \\
&= \frac{1}{2}\alpha^2(1-\alpha t)\exp(-\alpha t)
\end{aligned}
$$

なので

$$
\begin{aligned}
i(t) &= \frac{1}{4R}\left\{1 - \left(1 + \frac{R}{2L}t\right)\exp\left(-\frac{R}{2L}t\right) + \frac{CR^2}{4L}\left(1 - \frac{R}{2L}t\right)\exp\left(-\frac{R}{2L}t\right)\right\} \\
&= \frac{1}{4R}\left\{1 - \left(1 + \frac{R}{2L}t\right)\exp\left(-\frac{R}{2L}t\right) + \left(1 - \frac{R}{2L}t\right)\exp\left(-\frac{R}{2L}t\right)\right\} \quad \left(\because \frac{CR^2}{4L} = 1\right) \\
&= \frac{1}{4R}\left(1 - \frac{R}{L}t\exp\left(-\frac{R}{2L}t\right)\right)
\end{aligned} \tag{A.4}
$$

となる。

関数 $v(t)$ は $t \geqq 0$ で定義されており，$i(t)$ は $v(t)$ から導出されるので式 (A.4) の $i(t)$ も $t \geqq 0$ で定義される。したがって，式 (A.4) の $i(t)$ が求める関数である。なお，$i(0^-) = 0$ であり，$i(0) = 1/4R$ であるから，$i(t)$ は不連続に変化している。

最後に，式 (A.3)，(A.4) をプロットすると図 1.19 となる。

A.3.2　交　流　回　路

つぎに，図 A.1 の回路において，電圧源は正弦波交流電圧源であり，$t < 0$ では $e(t) = 0$，$t \geqq 0$ では $e(t) = \sin(\omega t)$〔V〕，$\omega = 200\pi$〔krad/s〕とする。したがって，$t \geqq 0$ において $E(t) = \sin(\omega t)/2$〔V〕

である。また，時刻 $t = 0^-$ におけるキャパシタ，インダクタの電圧・電流はともに 0 とする。この場合も，解くべき微分方程式は式 (A.1) である。

微分方程式の右辺が正弦波関数となるので，特殊解は $v_p(t) = A\sin(\omega t + \theta)$ の形で与えられると想定できる。ただし，A および θ は未知定数である。これを式 (A.1) に代入すれば

$$-A\omega^2 LC\sin(\omega t + \theta) + A\omega RC\cos(\omega t + \theta) + A\sin(\omega t + \theta) = \frac{\sin(\omega t)}{2}$$

$$\left(-A\omega^2 LC\cos(\theta) - A\omega RC\sin(\theta) + A\cos(\theta) - \frac{1}{2}\right)\sin(\omega t) + \left(-A\omega^2 LC\sin(\theta) + A\omega RC\cos(\theta) + A\sin(\theta)\right)\cos(\omega t) = 0$$

となる。$v_p(t) = A\sin(\omega t + \theta)$ が特殊解であるためには，どのような t に対しても上式が成立しなければならない。したがって

$$-A\omega^2 LC\cos(\theta) - A\omega RC\sin(\theta) + A\cos(\theta) - \frac{1}{2} = 0 \tag{A.5}$$

$$-A\omega^2 LC\sin(\theta) + A\omega RC\cos(\theta) + A\sin(\theta) = 0 \tag{A.6}$$

である。式 (A.6) から

$$\tan\theta = \frac{R}{\omega L - \dfrac{1}{\omega C}}$$

となる。式 (A.5) において正の A が存在しなければならないので

$$\theta = \tan^{-1}\left(\frac{R}{\omega L - \dfrac{1}{\omega C}}\right) - \pi \tag{A.7}$$

$$\sin(\theta) = -\frac{R}{\sqrt{\left(\omega L - \dfrac{1}{\omega C}\right)^2 + R^2}} \tag{A.8}$$

$$\cos(\theta) = -\frac{\omega L - \dfrac{1}{\omega C}}{\sqrt{\left(\omega L - \dfrac{1}{\omega C}\right)^2 + R^2}} \tag{A.9}$$

と定まる。式 (A.8)，(A.9) を式 (A.5) に代入して整理すると A が

$$A = \frac{1}{2\omega C\sqrt{\left(\omega L - \dfrac{1}{\omega C}\right)^2 + R^2}} \tag{A.10}$$

と定まり，特殊解が見つかった。

つぎに，一般解を求める。余関数は式 (A.2) となり，$t = 0^-$ から 0^+ にかけてキャパシタの電圧，電流が変化しないのは直流の場合と同じなので，初期条件は

$$v(0^+) = v(0^-) = A\sin(\theta) + K_1 = 0$$

$$i_c(0^+) = i_c(0^-) = C(A\omega\cos(\theta) + K_2 - \alpha K_1) = 0$$

となる。これを解くと

$$K_1 = -A\sin(\theta), \qquad K_2 = -A(\alpha\sin(\theta) + \omega\cos(\theta))$$

となる。よって $v(t)$ は次式のようになる。

$$v(t) = A\sin(\omega t + \theta) - A\{\sin(\theta) + (\alpha\sin(\theta) + \omega\cos(\theta))t\}\exp(-\alpha t)$$

直流回路と同様に $i(t)$ を求めて，$v(t)$ と $i(t)$ をプロットすると図 1.21 となる。余関数の項は t を十分大きくすると 0 とみなせるため，定常状態では特殊解のみとなる。式 (A.7)，(A.10) に数値を代入して値を求めると

$$\theta \approx -1.79\,\mathrm{rad}, \qquad A \approx 0.19\,\mathrm{V} \tag{A.11}$$

であり，これは定常状態における $v(t)$ の位相角と振幅であり，図 1.21 に示す波形と一致する。

定常状態における位相角と振幅を第 5 章以降で学習したフェーザ法により求めてみる。なお，kΩ 単位で考えるために角周波数を $\omega = 0.2\pi = \pi/5$〔Mrad/s〕とする。

分圧すればよいので，電圧フェーザは

$$\begin{aligned}\dot{V} &= \frac{\dfrac{1}{j\omega C}}{R + j\omega L + \dfrac{1}{j\omega C}}\dot{E} = \frac{-j\dfrac{5}{4\pi}}{1 + j\dfrac{\pi}{5} - j\dfrac{5}{4\pi}} \times \frac{1}{2} = \frac{-j25}{40\pi + j(8\pi^2 - 50)}\\ &\approx -0.043 - j0.189\,\mathrm{V}\end{aligned}$$

となる。よって，位相角と振幅は

$$\begin{aligned}\theta &= \tan^{-1}\frac{0.189}{0.043} - \pi \approx -1.79\,\mathrm{rad}\\ A &= \sqrt{(0.043)^2 + (0.189)^2} \approx 0.19\,\mathrm{V}\end{aligned}$$

となり，式 (A.11) と一致する。

フェーザ法による結果は，t が十分大きくなると余関数が 0 に収束する場合に，時間領域における解析の結果と一致する。図 A.2 の回路において $R = 0$ ならば式 (A.2) は

$$v_c(t) = (K_1 + K_2 t)$$

となる。このときフェーザ法の結果は正しく $v(t)$ を表していない。

A.4　自己インダクタンスと相互インダクタンス

図 9.1 の結合インダクタにおいて，1 次側の電流 $i_1(t)$ によって生ずる磁束を $\Phi_1(t)$ とし，1 次側の巻き数を N_1 とする。1 次側の電流 i_1 によって生ずる 1 次側コイルの鎖交磁束 $\Psi_{11}(t)$ は

$$\Psi_{11}(t) = N_1\Phi_1(t)$$

で与えられる。式 (1.22) より，1 次側に電流 $i_1(t)$ によって誘導される起電力 $v_{11}(t)$ は

$$v_{11}(t) = L_1\frac{\mathrm{d}i_1(t)}{\mathrm{d}t}$$

で与えられる。ここで，L_1 は 1 次側の自己インダクタンスであり

$$L_1 = \frac{\Psi_{11}(t)}{i_1(t)} = N_1 \frac{\Phi_1(t)}{i_1(t)}$$

で与えられる。

磁束 $\Phi_1(t)$ の一部は 2 次側コイルと鎖交する。この 2 次側コイルと鎖交する磁束を $\Phi_{12}(t)$ とし，2 次側コイルの巻き数を N_2 とすると，1 次側の電流 $i_1(t)$ によって生ずる 2 次側コイルの鎖交磁束は

$$\Psi_{12}(t) = N_2 \Phi_{12}(t)$$

で与えられる。よって，1 次側の電流 i_1 により 2 次側で誘導される起電力 $v_{12}(t)$ は

$$v_{12}(t) = M_{12} \frac{\mathrm{d}i_1(t)}{\mathrm{d}t}$$

で与えられる。ここで，相互インダクタンス M_{12} は

$$M_{12} = \frac{\Psi_{12}(t)}{i_1(t)} = N_2 \frac{\Phi_{12}(t)}{i_1(t)}$$

で与えられる。

同様に，2 次側の電流 $i_2(t)$ によって生ずる磁束を $\Phi_2(t)$ とし，そのうち 1 次側コイルと鎖交する磁束を $\Phi_{21}(t)$ とすると，電流 $i_2(t)$ によって 1 次側，2 次側で誘導される起電力 $v_{21}(t)$，$v_{22}(t)$ は

$$v_{21}(t) = M_{21} \frac{\mathrm{d}i_2(t)}{\mathrm{d}t}, \qquad v_{22}(t) = L_2 \frac{\mathrm{d}i_2(t)}{\mathrm{d}t}$$

で与えられる。ただし，自己インダクタンス L_2 と相互インダクタンス M_{21} は

$$L_2 = \frac{\Psi_{22}(t)}{i_2(t)} = N_2 \frac{\Phi_2(t)}{i_2(t)}, \qquad M_{21} = \frac{\Psi_{21}(t)}{i_2(t)} = N_1 \frac{\Phi_{21}(t)}{i_2(t)}$$

で与えられる。

1 次側と 2 次側で誘導される起電力は上で求めた起電力の和なので

$$v_1(t) = L_1 \frac{\mathrm{d}i_1(t)}{\mathrm{d}t} + M_{21} \frac{\mathrm{d}i_2(t)}{\mathrm{d}t}, \qquad v_2(t) = M_{12} \frac{\mathrm{d}i_1(t)}{\mathrm{d}t} + L_2 \frac{\mathrm{d}i_2(t)}{\mathrm{d}t}$$

となる。

ここで，コイル C_x とコイル C_y 間の相互インダクタンス M_{xy} はノイマンの式で与えられる（詳細は電磁気学の書籍（例えば文献7)）を参照されたい）。

$$M_{xy} = \frac{\mu}{4\pi} \oint_{C_x} \oint_{C_y} \frac{\mathrm{d}l_x \cdot \mathrm{d}l_y}{r} \tag{A.12}$$

ここで，$\mathrm{d}l_x$ および $\mathrm{d}l_y$ はそれぞれコイル導体 C_x および C_y に沿う微小ベクトル線素，r は微小ベクトル線素 $\mathrm{d}l_x$ と $\mathrm{d}l_y$ との距離，μ はコイル導体の周囲の媒質の透磁率である。

式 (A.12) において積分の順序は入れ替えることができるので，$M_{12} = M_{21}$ となる。よって

$$M = M_{12} = M_{21}$$

とすると，1 次側と 2 次側で誘導される起電力は

$$v_1(t) = L_1 \frac{\mathrm{d}i_1(t)}{\mathrm{d}t} + M \frac{\mathrm{d}i_2(t)}{\mathrm{d}t}, \qquad v_2(t) = M \frac{\mathrm{d}i_1(t)}{\mathrm{d}t} + L_2 \frac{\mathrm{d}i_2(t)}{\mathrm{d}t}$$

となる。

引用・参考文献

1）伊瀬敏史，熊谷貞俊，白川　功，前田　肇：回路理論 I，コロナ社（2001）

2）伊瀬敏史，熊谷貞俊，白川　功，前田　肇：回路理論 II，コロナ社（1998）

3）小澤孝夫：電気回路を理解する，第 2 版，森北出版（2015）

4）黒木修隆 編著：OHM 大学テキスト 電気回路 I，オーム社（2012）

5）渋谷道雄：回路シミュレータ LTspice で学ぶ電子回路，第 3 版，オーム社（2019）

6）産業技術総合研究所 計量標準総合センター：国際単位系（SI）第 9 版（2019）日本語版，国際単位系（SI）基本単位の定義改定と計量標準（2020），https://unit.aist.go.jp/nmij/public/report/SI_9th/（2020 年 12 月 18 日現在）

7）熊谷信昭，塩澤俊之：電磁理論演習，電子情報通信学会大学シリーズ演習，コロナ社（1998）

8）C. K. Alexander, M. N.O. Sadiku：Fundamentals of Electric Circuits, 6th Edtion, McGraw Hill（2017）

9）J. S. Kang：Electric Circuits, Cengage Learning（2016）

10）M. Nahvi, J. Edminister：Schaum's Outline of Electric Circuits, 7th Edition, McGraw Hill（2017）

11）Python：https://www.python.org/（2020 年 4 月 1 日現在）

12）Python Japan：https://www.python.jp/（2020 年 4 月 1 日現在）

13）NumPy：https://numpy.org/（2020 年 4 月 1 日現在）

14）SymPy：https://www.sympy.org/（2020 年 4 月 1 日現在）

章末問題の略解

■ 1 章

【1】 $Q \approx 1.47\,\mathrm{mC}$

【2】 $|J| \approx 136\,\mathrm{J}$

【3】 約 6.7×10^{21} 個

【4】 66 円

【5】 129.6 円

【6】 $0.918\,\mathrm{h}$

【7】 $J = 0$

【8】 $\overline{W} = 3\,\mathrm{W}$

【9】 $i_1 = 2.8\,\mathrm{mA}$, $i_2 = 2\,\mathrm{mA}$, $i_3 = 0.8\,\mathrm{mA}$

【10】 $1\,\Omega$ の抵抗器

【11】 $R = 240\,\Omega$

【12】 $\overline{W} = 5\,\mathrm{W}$

【13】 $p(t) = 125t^2$〔MW〕, $\overline{W} \approx 167\,\mathrm{W}$

【14】 $i(t) = CE_1\omega\cos(\omega t + \theta)$〔A〕, $p(t) = (E_0 + E_1\sin(\omega t + \theta)) \cdot CE_1\omega\cos(\omega t + \theta)$〔W〕,

$W\left(-\frac{\pi}{\omega}, \frac{\pi}{\omega}\right) = 0$

【15】 (1) $Q = 1.25\,\mathrm{C}$ (2) $J = 1.25\,\mathrm{GJ}$, $\overline{W} = 25\,\mathrm{TW}$ (3) $C = 1.25\,\mathrm{nF}$

【16】

$$v(t) = \begin{cases} \frac{1}{60}t^2\,〔\mathrm{kV}〕, & 0 \leqq t < 2\,\mathrm{s} \\ \frac{t-1}{15}\,〔\mathrm{kV}〕, & 2\,\mathrm{s} \leqq t < 4\,\mathrm{s} \\ -\frac{1}{3} + \frac{1}{5}t - \frac{1}{60}t^2\,〔\mathrm{kV}〕, & 4\,\mathrm{s} \leqq t < 6\,\mathrm{s} \\ \frac{4}{15}\,\mathrm{kV}, & 6\,\mathrm{s} \leqq t \end{cases}$$

これを図示すると，**解図 1.1** のようになる。

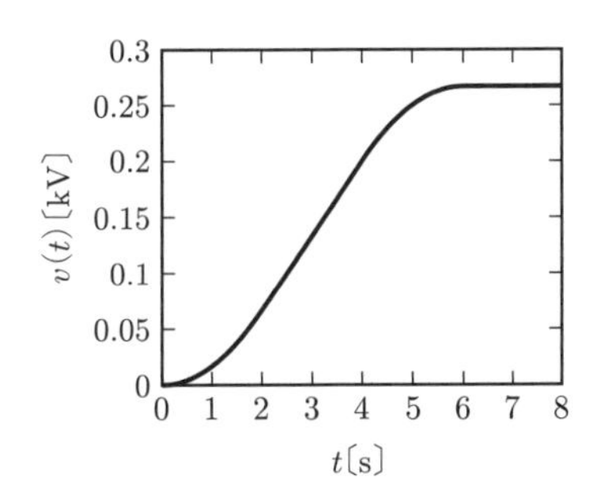

解図 1.1

【17】 $Q = 50\,\mu\mathrm{C}$

【18】 $I = 40\,\mu\mathrm{A}$

【19】 $\overline{W} = 0$

【20】 $L = 0.5\,\mathrm{H}$

【21】 $L = 0.5\,\mathrm{mH}$

【22】

$$i(t) = \begin{cases} 5t^2\,〔\mathrm{A}〕, & 0 \leqq t < 1\,\mathrm{s} \\ -\dfrac{25}{4} + \dfrac{25}{2}t - \dfrac{5}{4}t^2\,〔\mathrm{A}〕, & 1\,\mathrm{s} \leqq t < 5\,\mathrm{s} \\ 25\,\mathrm{A}, & 5\,\mathrm{s} \leqq t \end{cases}$$

$$p(t) = \begin{cases} 20t^3\,〔\mathrm{mW}〕, & 0 \leqq t < 1\,\mathrm{s} \\ (5-t)\left(-\dfrac{25}{4} + \dfrac{25}{2}t - \dfrac{5}{4}t^2\right)〔\mathrm{mW}〕, & 1\,\mathrm{s} \leqq t < 5\,\mathrm{s} \\ 0, & 5\,\mathrm{s} \leqq t \end{cases}$$

これらを図示すると，それぞれ**解図 1.2**(a)，(b) となる。

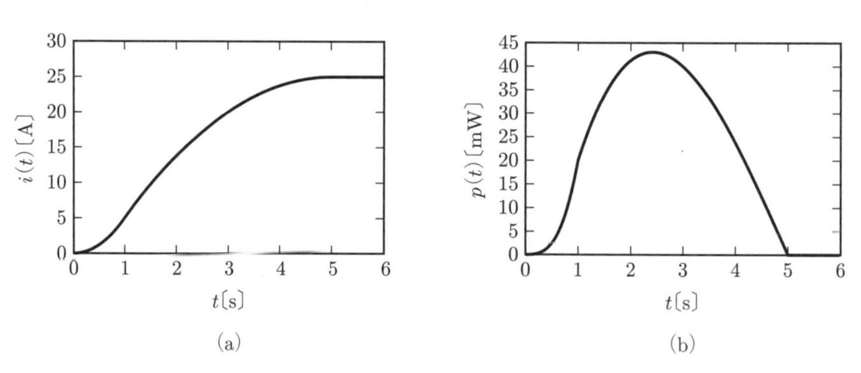

(a)　(b)

解図 1.2

【23】 $v(t) = \begin{cases} (10\sqrt{3}+10)\cos(t)\,〔\mathrm{V}〕, & \dfrac{\pi}{6}\,〔\mathrm{s}〕 \leqq t \leqq \dfrac{\pi}{3}\,〔\mathrm{s}〕,\quad \dfrac{7\pi}{6}\,〔\mathrm{s}〕 \leqq t \leqq \dfrac{4\pi}{3}\,〔\mathrm{s}〕 \\ 0 & \text{otherwise} \end{cases}$

$W(0, 2\pi) = 20(\sqrt{3}+1)\,\mathrm{J}$

【24】 $i = \dfrac{E}{R+r}$，　$R = r$

【25】 $v = 1.936\,\mathrm{V}$，　$i = 1.21\,\mathrm{mA}$

【26】 $p_{\mathrm{A}} = -25\,\mathrm{W}$，　$p_{\mathrm{B}} = 7\,\mathrm{W}$，　$p_{\mathrm{C}} = -50\,\mathrm{W}$，　$p_{\mathrm{D}} = 60\,\mathrm{W}$，　$p_{\mathrm{E}} = 8\,\mathrm{W}$ となり，総和は 0 となる。

【27】 $v_1 = 3\,\mathrm{V}$，　$v_2 = 3\,\mathrm{V}$，　$v_3 = 4\,\mathrm{V}$

【28】 **解図 1.3** のようになる。

【29】 **解図 1.4** のようになる。

【30】 $i = 2.5\,\mathrm{mA}$

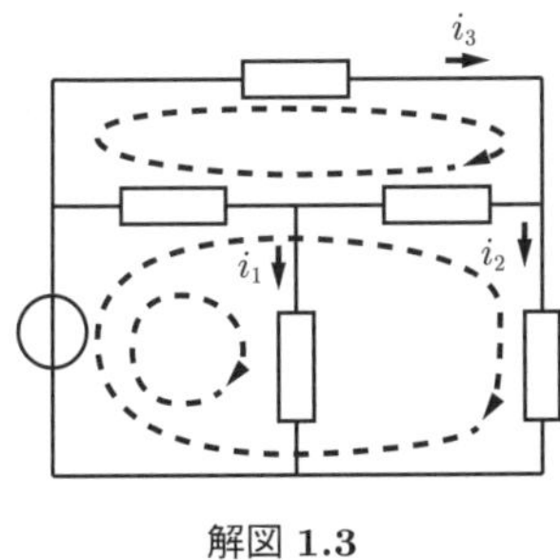

解図 1.3

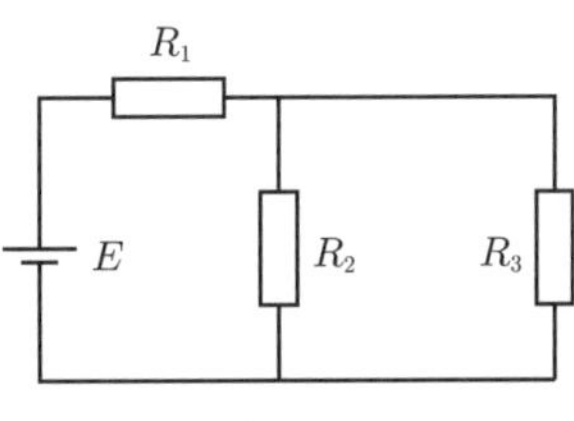

解図 1.4

■2章

【1】 独立なKCL方程式は2本，独立なKVL方程式は4本で，例えば，KCL方程式は $i_1+i_2-i_3+i_4=0$，$-i_1-i_2+i_5+i_6=0$ であり，KVL方程式は $-v_3+v_4=0$，$v_2-v_4+v_5=0$，$v_5-v_6=0$，$v_1-v_2=0$ となる。

【2】 $i_1=7.5\,\mathrm{mA}$，$i_2=2.5\,\mathrm{mA}$，$i_3=-1.5\,\mathrm{mA}$，$i_5=6\,\mathrm{mA}$

【3】 $v_1=4\,\mathrm{V}$，$v_2=4\,\mathrm{V}$

【4】 (1) 接点b：$i_1+i_2+0.5i_1-5=0$，接点c：$-i_2-0.5i_1+i_3=0$
(2) $0.5i_2+i_3-2i_1=0$　(3) $i_1=2\,\mathrm{mA}$，$i_2=2\,\mathrm{mA}$，$i_3=3\,\mathrm{mA}$　(4) $u_{\mathrm{a}}=9\,\mathrm{V}$

【5】 (1) $-\dfrac{15-v}{3}+\dfrac{v}{3}+\dfrac{v}{2}+\dfrac{v}{1}=0$　(2) $v=\dfrac{30}{13}\,\mathrm{V}$

【6】 $i=1\,\mathrm{A}$，$v=12\,\mathrm{V}$

【7】 (a) $R=\dfrac{31}{11}\,\mathrm{k\Omega}$　(b) $R=\dfrac{61}{23}\,\mathrm{k\Omega}$　(c) $R=\dfrac{15}{2}\,\mathrm{k\Omega}$　(d) $R=\dfrac{39}{20}\,\mathrm{k\Omega}$

【8】 (a) $G=\dfrac{7}{6}\,\mathrm{S}$　(b) $G=4\,\mathrm{S}$

【9】 $v\approx 7.8\,\mathrm{V}$

【10】 (1) $R=\dfrac{24}{7}\,\mathrm{k\Omega}$　(2) $i_1=\dfrac{35}{6}\,\mathrm{mA}$　(3) $i_2=\dfrac{25}{6}\,\mathrm{mA}$　(4) $v=\dfrac{5}{3}\,\mathrm{V}$

【11】 $i\approx 1.2\,\mathrm{mA}$

【12】 $i_1=0.5\,\mathrm{mA}$，$i_2=1.4\,\mathrm{mA}$，$i_3=1.1\,\mathrm{mA}$

【13】 $i=\dfrac{225}{436}\,\mathrm{mA}$

【14】 $R=450\,\mathrm{k\Omega}$

【15】 $R=\dfrac{1}{3}\,\mathrm{m\Omega}$

【16】 $v=-\dfrac{10}{11}\,\mathrm{mV}$

【17】 $r_{\mathrm{m}}=\pm 150\,\mathrm{k\Omega}$

【18】 $R_1:R_3=1:250$

【19】 $R=\dfrac{113}{54}\,\Omega$

【20】 (a) $R=\dfrac{2}{3}\,\Omega$　(b) $R=\dfrac{169}{55}\,\Omega$　(c) $R=\dfrac{2}{3}\,\Omega$

【21】 (1) 8Aの電流源と2Ωの抵抗器の並列接続になる（回路図は省略）。
(2) $R=2\,\Omega$，$W=32\,\mathrm{W}$

【22】 解図 **2.1** のようになる。

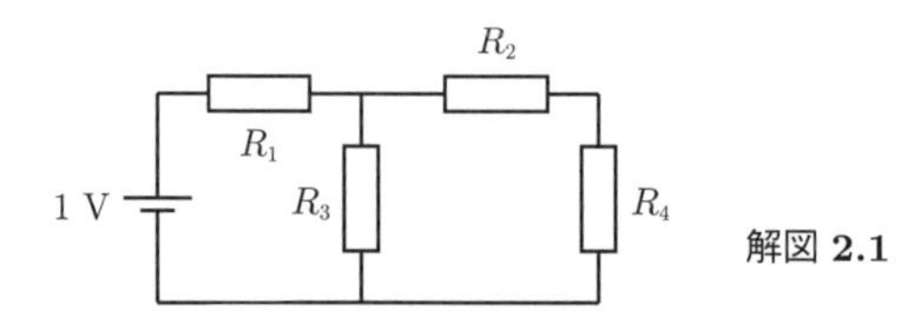

解図 2.1

【23】 解図 **2.2** のようになる。

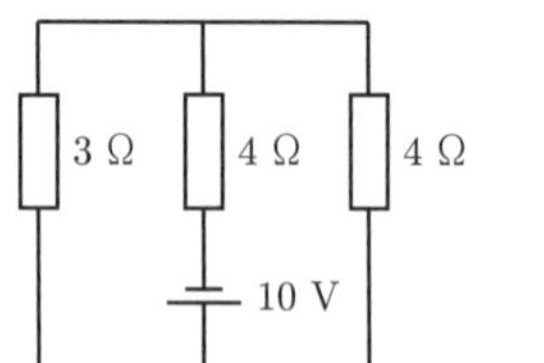

解図 2.2

【24】 条件：$J_1 - J_2 - \dfrac{E}{R_1} = 0$

変換した回路を図示すると，解図 **2.3** のようになる。

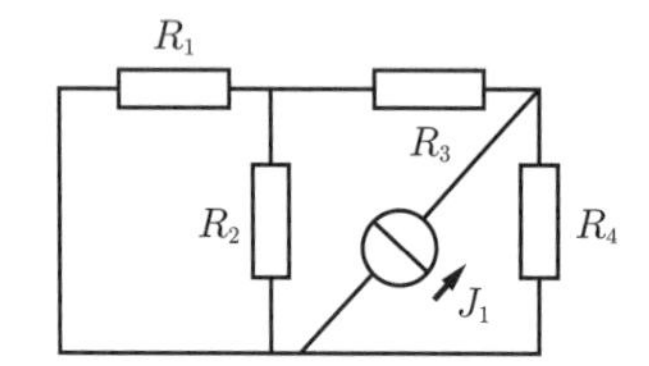

解図 2.3

■ 3 章

【 1 】 $-J + \dfrac{u_a}{R_1} + \dfrac{u_a}{R_2} + \dfrac{u_a}{R_3} + \dfrac{u_a}{R_4} + \dfrac{u_a}{R_5} = 0$

【 2 】
$$\begin{bmatrix} \dfrac{1}{R_1} + \dfrac{1}{R_2} + \dfrac{1}{R_3} & -\dfrac{1}{R_3} \\ -\dfrac{1}{R_3} & \dfrac{1}{R_3} + \dfrac{1}{R_4} + \dfrac{1}{R_5} \end{bmatrix} \begin{bmatrix} u_a \\ u_b \end{bmatrix} = \begin{bmatrix} J \\ 0 \end{bmatrix}$$

【 3 】
$$\begin{bmatrix} \dfrac{1}{R_1}+\dfrac{1}{R_2}+\dfrac{1}{R_3}+\dfrac{1}{R_4}+\dfrac{1}{R_6} & -\dfrac{1}{R_1}-\dfrac{1}{R_3} & -\dfrac{1}{R_4} & \dfrac{1}{R_2} \\ -\dfrac{1}{R_1}-\dfrac{1}{R_3} & \dfrac{1}{R_1}+\dfrac{1}{R_3} & 0 & 0 \\ -\dfrac{1}{R_4} & 0 & \dfrac{1}{R_4}+\dfrac{1}{R_5}+\dfrac{1}{R_7} & -\dfrac{1}{R_5} \\ -\dfrac{1}{R_2} & 0 & -\dfrac{1}{R_5} & \dfrac{1}{R_2}+\dfrac{1}{R_5}+\dfrac{1}{R_8} \end{bmatrix} \begin{bmatrix} u_a \\ u_b \\ u_c \\ u_d \end{bmatrix} = \begin{bmatrix} 0 \\ J \\ 0 \\ 0 \end{bmatrix}$$

【 4 】 $u_a = 5.2\,\mathrm{V}$，$u_b = 2\,\mathrm{V}$

【 5 】 $u_a = \dfrac{11}{16}\,\mathrm{V}$，$u_b = \dfrac{3}{8}\,\mathrm{V}$，$u_c = \dfrac{7}{16}\,\mathrm{V}$

【 6 】 $u_a = \dfrac{35}{19}\,\mathrm{V}$，$u_b = \dfrac{65}{19}\,\mathrm{V}$，$u_c = \dfrac{65}{38}\,\mathrm{V}$，$u_d = \dfrac{30}{19}\,\mathrm{V}$

【7】

$$\begin{bmatrix} \frac{1}{R_1}+\frac{1}{R_2}+\frac{1}{R_3}+\frac{1}{R_4}+\frac{1}{R_5} & -\frac{1}{R_1}-\frac{1}{R_3} & -\frac{1}{R_2}-\frac{1}{R_4} \\ -\frac{1}{R_1}-\frac{1}{R_3} & \frac{1}{R_1}+\frac{1}{R_3} & 0 \\ -\frac{1}{R_2}-\frac{1}{R_4} & 0 & \frac{1}{R_2}+\frac{1}{R_4}+\frac{1}{R_6} \end{bmatrix} \begin{bmatrix} u_a \\ u_b \\ u_d \end{bmatrix} = \begin{bmatrix} -\frac{E}{R_4} \\ J \\ \frac{E}{R_4} \end{bmatrix}$$

【8】 $i_1 = \frac{35}{6}\,\mathrm{mA},\quad i_2 = \frac{25}{6}\,\mathrm{mA},\quad v = \frac{5}{3}\,\mathrm{V}$

【9】 $u_a = 3\,\mathrm{V},\quad u_b = -6\,\mathrm{V}$

【10】 $u_a = \frac{215}{16}\,\mathrm{V},\quad u_b = \frac{55}{16}\,\mathrm{V},\quad u_c = \frac{75}{16}\,\mathrm{V}$

【11】 $R_1 l_o + R_2 l_o + R_3 l_o + R_4 l_o - E = 0$

【12】

$$\begin{bmatrix} R_2 & -R_2 & 0 \\ -R_2 & R_1+R_2+R_3 & -R_3 \\ 0 & -R_3 & R_3+R_4 \end{bmatrix} \begin{bmatrix} l_o \\ l_p \\ l_q \end{bmatrix} = \begin{bmatrix} E \\ 0 \\ 0 \end{bmatrix}$$

【13】

$$\begin{bmatrix} R_1+R_4 & -R_4 & -R_4 \\ -R_4 & R_2+R_4+R_5 & R_4+R_5 \\ -R_4 & R_4+R_5 & R_3+R_4+R_5 \end{bmatrix} \begin{bmatrix} i_1 \\ i_2 \\ i_3 \end{bmatrix} = \begin{bmatrix} E \\ 0 \\ 0 \end{bmatrix}$$

【14】

$$\begin{bmatrix} R_1+R_5 & -R_5 & R_5 & -R_5 \\ -R_5 & R_2+R_5+R_6 & -R_5 & R_5+R_6 \\ R_5 & -R_5 & R_3+R_5 & -R_5 \\ -R_5 & R_5+R_6 & -R_5 & R_4+R_5+R_6 \end{bmatrix} \begin{bmatrix} i_1 \\ i_2 \\ i_3 \\ i_4 \end{bmatrix} = \begin{bmatrix} E \\ E \\ E \\ E \end{bmatrix}$$

【15】 本章の【8】と同じになる。

【16】 $i_1 = \frac{245}{146}\,\mathrm{mA},\quad i_2 = \frac{40}{73}\,\mathrm{mA},\quad i_3 = \frac{75}{73}\,\mathrm{mA}$

【17】 $i_1 = \frac{23}{90}\,\mathrm{mA},\quad i_2 = \frac{13}{45}\,\mathrm{mA},\quad i_3 = \frac{19}{45}\,\mathrm{mA}$

【18】 $i_1 = \frac{37}{175}\,\mathrm{mA},\quad i_2 = \frac{6}{175}\,\mathrm{mA},\quad i_3 = \frac{4}{175}\,\mathrm{mA},\quad i_4 = \frac{27}{175}\,\mathrm{mA}$

【19】 $i_1 = -\frac{8}{23}\,\mathrm{mA},\quad i_2 = \frac{14}{23}\,\mathrm{mA},\quad i_3 = \frac{24}{23}\,\mathrm{mA}$

【20】 $i_1 = \frac{47}{135}\,\mathrm{mA},\quad i_2 = \frac{2}{9}\,\mathrm{mA},\quad v = \frac{2}{5}\,\mathrm{V}$

【21】 $u_a = \frac{142}{27}\,\mathrm{V},\quad v = \frac{82}{27}\,\mathrm{V}$

【22】 $i_1 = \frac{1}{3}\,\mathrm{mA},\quad i_2 = \frac{2}{3}\,\mathrm{mA}$

【23】 $v = \frac{10}{3}\,\mathrm{V}$

【24】 (1) 例えば

$$\begin{bmatrix} R+R_x & 0 & R \\ 0 & R & 0 \\ R & 0 & 3R \end{bmatrix} \begin{bmatrix} i_1 \\ i_2 \\ i_3 \end{bmatrix} = \begin{bmatrix} 0 \\ -E \\ E \end{bmatrix}$$

となる。

(2) $R_x = 2R$

【25】 $i = \dfrac{2}{3}$ A

【26】 (1) 例えば

$$\begin{bmatrix} r + R_1 + R_2 & -R_2 & -R_1 \\ -R_2 & r + R_2 + R_4 & -r \\ -R_1 & -r & R_1 + R_3 + r \end{bmatrix} \begin{bmatrix} l_{\mathrm{o}} \\ l_{\mathrm{p}} \\ l_{\mathrm{q}} \end{bmatrix} = \begin{bmatrix} E \\ -E \\ E \end{bmatrix}$$

となる。

(2) $R_2 = R_3$

【27】 (1) $\begin{bmatrix} 3R & 2R & 0 & 0 \\ 2R & 3R & 0 & 0 \\ 0 & 0 & R + R_x & R_x \\ 0 & 0 & R_x & R + R_x \end{bmatrix} \begin{bmatrix} i_1 \\ i_2 \\ i_3 \\ i_4 \end{bmatrix} = \begin{bmatrix} E \\ E \\ E \\ E \end{bmatrix}$ (2) $R_x = 2R$

【28】 (1) $u_{\mathrm{a}} = \dfrac{12E}{13}$ (2) $i = \dfrac{9E}{13R}$

【29】 (1) $\lim_{R \to \infty} v = -\dfrac{10}{11}$ mV (2) $\lim_{R \to 0} v = \dfrac{50}{73}$ mV (3) $v(R) = \dfrac{100 - 50R}{146 + 55R}$〔mV〕

■4章

【1】 $i = \dfrac{10}{9} + \dfrac{20}{27} = \dfrac{50}{27}$ mA

【2】 $i_1 = \dfrac{2}{3} - \dfrac{2}{9} = \dfrac{4}{9}$ mA, $i_2 = -\dfrac{2}{3} + \dfrac{8}{9} = \dfrac{2}{9}$ mA, $i_3 = \dfrac{4}{3} + \dfrac{8}{9} = \dfrac{20}{9}$ mA

【3】 $v = \dfrac{1\,370}{395} + \dfrac{162}{395} = \dfrac{1\,532}{395}$ V

【4】 $v = \dfrac{275}{103} + \dfrac{40}{103} = \dfrac{315}{103}$ V

【5】 (a) $E_{\mathrm{eq}} = 18$ V, $R_{\mathrm{eq}} = 5$ kΩ (b) $E_{\mathrm{eq}} = 2$ V, $R_{\mathrm{eq}} = 200$ Ω (c) $E_{\mathrm{eq}} = \dfrac{5}{7}$ V, $R_{\mathrm{eq}} = \dfrac{33}{14}$ kΩ (d) $E_{\mathrm{eq}} = \dfrac{50}{37}$ V, $R_{\mathrm{eq}} = \dfrac{17}{37}$ kΩ (e) $E_{\mathrm{eq}} = \dfrac{8}{19}$ V, $R_{\mathrm{eq}} = \dfrac{18}{19}$ kΩ (f) $E_{\mathrm{eq}} = \dfrac{60}{7}$ V, $R_{\mathrm{eq}} = \dfrac{10}{7}$ kΩ

【6】 (a) $J_{\mathrm{eq}} = \dfrac{18}{5}$ mA, $G_{\mathrm{eq}} = \dfrac{1}{5}$ mS (b) $J_{\mathrm{eq}} = 10$ mA, $G_{\mathrm{eq}} = 5$ mS

(c) $J_{\mathrm{eq}} = \dfrac{10}{33}$ mA, $G_{\mathrm{eq}} = \dfrac{14}{33}$ mS (d) $J_{\mathrm{eq}} = \dfrac{50}{17}$ mA, $G_{\mathrm{eq}} = \dfrac{37}{17}$ mS

(e) $J_{\mathrm{eq}} = \dfrac{4}{9}$ mA, $G_{\mathrm{eq}} = \dfrac{19}{18}$ mS (f) $J_{\mathrm{eq}} = 6$ mA, $G_{\mathrm{eq}} = \dfrac{7}{10}$ mS

【7】 (a) $E_{\mathrm{eq}} = \dfrac{4}{9}$ V, $R_{\mathrm{eq}} = \dfrac{20}{27}$ kΩ (b) $E_{\mathrm{eq}} = 0$, $R_{\mathrm{eq}} = \dfrac{2}{3}$ kΩ (c) $E_{\mathrm{eq}} = \dfrac{68}{5}$ V, $R_{\mathrm{eq}} = \dfrac{13}{25}$ kΩ (d) $E_{\mathrm{eq}} = \dfrac{60}{43}$ V, $R_{\mathrm{eq}} = \dfrac{46}{43}$ kΩ

【8】 (a) $J_{\mathrm{eq}} = \dfrac{3}{5}$ mA, $G_{\mathrm{eq}} = \dfrac{27}{20}$ mS (b) $J_{\mathrm{eq}} = 0$, $G_{\mathrm{eq}} = \dfrac{3}{2}$ mS (c) $J_{\mathrm{eq}} = \dfrac{340}{13}$ mA, $G_{\mathrm{eq}} = \dfrac{25}{13}$ mS (d) $J_{\mathrm{eq}} = \dfrac{30}{23}$ mA, $G_{\mathrm{eq}} = \dfrac{43}{46}$ mS

【9】(a) $E_{\rm eq} = \dfrac{12}{47}\,\rm V$,　$R_{\rm eq} = 2\,\rm k\Omega$　(b) $E_{\rm eq} = 21\,\rm V$,　$R_{\rm eq} = 18\,\rm k\Omega$　(c) $E_{\rm eq} = 1\,\rm V$, $R_{\rm eq} = \dfrac{5}{4}\,\rm k\Omega$　(d) $E_{\rm eq} = 0$,　$R_{\rm eq} = \dfrac{6}{5}\,\rm k\Omega$

【10】(a) $J_{\rm eq} = \dfrac{6}{47}\,\rm mA$,　$G_{\rm eq} = \dfrac{1}{2}\,\rm mS$　(b) $J_{\rm eq} = \dfrac{7}{6}\,\rm mA$,　$G_{\rm eq} = \dfrac{1}{18}\,\rm mS$

(c) $J_{\rm eq} = \dfrac{4}{5}\,\rm mA$,　$G_{\rm eq} = \dfrac{4}{5}\,\rm mS$　(d) $J_{\rm eq} = 0$,　$G_{\rm eq} = \dfrac{5}{6}\,\rm mS$

【11】(1) $E_{\rm eq} = -4\,\rm V$,　$R_{\rm eq} = \dfrac{32}{9}\,\rm k\Omega$　(2) $i = -\dfrac{36}{41}\,\rm mA$　(3) $i = -\dfrac{36}{59}\,\rm mA$

【12】(1) $E_{\rm eq} = \dfrac{20}{7}\,\rm V$,　$R_{\rm eq} = \dfrac{10}{7}\,\rm k\Omega$　(2) $R_{\rm L} = \dfrac{10}{7}\,\rm k\Omega$

■5章

【1】(1) $5\sqrt{2}e^{j\pi/4}$　(2) $2\sqrt{2}e^{j3\pi/4}$　(3) $2e^{-j\pi/6}$　(4) $5e^{j(\tan^{-1}(4/3)-\pi)}$
(5) $2e^{-j\pi/2}$

【2】(1) $5\sqrt{2}+j5\sqrt{2}$　(2) $\dfrac{3}{2}-j\dfrac{3\sqrt{3}}{2}$　(3) $-1+j\sqrt{3}$　(4) $-\dfrac{\sqrt{2}}{2}-j\dfrac{\sqrt{2}}{2}$

(5) $-2-j2\sqrt{3}$　(6) $-1+j$　(7) $3+j3\sqrt{3}$　(8) $\dfrac{\sqrt{6}}{2}-j\dfrac{\sqrt{6}}{2}$

【3】(1) $\sqrt{3}-1+j(1+\sqrt{3})$　(2) -2　(3) $4e^{j5\pi/6}$　(4) $e^{-j\pi/6}$　(5) 2

(6) $\dfrac{\pi}{2}$

【4】(1) $2\sqrt{2}+j\sqrt{2}$　(2) $-1-\dfrac{3\sqrt{2}}{2}-j\left(\dfrac{3\sqrt{2}}{2}+\sqrt{3}\right)$　(3) $2e^{j13\pi/12}$　(4) $3e^{j\pi/2}$

(5) 3　(6) $\dfrac{19\pi}{12}$

【5】(1) $\sqrt{3}+j2$　(2) -1　(3) $2e^{j2\pi/3}$　(4) $\sqrt{2}e^{-j\pi/12}$

【6】(1) $1+j\sqrt{3}$〔V〕　(2) $-\dfrac{\sqrt{3}}{2}+j\dfrac{1}{2}$〔V〕　(3) $-\dfrac{\sqrt{2}}{2}+j\dfrac{\sqrt{6}}{2}$〔V〕

(4) $-\dfrac{\sqrt{3}}{2}-j\dfrac{1}{2}$〔V〕　(5) $-\dfrac{5\sqrt{2}}{2}-j\dfrac{5\sqrt{2}}{2}$〔V〕　(6) $\dfrac{1}{2}-j\dfrac{\sqrt{3}}{2}$〔V〕

【7】(1) $4e^{j\pi/2}$〔V〕　(2) $-e^{-j\pi/7}$〔V〕　(3) $\sqrt{6}e^{j\pi/20}$〔V〕　(4) $0.5e^{j7\pi/6}$〔V〕

(5) $3e^{j5\pi/4}$〔V〕　(6) $-e^{j7\pi/10}$〔V〕

【8】(1) $10\sqrt{2}\sin\left(5t+\dfrac{\pi}{4}\right)$〔V〕　(2) $2\sin(5t)$〔V〕　(3) $2\sin\left(5t-\dfrac{2\pi}{3}\right)$〔V〕

(4) $5\sin\left(5t-\tan^{-1}\left(\dfrac{4}{3}\right)+\pi\right)$〔V〕　(5) $5\sqrt{2}\sin\left(5t-\tan^{-1}\left(\dfrac{1}{7}\right)\right)$〔V〕

(6) $3\sin\left(5t-\dfrac{\pi}{2}\right)$〔V〕

【9】(1) $10\sin\left(10t+\dfrac{\pi}{2}\right)$〔V〕　(2) $\sqrt{2}\sin(10t-3\pi)$〔V〕　(3) $5\sin\left(10t-\dfrac{4\pi}{5}\right)$〔V〕

(4) $-3\sin\left(10t-\dfrac{\pi}{7}\right)$〔V〕　(5) $100\sqrt{2}\sin\left(10t+\dfrac{4\pi}{3}\right)$〔V〕

(6)　$-10\sin\left(10t+\frac{8\pi}{3}\right)$〔V〕

【10】 (1)　$8\sqrt{2}\sin\left(7t-\frac{\pi}{4}\right)$〔V〕　(2)　$4\sqrt{2}\sin\left(7t-\frac{3\pi}{4}\right)$〔V〕

(3)　$\sqrt{73}\sin\left(7t-\tan^{-1}\left(\frac{8}{3}\right)+\pi\right)$〔V〕　(4)　$2\sqrt{2}\sin\left(7t+\frac{3\pi}{4}\right)$〔V〕

(5)　$4\sqrt{2}\sin\left(7t+\frac{\pi}{12}\right)$〔V〕　(6)　$4\sin\left(7t-\frac{13\pi}{12}\right)$〔V〕

(7)　$\frac{5\sqrt{2}}{2}\sin\left(7t+\frac{11\pi}{12}\right)$〔V〕　(8)　$2\sin\left(7t+\frac{7\pi}{6}\right)$〔V〕

【11】 (1)　$\sqrt{34+15\sqrt{2}}\sin\left(3t-\tan^{-1}\left(\frac{15\sqrt{2}-9}{41}\right)\right)$〔V〕

(2)　$\sqrt{74-8\sqrt{3}}\sin\left(3t-\tan^{-1}\left(\frac{4\sqrt{3}-1}{5}\right)+\pi\right)$〔V〕

(3)　$\sqrt{25-12\sqrt{3}}\sin\left(3t+\tan^{-1}\left(\frac{8-3\sqrt{3}}{3}\right)+\pi\right)$〔V〕　(4)　$6\sin\left(3t-\frac{\pi}{4}\right)$〔V〕

(5)　$\sin\left(3t+\frac{11\pi}{12}\right)$〔V〕　(6)　$-\sqrt{2}\sin\left(3t+\frac{\pi}{5}\right)$〔V〕　(7)　$\frac{5}{2}\sin\left(3t-\frac{13\pi}{28}\right)$〔V〕

(8)　$-4\sin\left(3t+\frac{2\pi}{\sqrt{3}}\right)$〔V〕

【12】 (1)　$3\sin\left(2t+\frac{3\pi}{4}\right)$〔V〕　(2)　$2\sin\left(10t+\frac{2\pi}{3}\right)$〔V〕

(3)　$\sqrt{26-5\sqrt{2}}\sin\left(7t+\tan^{-1}\left(\frac{\sqrt{2}-5}{5}\right)\right)$〔V〕

(4)　$\sqrt{13}\sin\left(5t+\tan^{-1}\left(\frac{3-2\sqrt{3}}{2+3\sqrt{3}}\right)\right)$〔V〕

(5)　$\sqrt{8-2\sqrt{3}}\sin(8t-\tan^{-1}(1+\sqrt{3}))$〔V〕

【13】 (1)　$10\,\Omega$　(2)　$3\,\mathrm{k}\Omega$　(3)　$-j\frac{1}{50}$〔Ω〕　(4)　$-j\frac{1}{80}$〔kΩ〕　(5)　$-j\frac{1}{30}$〔mΩ〕

(6)　$j40$〔kΩ〕　(7)　$j70$〔Ω〕　(8)　$j20$〔μΩ〕

【14】 (1)　$\frac{5}{4}\sin\left(\omega t+\frac{\pi}{4}\right)$〔mA〕　(2)　$\frac{5}{8}\sin\left(\omega t+\frac{\pi}{4}\right)$〔μA〕

(3)　$20\sin\left(\omega t+\frac{3\pi}{4}\right)$〔μA〕　(4)　$\frac{1}{2}\sin\left(\omega t+\frac{3\pi}{4}\right)$〔nA〕

(5)　$90\sin\left(\omega t+\frac{3\pi}{4}\right)$〔mA〕　(6)　$\frac{25}{2}\sin\left(\omega t-\frac{\pi}{4}\right)$〔mA〕

(7)　$\frac{5}{8}\sin\left(\omega t-\frac{\pi}{4}\right)$〔A〕　(8)　$\frac{5}{6}\sin\left(\omega t-\frac{\pi}{4}\right)$〔MA〕

■6章

【1】 $\dot{I}_1=\frac{\dot{E}-(\dot{Z}_3+\dot{Z}_4)\dot{I}_4}{\dot{Z}_1}$,　$\dot{I}_2=\frac{(\dot{Z}_3+\dot{Z}_4)\dot{I}_4}{\dot{Z}_2}$

【2】 $\dot{Z}_4=3+j8$〔Ω〕,　$\dot{E}=3+j9$〔V〕

【3】 $e(t) \approx 305\sin(\omega t + 1.76)$〔V〕, $v_{\rm R}(t) = 300\sin\left(\omega t + \dfrac{\pi}{2}\right)$〔V〕, $v_{\rm L}(t) = -120\sin(\omega t)$〔V〕,
$v_{\rm C}(t) = 62.5\sin(\omega t)$〔V〕

【4】 $i(t) = \sqrt{\dfrac{113}{2}}\sin\left(2t + \tan^{-1}(15) - \dfrac{\pi}{4}\right) \approx 7.52\sin(2t + 0.72)$〔A〕,
$i_{\rm R}(t) = \dfrac{1}{2}\sin\left(2t - \dfrac{\pi}{4}\right)$〔A〕, $i_{\rm L}(t) = \dfrac{1}{2}\sin\left(2t - \dfrac{3\pi}{4}\right)$〔A〕, $i_{\rm C}(t) = 8\sin\left(2t + \dfrac{\pi}{4}\right)$〔A〕

【5】 $\dot{Z} = \dfrac{100 + j39}{41}$〔Ω〕

【6】 $\dot{Z} = 6 - j2$〔Ω〕

【7】 $\dot{Z}_{1-1'} = 5 + j2$〔Ω〕, $\dot{Z}_{2-2'} = \dfrac{23}{5} + j2$〔Ω〕, $\dot{Z}_{3-3'} = \dfrac{25}{4} - j5$〔Ω〕

【8】 $v(t) = \sqrt{2}\sin\left(\dfrac{t}{2}\right)$〔V〕

【9】 $v(t) = \dfrac{\sqrt{5}}{5}\sin\left(\dfrac{t}{2} + \tan^{-1}(2) - \dfrac{5\pi}{4}\right)$〔V〕

【10】 $\dot{Z} = 2 - j\dfrac{3}{40}$〔kΩ〕, $i(t) = \dfrac{120}{\sqrt{6\,409}}\sin\left(\omega t + \tan^{-1}\left(\dfrac{3}{80}\right)\right) \approx 1.50\sin(\omega t + 0.037)$〔mA〕,
$i_{\rm L}(t) = -\dfrac{15}{\sqrt{6\,409}}\sin\left(\omega t + \tan^{-1}\left(\dfrac{3}{80}\right)\right) \approx -0.19\sin(\omega t + 0.037)$〔mA〕,
$i_{\rm C}(t) = \dfrac{135}{\sqrt{6\,409}}\sin\left(\omega t + \tan^{-1}\left(\dfrac{3}{80}\right)\right) \approx 1.69\sin(\omega t + 0.037)$〔mA〕

【11】 $v(t) = 8\sin\left(\omega t - \tan^{-1}\left(\dfrac{3}{4}\right)\right)$〔V〕

【12】 $v(t) = \dfrac{8}{5}\sin\left(3t - \tan^{-1}\left(\dfrac{3}{4}\right)\right)$〔V〕

【13】 $\omega = 3\,\mathrm{Mrad/s}$

【14】 $L = \dfrac{1}{11}\,\mathrm{H}$, $C = \dfrac{11}{100}\,\mathrm{F}$

【15】 $L = 4\,\mathrm{mH}$

【16】 $\dfrac{R_2}{R_4} + \dfrac{C_2}{C_1} = \dfrac{R_1}{R_3}$, $\omega C_2 R_4 = \dfrac{1}{\omega C_1 R_2}$

【17】
$$\begin{bmatrix} \dfrac{1}{3} & -\dfrac{1}{3} & 0 \\ -\dfrac{1}{3} & \dfrac{1}{-j2} + \dfrac{1}{j2} + \dfrac{1}{3} & -\dfrac{1}{j2} \\ 0 & -\dfrac{1}{j2} & \dfrac{1}{j2} + \dfrac{1}{2} + \dfrac{1}{-j4 + j6} \end{bmatrix} \begin{bmatrix} \dot{U}_{\rm a} \\ \dot{U}_{\rm b} \\ \dot{U}_{\rm c} \end{bmatrix} = \begin{bmatrix} \dot{J} \\ 0 \\ 0 \end{bmatrix}$$
$\dot{U}_{\rm a} = (5 - j4)\dot{J}$〔V〕, $\dot{U}_{\rm b} = (2 - j4)\dot{J}$〔V〕, $\dot{U}_{\rm c} = -j2\dot{J}$〔V〕

【18】
$$\begin{bmatrix} \dfrac{1}{j} & -\dfrac{1}{j} & 0 \\ -\dfrac{1}{j} & \dfrac{1}{j} + 1 + j4 & -1 \\ 0 & -1 & 1 + 2 \end{bmatrix} \begin{bmatrix} \dot{U}_{\rm a} \\ \dot{U}_{\rm b} \\ \dot{U}_{\rm c} \end{bmatrix} = \begin{bmatrix} 1 \\ 0 \\ 2 \end{bmatrix}$$
$\dot{U}_{\rm b} = (5 - j30)/74$ なので, $u_{\rm b}(t) = (5\sqrt{37}/74)\sin(2t - \tan^{-1}(6))$〔V〕

【19】 $\dot{U}_\mathrm{a} = \dfrac{760 + j30}{89}$〔V〕, $\dot{U}_\mathrm{b} = \dfrac{140 + j310}{89}$〔V〕

【20】 $\dot{U}_\mathrm{a} = \dfrac{56 + j8}{25}$〔V〕, $\dot{U}_\mathrm{b} = \dfrac{-12 - j16}{25}$〔V〕, $\dot{U}_\mathrm{c} = \dfrac{8 - j56}{25}$〔V〕

【21】 $\dot{U}_\mathrm{a} = \dfrac{494 - j18}{41}$〔V〕, $\dot{U}_\mathrm{b} = \dfrac{278 + j204}{41}$〔V〕, $\dot{U}_\mathrm{c} = \dfrac{306 + j198}{41}$〔V〕

【22】 $\dot{U}_\mathrm{a} = \dfrac{41 - j3}{13}$〔V〕, $\dot{U}_\mathrm{b} = \dfrac{32 + j4}{13}$〔V〕

【23】 $\dot{U}_\mathrm{a} = \dfrac{1\,068 + j576}{409}$〔V〕, $\dot{U}_\mathrm{b} = \dfrac{852 - j864}{409}$〔V〕

【24】 $u_\mathrm{a}(t) = \omega LJ \sin\left(\omega t + \dfrac{\pi}{2}\right)$

【25】 $\dot{U}_\mathrm{a} = \dfrac{820 - j200}{137}$〔V〕, $\dot{U}_\mathrm{b} = \dfrac{220 + j80}{137}$〔V〕

【26】 (1) $\dot{U}_\mathrm{b} = \dfrac{GJ}{-\omega^2 C^2 + j2\omega GC} = \dfrac{GJ}{\sqrt{\omega^4 C^4 + 4\omega^2 G^2 C^2}} e^{j\left(\tan^{-1}(2G/\omega C) - \pi\right)}$

(2) $-\pi/2$〔rad〕から $-\pi$〔rad〕に変化する。

【27】 $\begin{bmatrix} 4 & j2 \\ j2 & 2+j \end{bmatrix} \begin{bmatrix} \dot{L}_\mathrm{o} \\ \dot{L}_\mathrm{p} \end{bmatrix} = \begin{bmatrix} 10 \\ 0 \end{bmatrix}$

$\dot{L}_\mathrm{o} = \dfrac{7 + j}{4}$〔A〕, $\dot{L}_\mathrm{p} = \dfrac{-1 - j3}{2}$〔A〕

【28】 $\begin{bmatrix} 4-j2 & j2 & 0 \\ j2 & 2+j & -j3 \\ 0 & -j3 & 1+j2 \end{bmatrix} \begin{bmatrix} \dot{L}_\mathrm{o} \\ \dot{L}_\mathrm{p} \\ \dot{L}_\mathrm{q} \end{bmatrix} = \begin{bmatrix} 5 \\ 0 \\ 0 \end{bmatrix}$

$\dot{L}_\mathrm{o} = \dfrac{25 + j8}{26}$〔A〕, $\dot{L}_\mathrm{p} = \dfrac{9 - j7}{26}$〔A〕, $\dot{L}_\mathrm{q} = \dfrac{15 - j3}{26}$〔A〕

【29】 $\dot{L}_\mathrm{o} = \dfrac{3 - j29}{17}$〔A〕, $\dot{L}_\mathrm{p} = \dfrac{9 - j2}{17}$〔A〕, $\dot{L}_\mathrm{q} = \dfrac{1 - j38}{17}$〔A〕

【30】 $\dot{L}_\mathrm{o} = \dfrac{47 + j14}{39}$〔A〕, $\dot{L}_\mathrm{p} = \dfrac{28 - j29}{78}$〔A〕, $\dot{L}_\mathrm{q} = \dfrac{7 - j56}{39}$〔A〕

【31】 $\dot{L}_\mathrm{o} = 2\,\mathrm{A}$, $\dot{L}_\mathrm{p} = \dfrac{24 + j6}{17}$〔A〕, $\dot{V}_\mathrm{a} = \dfrac{18 + j30}{17}$〔V〕

【32】 $\dot{L}_\mathrm{o} = \dfrac{-4 + j3}{5}$〔A〕, $\dot{L}_\mathrm{p} = \dfrac{64 + j52}{25}$〔A〕, $\dot{L}_\mathrm{q} = \dfrac{-8 - j14}{5}$〔A〕

【33】 $\dot{L}_\mathrm{o} = \dfrac{42 + j44}{37}$〔A〕, $\dot{L}_\mathrm{p} = \dfrac{54 + j87}{37}$〔A〕, $\dot{L}_\mathrm{q} = \dfrac{12 + j39}{37}$〔A〕

【34】 $\dot{L}_\mathrm{o} = 2\,\mathrm{A}$, $\dot{L}_\mathrm{p} = \dfrac{1}{3}\,\mathrm{A}$, $\dot{L}_\mathrm{q} = 2\,\mathrm{A}$

【35】 $i(t) = \dfrac{\sqrt{10}}{10} \sin\left(t - \tan^{-1}\left(\dfrac{1}{3}\right)\right) + \dfrac{\sqrt{13}}{13} \sin\left(2t - \tan^{-1}\left(\dfrac{2}{3}\right) + \pi\right)$〔A〕

【36】 $i(t) = \dfrac{E_1}{R_1 + R_2} + \dfrac{\sqrt{2} R_1 E_2}{\sqrt{R_1^2 R_2^2 + \dfrac{(R_1 + R_2)^2}{\omega^2 C^2}}} \sin\left(\omega t + \tan^{-1}\left(\dfrac{R_1 + R_2}{\omega R_1 R_2 C}\right)\right)$

【37】 $i(t) = \dfrac{\sqrt{2}}{4} \sin(t) + \dfrac{2\sqrt{13}}{13} \sin\left(\dfrac{t}{2} - \tan^{-1}\left(\dfrac{17}{6}\right) + \pi\right)$〔A〕

【38】 $i(t) = \frac{3}{13}\sin\left(\frac{t}{2}\right) + \frac{30}{13}\sin\left(t - \frac{\pi}{4}\right)$〔A〕

【39】 $\dot{E}_{\rm eq} = \frac{\sqrt{5}}{10}e^{j(-2\pi/3+\tan^{-1}(2))}$〔V〕， $\dot{Z}_{\rm eq} = \frac{2-j41}{10}$〔Ω〕

【40】 $\dot{J}_{\rm eq} = \frac{\sqrt{153}}{34}e^{j(\pi/4+\tan^{-1}(4))}$〔A〕， $\dot{Y}_{\rm eq} = \frac{4-j}{34}$〔S〕

【41】 $\dot{E}_{\rm eq} = \frac{4\sqrt{2}}{3}e^{j(-\pi/4+\tan^{-1}(1/7))}$〔mV〕， $\dot{Z}_{\rm eq} = \frac{7-j2}{3}$〔Ω〕

【42】 $\dot{J}_{\rm eq} = -j40$〔mA〕， $\dot{Y}_{\rm eq} = \frac{1+j7}{5}$〔S〕

【43】 $\dot{E}_{\rm eq} = 10\sqrt{2}\cdot\frac{9+j}{41}$〔V〕， $\dot{Z}_{\rm eq} = -j2$〔Ω〕

【44】 $\dot{J}_{\rm eq} = \frac{40-j60}{13}$〔A〕， $\dot{Y}_{\rm eq} = \frac{11+j3}{13}$〔S〕

【45】 $\omega = 1$ のとき，振幅は $(1/\sqrt{17})$ A であり，電源に対して位相が $\tan^{-1}(1/4)$〔rad〕進む。
$\omega = \sqrt{2}$ のとき，振幅は $(1/4)$ A であり，電源と同位相となる。

【46】 $v(t) = \frac{4\sqrt{5}}{15}\sin\left(2t + \tan^{-1}\left(\frac{1}{2}\right)\right)$〔V〕

【47】 (1) $L = CR^2$　(2) $R = L = \frac{1}{C}$

【48】 (1) $\dot{Z} = \frac{R(\dot{Z}_a + \dot{Z}_b) + 2\dot{Z}_a\dot{Z}_b}{2R + \dot{Z}_a + \dot{Z}_b}$　(2) $\angle\dot{I} - \angle\dot{E} = -\frac{\pi}{2}$〔rad〕

【49】 (1) $\dot{E}_{\rm eq} = \frac{E}{3}$， $\dot{Z}_{\rm eq} = \frac{R}{3}$　(2) $\omega RC = 3$

【50】 (1) $\dot{V}_{\rm out} = \frac{-1}{j\omega^3 + 2\omega^2 - j2\omega - 1}\dot{V}_{\rm in}$　(2) $\omega = 0$ のとき $V_{\rm out} = V_{\rm in}$ であり，$\omega = 1$ rad/s のとき $V_{\rm out} = V_{\rm in}/\sqrt{2}$ となり，$\omega \to \infty$ で，$V_{\rm out} \to 0$ となる。

■7章

【1】 $\dot{S} = 200e^{j\pi/4}$〔V·A〕， $S = 200$ V·A， $P = 100\sqrt{2}$ W， $Q = 100\sqrt{2}$ var，
$\cos(\theta) = \frac{\sqrt{2}}{2} \approx 0.71$

【2】 $\dot{S} = 15e^{j\pi/6}$〔V·A〕， $S = 15$ V·A， $P = \frac{15\sqrt{3}}{2}$ W， $Q = \frac{15}{2}$ var， $\cos(\theta) = \frac{\sqrt{3}}{2} \approx 0.87$

【3】 $P = 7.2$ kW， $\dot{S} = 7.2 - j5.4$〔kV·A〕

【4】 $P \approx 19.5$ kW， $Q \approx -6.4$ kvar

【5】 $Q \approx 15.2$ kvar， $\cos(\theta) \approx 0.90$

【6】 $P = 20.5$ kW， $Q = -3.8$ kvar， $S \approx 20.8$ kV·A， $\cos(\theta) \approx 0.98$

【7】 $\dot{S} = 5\sqrt{2}e^{-j\pi/4}$〔kV·A〕， $S = 5\sqrt{2}$ kV·A， $P = 5$ kW， $Q = -5$ kvar，
$\cos(\theta) = \frac{\sqrt{2}}{2} \approx 0.71$

【8】 $\dot{S} \approx 721 + j144$〔V·A〕， $S \approx 735$ V·A， $P \approx 721$ W， $Q \approx 144$ var， $\cos(\theta) \approx 0.98$

【9】 $\dot{S} = \frac{100-j80}{41}$〔V·A〕， $S = \frac{20}{\sqrt{41}}$ V·A， $P = \frac{100}{41}$ W， $Q = -\frac{80}{41}$ var， $\cos(\theta) \approx 0.78$

【10】 $\dot{S} \approx 0.80 - j0.21$〔V·A〕, $S \approx 0.83$ V·A, $P \approx 0.80$ W, $Q \approx -0.21$ var, $\cos(\theta) \approx 0.97$

【11】 $\dot{S} = \dfrac{1+j}{5}$〔V·A〕, $S = \dfrac{\sqrt{2}}{5}$ V·A, $P = \dfrac{1}{5}$ W, $Q = \dfrac{1}{5}$ var, $\cos(\theta) = \dfrac{\sqrt{2}}{2} \approx 0.71$

【12】 $\dot{S} = \dfrac{800 + j400}{3}$〔V·A〕, $S = \dfrac{400\sqrt{5}}{3}$ V·A, $P = \dfrac{800}{3}$ W, $Q = \dfrac{400}{3}$ var,

$\cos(\theta) = \dfrac{2}{\sqrt{5}} \approx 0.89$

【13】 (1) 0.64 rad 遅れる。 (2) $P = 160$ W, $Q = 120$ var (3) $R = 40\,\Omega$, $L = 0.5$ H

(4) $C = 0.2$ mF

【14】 $R_2 = 1\,\Omega$, $C = 2$ F

【15】 $\dot{Z}_{\mathrm{L}} = \dfrac{768 + j152}{157}$〔Ω〕

【16】 $\dot{Z}_{\mathrm{L}} = \dfrac{6 - j6}{5}$〔Ω〕

【17】 $\dot{Z}_{\mathrm{L}} = \dfrac{1 - j3}{6}$〔Ω〕

【18】 (1) $\dot{S} = \dfrac{1+j}{8}$〔V·A〕, $P = \dfrac{1}{8}$ W, $Q = \dfrac{1}{8}$ var (2) $R_2 = 10\,\Omega$, $C = \dfrac{1}{40}$ F

【19】 (1) $\dot{I}_{\mathrm{eff}} = \dfrac{-j}{3\omega + j(\omega^2 - 3)}$〔A〕 (2) $P = \dfrac{1}{\omega^4 + 3\omega^2 + 9}$〔W〕 (3) $\omega = \sqrt{3}$ rad/s

【20】 (1) $\dot{E}_{\mathrm{eq}} = \dfrac{1}{1 + j\omega CR_1}\dot{E}$, $\dot{Z}_{\mathrm{eq}} = \dfrac{R_1 - j\omega CR_1^2}{1 + \omega^2C^2R_1^2}$

(2) $R_2 = \dfrac{R_1}{1 + \omega^2C^2R_1^2}$, $L = \dfrac{CR_1^2}{1 + \omega^2C^2R_1^2}$ (3) $R_1 + R_2 - \omega^2 LCR_1 = 0$

【21】 (1) $\dot{V}_{\mathrm{eff}} = \dfrac{1}{\sqrt{2}(1+j)}$〔V〕 (2) $\dot{I}_{\mathrm{eff}} = \dfrac{1+j}{2\sqrt{2}}$〔A〕

(3) $\dot{E}_{\mathrm{eq}} = \dot{V}_{\mathrm{eff}}$, $\dot{Z}_{\mathrm{eq}} = \dfrac{1 - j3}{2}$〔Ω〕 (4) $\dot{Z}_{\mathrm{L}} = \dfrac{1 + j3}{2}$〔Ω〕, $P = \dfrac{1}{8}$ W

(5) 例えば，1/2 Ω の抵抗器と 3/2 H のインダクタの直列接続である（回路図は省略）。

【22】 (1) $\dot{Z} = \dfrac{-3\omega^2L^2 + j2\omega RL}{R + j2\omega L}$ (2) $\dot{I}_{\mathrm{eff}} = \dfrac{R + j2\omega L}{-3\omega^2L^2 + j2\omega RL}\dot{E}_{\mathrm{eff}}$

(3) $P = \dfrac{R}{9\omega^2L^2 + 4R^2}E_{\mathrm{eff}}^2$ (4) $R = \dfrac{3\omega L}{2}$

【23】 $C_2 = \dfrac{2}{5}$ F

■ 8 章

【1】 $\omega_0 = 10$ krad/s, $\omega_1 \approx 4.1$ krad/s, $\omega_2 \approx 24.1$ krad/s, $\Delta\omega = 20$ krad/s, $Q = 1/2$

【2】 $\omega_0 = 250$ krad/s, $\omega_1 \approx 235$ krad/s, $\omega_2 \approx 266$ krad/s, $\Delta\omega = 31.25$ krad/s, $Q = 8$

【3】 $R = 5\,\Omega$, $L = 0.1$ H, $C = 10\,\mu$F

【4】 $R = 1\,\Omega$, $L = 2\,\mu$H, $C = \dfrac{1}{20}$ mF

【5】 $L = 4$ mH

【6】 $\omega_{\mathrm{a}} \cdot \omega_{\mathrm{b}} = \dfrac{1}{LC}$

【7】 $\omega_{\mathrm{b}} = \dfrac{\sqrt{2}\omega_{\mathrm{a}}}{2}$,　$\omega_{\mathrm{c}} = \dfrac{\sqrt{6}\omega_{\mathrm{a}}}{3}$

【8】 $\omega_{\max} = \dfrac{1}{\sqrt{L_2 C}}$,　$\omega_{\min} = \sqrt{\dfrac{L_1 + L_2}{L_1 L_2 C}}$

■ 9 章

【1】 回路図は**解図 9.1** のようになる。

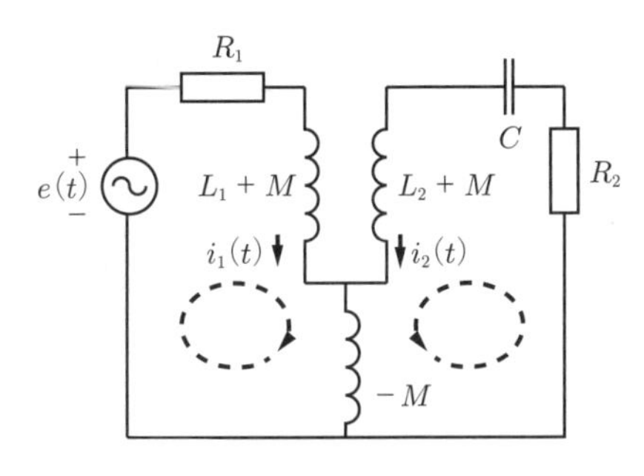

解図 9.1

閉路方程式は次式となる。

$$\begin{bmatrix} j\omega L_1 + R_1 & -j\omega M \\ -j\omega M & j\omega L_2 + \dfrac{1}{j\omega C} + R_2 \end{bmatrix} \begin{bmatrix} \dot{I}_1 \\ \dot{I}_2 \end{bmatrix} = \begin{bmatrix} \dot{E} \\ 0 \end{bmatrix}$$

【2】 回路図は**解図 9.2** のようになる。

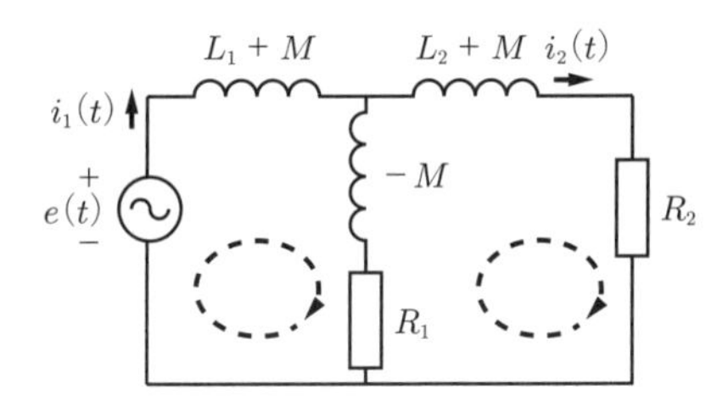

解図 9.2

閉路方程式は次式となる。

$$\begin{bmatrix} j\omega L_1 + R_1 & j\omega M - R_1 \\ j\omega M - R_1 & j\omega L_2 + R_1 + R_2 \end{bmatrix} \begin{bmatrix} \dot{I}_1 \\ \dot{I}_2 \end{bmatrix} = \begin{bmatrix} \dot{E} \\ 0 \end{bmatrix}$$

【3】 回路図は**解図 9.3** のようになる。

閉路方程式は次式となる。

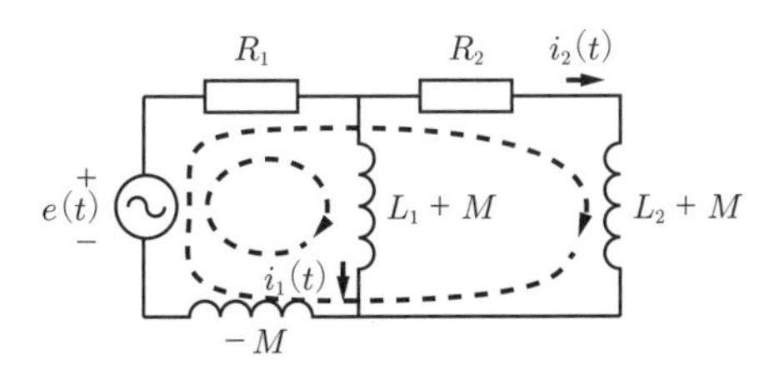

解図 9.3

$$\begin{bmatrix} R_1 + j\omega L_1 & R_1 - j\omega M \\ R_1 - j\omega M & R_1 + j\omega L_2 + R_2 \end{bmatrix} \begin{bmatrix} \dot{I}_1 \\ \dot{I}_2 \end{bmatrix} = \begin{bmatrix} \dot{E} \\ \dot{E} \end{bmatrix}$$

【4】 回路図は**解図 9.4** のようになる。

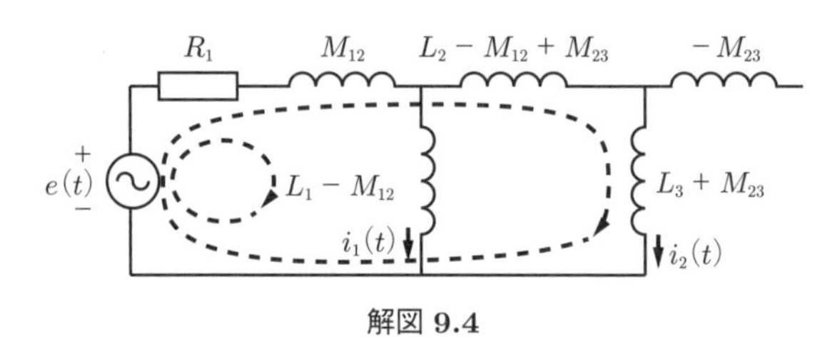

解図 9.4

閉路方程式は次式となる。

$$\begin{bmatrix} R_1 + j\omega L_1 & R_1 + j\omega M_{12} \\ R_1 + j\omega M_{12} & R_1 + j\omega(L_2 + L_3 + 2M_{23}) \end{bmatrix} \begin{bmatrix} \dot{I}_1 \\ \dot{I}_2 \end{bmatrix} = \begin{bmatrix} \dot{E} \\ \dot{E} \end{bmatrix}$$

【5】 回路図は**解図 9.5** のようになる。

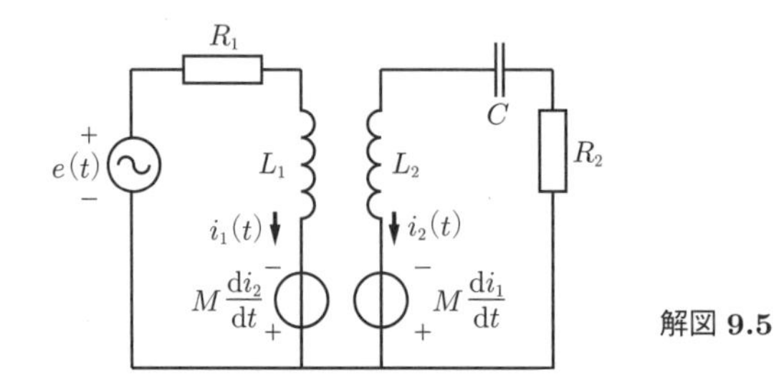

解図 9.5

閉路方程式は本章の【1】と同じになる。

【6】 回路図は**解図 9.6** のようになる。

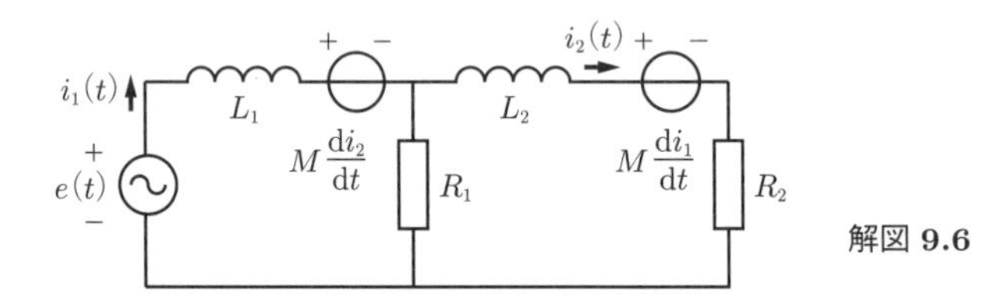

解図 9.6

閉路方程式は本章の【2】と同じになる。

【7】 回路図は**解図 9.7** のようになる。

閉路方程式は本章の【3】と同じになる。

解図 9.7

【 8 】 回路図は解図 **9.8** のようになる。

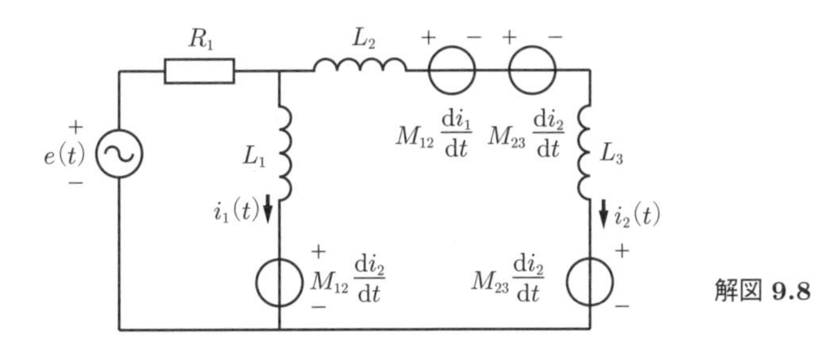

解図 9.8

閉路方程式は本章の【 4 】と同じになる。

【 9 】 $i_1(t) = \dfrac{1}{\sqrt{5}}\sin(2t - \tan^{-1}(2))$〔A〕, $i_2(t) = 0$

【10】 $\dot{Z}_{\mathrm{in}} = j\omega L_1 + \dfrac{\omega^2 M^2}{\dot{Z}_{\mathrm{L}} + j\omega L_2}$

【11】 (1) $\dot{I}_1 = \dfrac{R_2 + j\omega(L_2 - M)}{R_1R_2 - \omega^2 L_1L_2 + \omega^2M^2 + j\omega\{L_1(R_1 + R_2) + R_1L_2 - 2R_1M\}}\dot{E}$

$\dot{I}_2 = \dfrac{j\omega(L_1 - M)}{R_1R_2 - \omega^2 L_1L_2 + \omega^2M^2 + j\omega\{L_1(R_1 + R_2) + R_1L_2 - 2R_1M\}}\dot{E}$

(2) $R_1R_2 - \omega^2L_1L_2 + \omega^2M^2 = 0$, $L_1 \neq M$, $L_1(R_1 + R_2) + R_1L_2 - 2R_1M \neq 0$

(3) $R_1 : R_2 = L_1 : \sqrt{L_1L_2} - L_1$

【12】 (1) $C = 1\,\mathrm{F}$　(2) $i_2(t) = \dfrac{1}{8}\sin(t)$〔A〕

【13】 $n = 11$

【14】 $\dot{Z} = 0.5\,\mathrm{k\Omega}$

【15】 $\dot{Y} = \dfrac{n^2}{R} + j\omega C(n-1)^2$

【16】 (1) $\dot{Z} = \dfrac{3}{2} + j\left(1 - \dfrac{1}{4C}\right)$〔Ω〕　(2) $\dot{I}_{R_2} = \dfrac{1}{\sqrt{2}}\dfrac{\dot{E}}{\dot{Z}}$　(3) $C = \dfrac{1}{4}\,\mathrm{F}$

索　　引

―― 著者略歴 ――

1992年　大阪大学工学部電子工学科卒業
1994年　大阪大学大学院工学研究科博士前期課程修了（電子工学専攻）
1997年　大阪大学大学院工学研究科博士後期課程修了（電気工学専攻）
　　　　博士（工学）
1997年　大阪大学助手
2000年　文部省（現 文部科学省）在外研究員（カーネギーメロン大学）
～01年
2003年　大阪大学講師
2005年　大阪大学助教授
2007年　大阪大学准教授
　　　　現在に至る

電気回路の基礎
Introduction to Electric Circuits

2021年2月22日　初版第1刷発行　★

検印省略

著　者　宮本（みやもと）　俊幸（としゆき）
発行者　株式会社　コロナ社
　　　　代表者　牛来真也
印刷所　三美印刷株式会社
製本所　有限会社　愛千製本所

112-0011　東京都文京区千石4-46-10
発行所　株式会社　コロナ社
CORONA PUBLISHING CO., LTD.
Tokyo Japan
振替 00140-8-14844・電話(03)3941-3131(代)
ホームページ　https://www.coronasha.co.jp

ISBN 978-4-339-00940-8　C3054　Printed in Japan　（新井）